Ernst-Ulrich Schlünder
Franz Thurner

Destillation, Absorption, Extraktion

Ernst-Ulrich Schlünder
Franz Thurner

Destillation, Absorption, Extraktion

Mit 168 Abbildungen und 10 Tabellen

Das Buch erschien erstmals 1986 unter gleichem Titel im
Georg Thieme Verlag, Stuttgart.

Graphischer Betrieb, Konrad Triltsch GmbH, Würzburg

ISBN 978-3-540-67060-5   ISBN 978-3-642-51460-9 (eBook)
DOI 10.1007/978-3-642-51460-9

Vorwort

Die thermischen Trennverfahren sind Bestandteil sehr vieler Produktionsverfahren, die der Veredlung von Rohstoffen, der Weiterverarbeitung von Zwischenprodukten, der Abtrennung von Wertstoffen und der Reinigung von Abfallstoffen dienen. Klassische thermische Trennverfahren sind u. a. das Destillieren z. B. bei der Benzinherstellung, das Extrahieren, Eindampfen und Kristallisieren z. B. bei der Zuckergewinnung, das Trocknen z. B. bei der Papierherstellung, das Absorbieren und Adsorbieren z. B. bei der Rauchgasreinigung.

Man sieht, daß bei diesen Verfahren der Aggregatzustand der beteiligten Stoffe verändert wird. Flüssigkeiten werden verdampft, Dämpfe werden kondensiert, Feststoffe werden gelöst oder rekristallisiert. In allen Fällen ist dazu Wärme erforderlich, sei es, daß sie zu- oder abgeführt werden muß.

Ein weiteres Merkmal der thermischen Trennverfahren ist, daß die abzutrennenden Stoffe in der Mischung molekulardispers vorliegen. Dies bedeutet, daß bei der Trennung die Entropie der beteiligten Stoffe vermindert wird, wozu nicht nur Wärme, sondern auch Arbeit benötigt wird.

Zur Trennung molekulardisperser Gemische bedarf es jeweils einer Triebkraft. Solche Triebkräfte resultieren aus Störungen des thermodynamischen Gleichgewichtes. Ein Maß hierfür sind räumliche Unterschiede des chemischen Potentials.

Die Triebkräfte weden durch Diffusion abgebaut. Bei einigen thermischen Trennverfahren erfolgt dieser Abbau sehr rasch, so daß alle Zustandsänderungen sehr nahe dem thermodynamischen Gleichgewicht ablaufen. Hierzu zählen insbesondere die Destillation, die Absorption und die Extraktion.

In anderen Fällen verläuft der Abbau der Triebkräfte vergleichsweise langsam, und der Trennprozeß vollzieht sich in ziemlicher Entfernung vom thermodynamischen Gleichgewicht. Hierzu zählt insbesondere die Trocknung.

Es ist naheliegend, die thermischen Trennverfahren zu unterteilen: einerseits in solche, die „thermodynamisch kontrolliert" und andererseits in solche, die „diffusionskontrolliert" ablaufen. Natürlich sind die Übergänge fließend, denn Triebkraft und Diffusion wirken stets zusammmen.

Dennoch haben wir uns entschieden, die thermischen Trennverfahren in zwei Bänden getrennt zu behandeln, von denen der vorliegende erste Band ausschließlich den thermodynamisch kontrollierten Verfahren der Destillation, der Absorption und der Extraktion gewidmet ist. Diese Trennung wurde nicht zuletzt auch deswegen vorgenommen, weil das ganze Gebiet der thermischen Trennverfahren so umfangreich ist, daß – selbst im Rahmen einer Einführung – eine gemeinsame Behandlung aller Verfahren in einem Band nicht möglich wäre.

Typisch für die thermodynamisch kontrollierten Trennverfahren ist, daß sie in der Regel vielstufig ausgeführt werden. Abstrahiert man vom jeweiligen physikalischen Vorgang, so läßt sich eine formale Behandlung von sog. Trennkaskaden entwickeln. Anklänge davon finden sich in diesem Band. Eine derart losgelöste Betrachtung läßt sich dann natürlich auch auf diffusionskontrollierte Trennverfahren wie z. B. auf die Gastrennung durch Membrandiffusion oder mittels Ultrazentrifugen übertragen. Davon wird zu einem späteren Zeitpunkt im geplanten zweiten Band Gebrauch gemacht werden.

Von den drei in diesem Band behandelten Trennverfahren nehmen die Destillation und Rektifikation einen breiteren Raum ein. Diese Verfahren waren der Ausgangspunkt für die Entwicklung des Konzeptes der Unit Operations und ihr Studium ist auch heute noch der beste Einstieg in dieses Gebiet.

Zum anderen lassen sich viele Dinge, die an Hand dieser Verfahren entwickelt werden, auch auf die nachfolgenden übertragen, so daß sie dort nicht wiederholt werden müssen.

Zahlreiche graphische Methoden für die Auslegung von Trennapparaten sind heute in der Praxis durch digitale ersetzt worden. Gleichwohl wurden aus didaktischen Gründen die graphischen Methoden wegen ihrer besseren Anschaulichkeit beibehalten.

Bei dem vorliegenden Band handelt es sich um ein Lehrbuch. Soweit Zahlenmaterial aufgenommen wurde, dient es hauptsächlich zum Durchrechnen von Übungsbeispielen. Umfangreiche Datensammlungen finden sich in entsprechenden Nachschlagewerken, auf die verwiesen wird.

Das Buch ist als vorlesungsbegleitender Text für die verfahrenstechnische Grundausbildung gedacht; es sollte aber auch zum Selbststudium geeignet sein.

Karlsruhe, im Februar 1986   E.-U. Schlünder
                                                             F. Thurner

Inhaltsverzeichnis

Einleitung 1

1.   Destillation, Rektifikation 5

1.1   Beschreibung und Bedeutung des Verfahrens 5
1.2   Physikalische Grundlagen 12
1.2.1   Ideale Gemische 13
1.2.2   Reale Gemische 21
1.2.3   Gemische mit einer Mischungslücke 26
1.2.4   Mehrstoffgemische 27
1.3   Absatzweise Destillation 31
1.4   Stetige Destillation 39
1.5   Rektifikation in Boden- und Füllkörperkolonnen 45
1.5.1   Theorie der Trennkaskaden 45
1.5.2   Rektifikation in Bodenkolonnen 63
1.5.3   Rektifikation in Füllkörperkolonnen 89
1.5.4   Hydraulische Auslegung von Boden- und Füllkörperkolonnen . . 99
1.6   Trennung azeotroper Gemische 105
1.6.1   Zweidruck-Rektifikation 106
1.6.2   Heteroazeotrop-Rektifikation 110
1.6.3   Extraktiv-Rektifikation 111
1.6.4   Azeotrop-Rektifikation 112
1.7   Praktische Ausführung von Rektifizierkolonnen 114
1.7.1   Bodenkolonnen 114
1.7.2   Füllkörperkolonnen 116
1.7.3   Anhaltspunkte für die Kolonnenauswahl 117

2.   Absorption 122

2.1   Beschreibung und Bedeutung des Verfahrens 122
2.2   Physikalische Grundlagen 123
2.3   Absorption in Bodenkolonnen 129
2.4   Absorption in Füllkörperkolonnen 135
2.5   Regeneration des Waschmittels 143
2.6   Auswahl des Waschmittels 147
2.7   Praktische Ausführung von Absorptionsapparaten 147
2.7.1   Bauformen 147
2.7.2   Anhaltspunkte für die Auswahl 151

3.   Extraktion 154

3.1   Beschreibung und Bedeutung des Verfahrens 154
3.2   Physikalische Grundlagen 156
3.3   Extraktion in Stufenapparaten 164
3.3.1 Einstufige Extraktion 164
3.3.2 Mehrstufige Kreuzstromextraktion 169
3.3.3 Mehrstufige Gegenstromextraktion 172
3.4   Kontinuierliche Gegenstromextraktion in Kolonnen 178
3.4.1 Stufenkonzept 180
3.4.2 Konzept der Übertragungseinheiten 180
3.5   Auswahl des Lösungsmittels 182
3.6   Regeneration des Lösungsmittels 183
3.7   Praktische Ausführung von Extraktionsapparaten 184
3.7.1 Bauformen 184
3.7.2 Kriterien für die Auswahl 195

Symbolverzeichnis 196

Anhang 200

Literaturverzeichnis 212

Sachverzeichnis 214

Einleitung

Die thermischen Trennverfahren sind in der Regel Bestandteil größerer verfahrenstechnischer Anlagen.

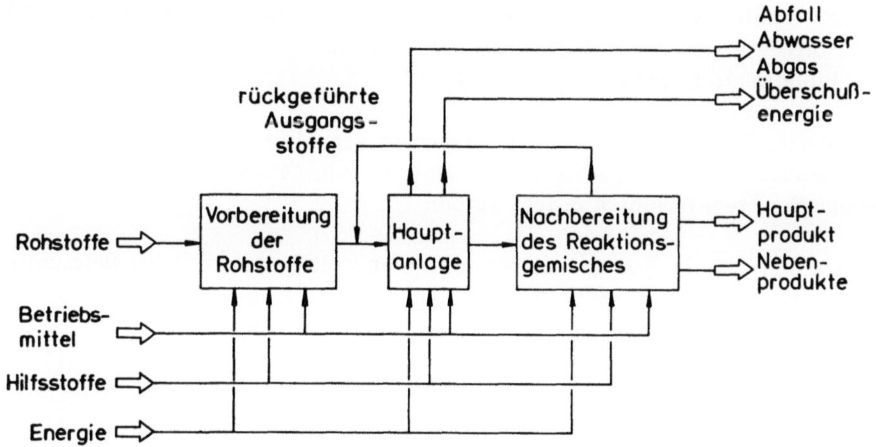

Schema einer verfahrenstechnischen Anlage

Das Grundschema einer verfahrenstechnischen Anlage zur Durchführung von Stoffumwandlungen ist oben dargestellt. In dieser Anlage werden die gewünschten Produkte in der geforderten Art, Menge und Qualität aus den Rohstoffen bei festgelegtem Betriebsmittel-, Hilfsmittel- und Energiebedarf hergestellt. Die Belastung der Umwelt mit Abfall, Abwasser, Abgas und Überschußenergie soll dabei so klein wie möglich gehalten werden.

Im wesentlichen läßt sich eine verfahrenstechnische Anlage in drei Grundeinheiten unterteilen

– die Vorbereitung der Rohstoffe,
– die Hauptanlage und
– die Nachbereitung des Reaktionsgemisches.

Die Vorbereitung der Rohstoffe dient zur Schaffung günstiger Bedingungen für die nachfolgende Stoffumwandlung. Dies kann durch **Abtrennung** unerwünschter Begleitstoffe von den Ausgangsstoffen, Änderung des Aggregatzustandes der Ausgangsstoffe, Vereinigung der Ausgangsstoffe und/oder Zu- oder Abfuhr von Energie erfolgen. In der Hauptanlage findet die Stoffumwandlung statt. Sie besteht aus

Anlagenteilen zur Durchführung chemischer (Unit Processes) und/oder physikalischer (Unit Operations) Stoffumwandlungen. Das bei der Stoffumwandlung entstehende Reaktionsgemisch bedarf einer Nachbereitung. Hierbei wird das gewünschte Hauptprodukt von den Nebenprodukten und nicht umgesetzten Ausgangsstoffen **abgetrennt.** Die nicht umgesetzten Ausgangsstoffe werden aus wirtschaftlichen Gründen meist zurückgeführt. Anschließend werden die Produkte in eine für den Transport oder die Lagerung geeignete Form gebracht.

Bei den Rohstoffen oder dem Reaktionsgemisch handelt es sich entweder um heterogene oder homogene Gemische. Heterogene Gemische bestehen aus Dispersionen zweier oder mehrerer nichtmischbarer Komponenten (Dispersionen, Emulsionen, Stäube, Nebel, Rauch). Sie lassen sich durch **mechanische Trennverfahren** wie Sortieren, Klassieren, Sieben, Sichten, Filtration, Sedimentation, Zentrifugieren, Flotation trennen.

Homogene Gemische mit molekulardisperser Verteilung der Komponenten bilden eine homogene Phase (Schmelzen, Lösungen, Gasgemische). Sie können durch **thermische Trennverfahren** zerlegt werden.

Zu den thermischen Trennverfahren zählt man nach herkömmlicher Betrachtungsweise folgende Grundverfahren

– Destillation, Rektifikation,
– Absorption,
– Extraktion,
– partielle Verdampfung und Kondensation,
– Eindampfung und Kristallisation,
– Adsorption und Desorption,
– Trocknung,
– Membranverfahren u. a. m.

Alle diese Grundverfahren (Unit Operations) lassen sich im Prinzip zur Auftrennung beliebiger Stoffgemische, sofern sie flüssig oder gasförmig vorliegen, benutzen. Welches Verfahren im einzelnen zur Anwendung kommt, hängt von zahlreichen Faktoren ab, die produktspezifischer, technischer oder wirtschaftlicher Natur sein können.

Gemeinsam ist diesen Verfahren, daß die Trennung der Gemischbestandteile durch eine Triebkraft erfolgt, die sich aus einem räumlichen Gefälle des chemischen Potentials ableitet.

In den meisten Fällen läßt sich diese Triebkraft als ein Druckgefälle oder ein Konzentrationsgefälle ausdrücken. Während des Trennvorganges nehmen die Triebkräfte mit der Zeit stetig ab. Sind die Triebkräfte völlig abgebaut, d. h. sind die chemischen Potentiale räumlich überall gleich, kommt der Trennvorgang zum Erliegen; das Gemisch befindet sich dann im thermodynamischen **Gleichgewicht.**

Wie schnell sich ein Gemisch diesem Gleichgewichtszustand nähert, hängt davon ab, mit welcher Geschwindigkeit die Komponenten im Gemisch auseinanderbewegt werden können. Diese Bewegungsvorgänge unterliegen den Gesetzen der **Diffusion.**

Das Zusammenspiel von Triebkraft, die die Trennung bewirkt, und Diffusion, die die Trennung ermöglicht, ergibt das Ausmaß und die Geschwindigkeit des Trennvorganges.

Es gibt eine Reihe von Trennverfahren, bei denen der durch Diffusion verursachte Widerstand relativ gering ist, was zur Folge hat, daß die Triebkräfte relativ schnell abgebaut werden. In diesen Fällen wird die Trennwirkung in erster Linie durch die Lage des thermodynamischen Gleichgewichtes bestimmt; die Gesetze der Diffusion spielen eine untergeordnete Rolle. Eine weitgehende Trennung ist dann nur erreichbar, wenn das — sich relativ schnell einstellende — Gleichgewicht immer wieder durch Eingriffe von außen gestört wird. Eine wirksame Methode hierfür ist das sog. Gegenstromprinzip. Typische **Gegenstrom-Gleichgewichts-Trennverfahren** sind die **Rektifikation,** die **Absorption** und die **Extraktion.**

Eine andere Gruppe von Trennverfahren ist dadurch gekennzeichnet, daß die Diffusionswiderstände relativ groß sind. In diesen Fällen wird das Gleichgewicht auch nicht annähernd erreicht. Die Trennwirkung wird maßgeblich durch die Gesetze der **Diffusion** bestimmt. Im Gegensatz zu den erstgenannten **thermodynamisch** kontrollierten Trennverfahren nennt man letztere auch **kinetisch** kontrollierte Trennverfahren. Typische Beispiele sind die **Trocknung** und die **Membrantrennverfahren.**

Natürlich sind die Übergänge fließend; denn in beiden Fällen sind sowohl die **thermodynamisch** bedingten Triebkräfte als auch die **kinetisch** bedingten Diffusionswiderstände gleichzeitig wirksam.

In diesem Buch werden die vorwiegend thermodynamisch kontrollierten Trennverfahren behandelt, während die vorwiegend kinetisch kontrollierten einem weiteren Band dieser Reihe vorbehalten sind.

1. Destillation; Rektifikation

1.1 Beschreibung und Bedeutung des Verfahrens

Die Destillation und die Rektifikation dienen dazu, Flüssigkeitsgemische weitgehend in ihre Bestandteile aufzutrennen oder in Gemische zu zerlegen, die andere Zusammensetzungen als das Ausgangsgemisch aufweisen.

Das Prinzip der **Destillation** soll an Hand der in Abb. 1.1 dargestellten absatzweisen Destillation erläutert werden.

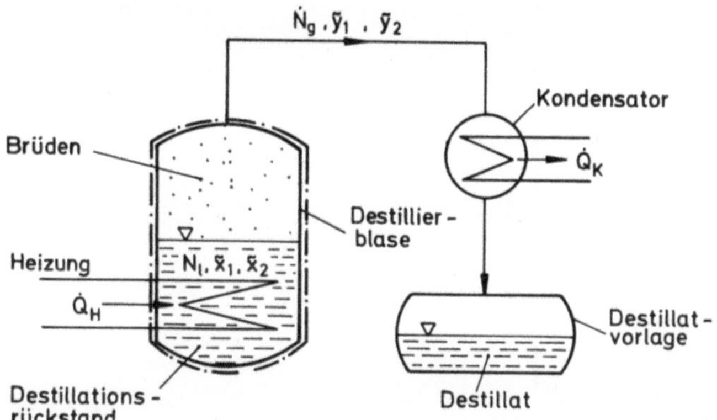

Abb. 1.1 Schematische Darstellung einer absatzweise arbeitenden Destillationsanlage

Das zu trennende Flüssigkeitsgemisch wird in der Destillierblase vorgelegt. Durch Zufuhr von Wärme mit Hilfe der Heizung wird ein Teil des Flüssigkeitsgemisches verdampft. Haben die einzelnen Komponenten des Flüssigkeitsgemisches unterschiedliche Flüchtigkeiten, so reichern sich die leichterflüchtigen Komponenten in der Dampfphase, auch Brüden genannt, an. In dem Destillationsrückstand nimmt folglich der Gehalt der schwererflüchtigen Komponenten zu. Die erzeugten Brüden werden in der Regel im Kondensator niedergeschlagen und das entstehende Destillat in der Destillatvorlage aufgefangen. Der Destillationsrückstand und das Destillat haben eine andere Zusammensetzung als das Ausgangsgemisch. Destilliert man beispielsweise ein Alkohol-Wasser-Gemisch, so reichert sich der Alkohol aufgrund seiner größeren Flüchtigkeit im Destillat und das Wasser im Rückstand an.

Haben die Komponenten des Flüssigkeitsgemisches jeweils gleiche Flüchtigkeiten, so hat die Dampfphase die gleiche Zusammensetzung wie die Flüssigphase. In diesem Fall ist eine Trennung durch Destillation nicht möglich. Gemische, bei denen Dampf- und Flüssigphase dieselbe Zusammensetzung haben, nennt man **Azeotrope**. Mit welchen Maßnahmen auch azeotrope Gemische zerlegt werden können, wird am Schluß dieses Kapitels beschrieben.

Sind die Zusammensetzungen der Dampf- und Flüssigphase nicht sehr unterschiedlich, so ist der bei der einmaligen Destillation erzielte Trenneffekt gering. Dies ist insbesondere dann der Fall, wenn die Flüchtigkeiten der einzelnen Komponenten sehr nahe beisammen liegen. Eine weitergehende Trennung läßt sich durch die sogenannte **Rektifikation** erreichen. Eine absatzweise arbeitende Rektifikationsanlage ist in Abb. 1.2 dargestellt.

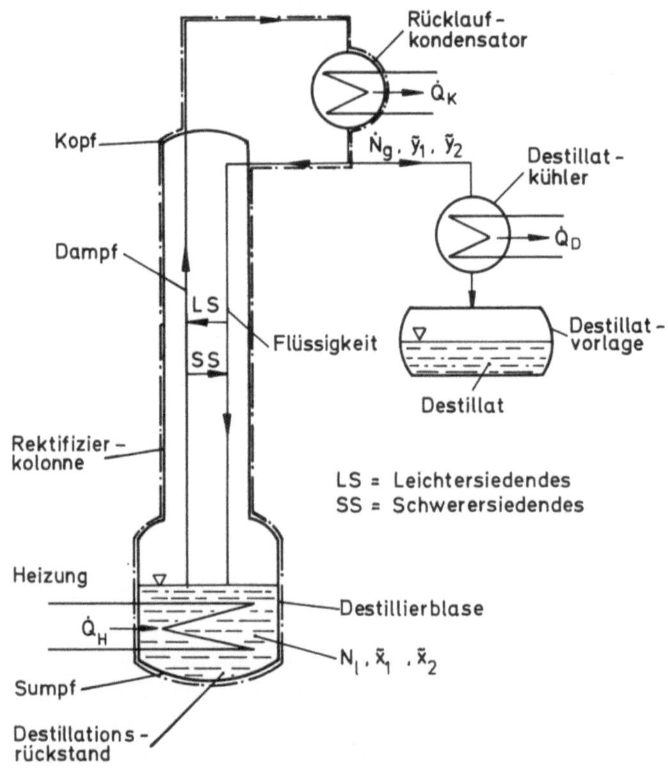

Abb. 1.2 Schematische Darstellung einer absatzweise arbeitenden Rektifikationsanlage

Der aus der Destillierblase aufsteigende Gemischdampf gelangt zunächst in einen aufgesetzten zylindrischen Apparateteil, welcher Rektifizierkolonne genannt wird. In der Rektifizierkolonne werden Dampf und Flüssigkeit im Gegenstrom geführt. Der Flüssigkeitsstrom wird dadurch erzeugt, daß der größte Teil des am Kopf der Kolonne abgezogenen Dampfes im Rücklaufkondensator niedergeschlagen und in die Kolonne zurückgeführt wird. In der Kolonne kondensiert das Schwererflüchtige aus dem Dampf aus und geht in die flüssige Phase über. Durch die dabei freiwerdende Kondensationswärme werden die leichterflüchtigen Bestandteile aus der Flüssigkeit ausgetrieben und gehen in die Dampfphase über. Dieser Wärme- und Stoffaustausch wird durch in die Kolonne eingebaute Böden oder Füllkörperpackungen intensiviert, die für eine hinreichend große Phasengrenzfläche und eine ausreichende Kontaktzeit der beiden Phasen sorgen. In der Kolonne reichern sich somit die leichterflüchtigen Bestandteile am oberen Ende (dem Kopf) und die schwererflüchtigen Bestandteile am unteren Ende (dem Sumpf) an. Derjenige Teil des Dampfes, der im Rücklaufkondensator nicht niedergeschlagen wird, wird im Destillatkühler kondensiert und in der Destillatvorlage aufgefangen. Durch Rektifikation läßt sich ein (nicht azeotropes) Zweistoffgemisch nahezu vollständig in seine reinen Bestandteile zerlegen.

Bei einem (nicht azeotropen) Mehrstoffgemisch läßt sich ein solcher Trenneffekt bei der einmaligen Rektifikation nur bezüglich einer Komponente erreichen. Für eine vollständige Auftrennung muß die Rektifikation mehrfach wiederholt werden. Besteht das Gemisch beispielsweise aus n Komponenten, so müssen $n-1$ Rektifikationen durchgeführt werden, um eine nahezu vollständige Gemischzerlegung zu erreichen.

Die Trennwirkung bei der Destillation und Rektifikation beruht auf der Ungleichverteilung der Komponenten auf Dampf- und Flüssigphase. Ein Maß für die Trennwirksamkeit eines Trennapparates ist der **Trennfaktor**. Er soll hier am Beispiel der Auftrennung eines binären Gemisches in zwei Teilmengen eingeführt werden (s. Abb. 1.3).

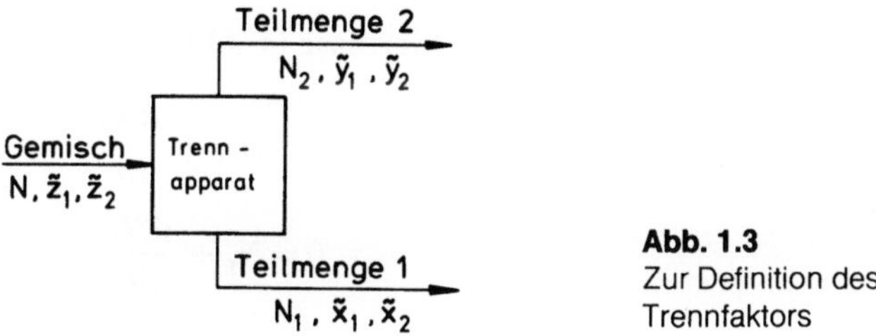

Abb. 1.3
Zur Definition des Trennfaktors

Die Molmenge des Gemisches sei N und die Molanteile der beiden Komponenten $\tilde{z}_1$ und $\tilde{z}_2$. Bezeichnet man die beiden Teilmengen mit N_1 bzw. N_2 und die jeweiligen Zusammensetzungen dieser Mengen mit $\tilde{x}_1$, $\tilde{x}_2$ bzw. $\tilde{y}_1$, $\tilde{y}_2$, so ist der Trennfaktor definiert durch die Beziehung

$$\omega_{12} = \frac{\tilde{y}_1/\tilde{y}_2}{\tilde{x}_1/\tilde{x}_2} . \tag{1.1}$$

Ausgehend von dieser Definition lassen sich folgende Fälle unterscheiden

$\omega_{12} > 1$ Die Komponente 1 reichert sich in der Teilmenge 2 an.

$\omega_{12} = 1$ Die beiden Teilmengen weisen dieselbe Zusammensetzung auf wie das Ausgangsgemisch.

$\omega_{12} < 1$ Die Komponente 1 reichert sich in der Teilmenge 1 an.

Hieraus ersieht man, daß der Trennfaktor von eins verschieden sein muß, um einen Trenneffekt zu erzielen. Eine zweite notwendige Bedingung ist, daß die Teilmengen N_1 und N_2 ungleich null sein müssen. Ist nämlich eine der beiden Teilmengen gleich null, so ist die andere Teilmenge identisch mit dem Ausgangsgemisch.

Die Definition des Trennfaktors läßt sich auch auf Mehrstoffgemische übertragen. Hierbei gilt

$$\omega_{ij} = \frac{\tilde{y}_i / \tilde{y}_j}{\tilde{x}_i / \tilde{x}_j} \,. \tag{1.2}$$

Für die vollständige Beschreibung der Trennwirksamkeit eines Trennapparates bezüglich eines Gemisches bestehend aus n Komponenten ist die Angabe von $n-1$ Trennfaktoren erforderlich.

Beispiel 1.1. Absatzweise Destillation eines Zweistoffgemisches

Ein Benzol(1)-Toluol(2)-Gemisch mit einem Benzolanteil von 80% Stoffmengengehalt wird einer absatzweisen Destillation unterzogen. Der Trennfaktor sei $\omega_{12} = 2,42$.

Berechnet werden soll der Verlauf der Zusammensetzung des Inhalts der Destillierblase sowie die momentane Dampfzusammensetzung während der Destillation.

Gesamtbilanz um die Destillierblase (s. Abb. 1.1)

$$\dot{N}_{zu} = \dot{N}_{ab} + \frac{dN_l}{dt}$$

$$0 = \dot{N}_g + \frac{dN_l}{dt}$$

$$- dN_l = \dot{N}_g \, dt \,. \tag{1.3}$$

Bilanz für die Komponente 1 um die Destillierblase

$$\dot{N}_{1,zu} = \dot{N}_{1,ab} + \frac{dN_{l,1}}{dt}$$

$$0 = \dot{N}_g \tilde{y}_1 + \frac{d(N_l \tilde{x}_1)}{dt}$$

$$- \dot{N}_g \tilde{y}_1 \, dt = dN_l \tilde{x}_1 + N_l \, d\tilde{x}_1 \,. \tag{1.4}$$

Aus der Definition des Trennfaktors

$$\frac{\tilde{y}_1}{\tilde{y}_2} = \omega_{12} \frac{\tilde{x}_1}{\tilde{x}_2}$$

folgt mit $\tilde{x}_1 + \tilde{x}_2 = 1$ und $\tilde{y}_1 + \tilde{y}_2 = 1$

$$\tilde{y}_1 = \frac{\omega_{12}\,\tilde{x}_1}{1 + (\omega_{12} - 1)\,\tilde{x}_1}\,. \tag{1.5}$$

Damit sind die das Problem beschreibenden Ausgangsgleichungen zusammengestellt. Es geht nun darum, den Zusammenhang $\tilde{x}_1 = \tilde{x}_1\,(N_l/N_{l,0})$ zu finden. Durch Kombination von Gl. (1.3) und (1.4) erhält man

$$dN_l\,\tilde{y}_1 = dN_l\,\tilde{x}_1 + N_l\,d\tilde{x}_1\,.$$

Trennung der Variablen und Integration liefert

$$\int_{N_{l,0}}^{N_l} \frac{dN_l}{N_l} = \int_{\tilde{x}_{10}}^{\tilde{x}_1} \frac{d\tilde{x}_1}{\tilde{y}_1 - \tilde{x}_1}\,.$$

Drückt man hierbei $\tilde{y}_1$ durch Gl. (1.5) aus, so läßt sich die Integration ausführen und man erhält durch Umformung den gesuchten Zusammenhang zwischen $\tilde{x}_1$ und $N_l/N_{l,0}$

$$\frac{N_l}{N_{l,0}} = \left(\frac{\tilde{x}_1}{\tilde{x}_{10}}\right)^{\frac{1}{\omega_{12}-1}} \left(\frac{1 - \tilde{x}_{10}}{1 - \tilde{x}_1}\right)^{\frac{\omega_{12}}{\omega_{12}-1}}\,. \tag{1.6}$$

Kennt man die Zusammensetzung des Destillationsrückstands, so läßt sich die Dampfzusammensetzung mit Hilfe der Gl. (1.5) berechnen.

Eine zahlenmäßige Auswertung der Gln. (1.5) und (1.6) für $\tilde{x}_{1,0} = 0{,}80$ und $\omega_{12} = 2{,}42$ zeigen Tab. 1.1 und Abb. 1.4.

Tab. 1.1 Wertetabelle für $\tilde{x}_i = \tilde{x}_i\,(N_l/N_{l,0})$ und $\tilde{y}_i = \tilde{y}_i\,(N_l/N_{l,0})$ bei der absatzweisen Destillation des Zweistoffgemisches Benzol(1)-Toluol(2)

$\tilde{x}_1$	$\tilde{x}_2 = 1 - \tilde{x}_1$	$\tilde{y}_1$	$\tilde{y}_2 = 1 - \tilde{y}_1$	$N_l/N_{l,0}$
0,05	0,95	0,1130	0,8870	0,0099
0,10	0,90	0,2119	0,7881	0,0178
0,20	0,80	0,3770	0,6230	0,0355
0,30	0,70	0,5091	0,4909	0,0593
0,40	0,60	0,6174	0,3826	0,0944
0,50	0,50	0,7076	0,2024	0,1507
0,60	0,40	0,7840	0,2160	0,2506
0,70	0,30	0,8496	0,1504	0,4561
0,75	0,25	0,8789	0,1211	0,6533
0,78	0,22	0,8956	0,1044	0,8351
0,80	0,20	0,9064	0,0936	1,0000

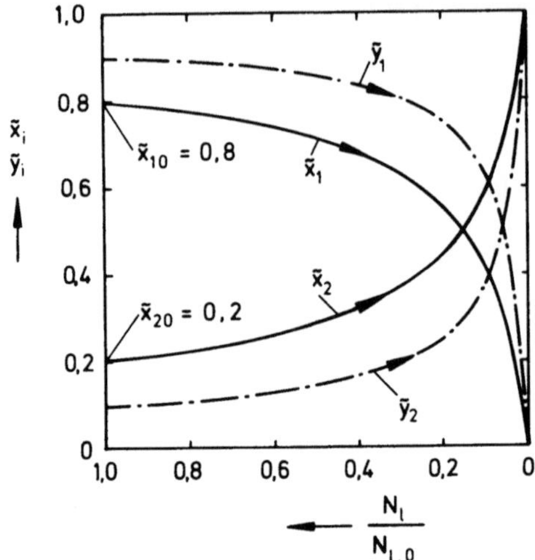

Abb. 1.4 Graphische Darstellung von $\tilde{x}_i = \tilde{x}_i (N_l / N_{l,0})$ und $\tilde{y}_i = \tilde{y}_i (N_l / N_{l,0})$ bei der absatzweisen Destillation des Zweistoffgemisches Benzol(1)-Toluol(2)

Aus der graphischen Darstellung ersieht man, daß sich in der Destillierblase die Komponente 2 anreichert. Der letzte Tropfen des Destillats besteht fast nur noch aus Toluol.

Beispiel 1.2. Absatzweise Rektifikation eines Zweistoffgemisches

Das Benzol(1)-Toluol(2)-Gemisch des vorhergehenden Beispieles soll nun durch absatzweise Rektifikation getrennt werden. Der Trenneffekt bei der Rektifikation ist größer als bei der Destillation; der Trennfaktor für den in der Abb. 1.2 dargestellten Apparat (Blase plus aufgesetzter Säule) sei z. B. $\omega_{12} = (2{,}42)^3 = 14{,}17$. Zur Herleitung dieses vergrößerten Trennfaktors s. Abschn. 1.5.1.

Gesucht ist der Verlauf der Zusammensetzung des Inhalts der Destillierblase sowie die momentane Zusammensetzung des aus dem Rücklaufkühler abgezogenen Dampfes.

Aus der Gesamtmengenbilanz für die Rektifiziersäule einschließlich Blase (s. Abb. 1.2)

$$- \, \mathrm{d}N_l = \dot{N}_g \, \mathrm{d}t \, , \tag{1.7}$$

der Mengenbilanz für die Komponente 1

$$- \dot{N}_g \, \tilde{y}_1 \, \mathrm{d}t = \mathrm{d}N_l \, \tilde{x}_1 + N_l \, \mathrm{d}\tilde{x}_1 \tag{1.8}$$

und dem durch den Trennfaktor gegebenen Zusammenhang zwischen der Dampf- und der Flüssigkeitszusammensetzung

$$\frac{\tilde{y}_1}{\tilde{y}_2} = \omega_{12}\frac{\tilde{x}_1}{\tilde{x}_2} \tag{1.9}$$

erhält man analog zum vorhergehenden Beispiel

$$\frac{N_l}{N_{l,0}} = \left(\frac{\tilde{x}_1}{\tilde{x}_{10}}\right)^{\frac{1}{\omega_{12}-1}}\left(\frac{1-\tilde{x}_{10}}{1-\tilde{x}_1}\right)^{\frac{\omega_{12}}{\omega_{12}-1}}. \tag{1.10}$$

Die Dampfzusammensetzung läßt sich mit Hilfe der Gl. (1.9) berechnen. Eine numerische Auswertung zeigen die Tab. 1.2 und Abb. 1.5.

Tab. 1.2 Wertetabelle für $\tilde{x}_i = \tilde{x}_i(N_l/N_{l,0})$ und $\tilde{y}_i = \tilde{y}_i(N_l/N_{l,0})$ für die absatzweise Rektifikation des Zweistoffgemisches Benzol(1)-Toluol(2)

$\tilde{x}_1$	$\tilde{x}_2 = 1 - \tilde{x}_1$	$\tilde{y}_1$	$\tilde{y}_2 = 1 - \tilde{y}_1$	$N_l/N_{l,0}$
0,001	0,999	0,0140	0,9860	0,1067
0,010	0,990	0,1252	0,8748	0,1283
0,050	0,950	0,4272	0,5728	0,1515
0,100	0,900	0,6116	0,3884	0,1693
0,200	0,800	0,7799	0,2201	0,2025
0,300	0,700	0,8586	0,1414	0,2411
0,400	0,600	0,9043	0,0957	0,2909
0,500	0,500	0,9341	0,0659	0,3600
0,600	0,400	0,9551	0,0449	0,4641
0,700	0,300	0,9706	0,0294	0,6399
0,750	0,250	0,9770	0,0230	0,7827
0,780	0,220	0,9805	0,0195	0,9008
0,800	0,200	0,9827	0,0173	1,0000

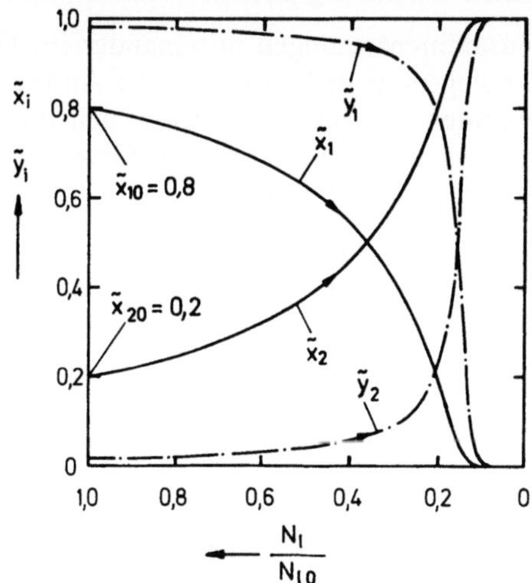

Abb. 1.5 Graphische Darstellung von $\tilde{x}_i = \tilde{x}_i(N_l/N_{l,0})$ und $\tilde{y}_i = \tilde{y}_i(N_l/N_{l,0})$ für die absatzweise Rektifikation des Zweistoffgemisches Benzol(1)-Toluol(2)

Vergleicht man die Zusammensetzungsverläufe bei der Destillation und der Rektifikation, so erkennt man, daß der Trenneffekt bei der Rektifikation größer ist als bei der Destillation, d.h. die beiden Komponenten können bei gleicher relativer Eindampfmenge $N_l/N_{l,0}$ mit größerer Reinheit gewonnen werden.

Innerhalb einer Produktionsanlage dient die Destillation bzw. Rektifikation zur Aufbereitung der Rohstoffe oder zur Abtrennung des Hauptproduktes von unerwünschten Nebenprodukten und nicht umgesetzten Rohstoffen. Aus dem breiten Anwendungsgebiet seien einige Beispiele genannt

– Aufspaltung des Rohöls in Fraktionen unterschiedlicher Siedebereiche,
– Auftrennung der durch Spaltung von Naphtha erzeugten Olefine,
– Trennung aromatischer Kohlenwasserstoffe und
– Reinigung organischer Lösungsmittel.

Die Destillation und die Rektifikation sind Verfahren, die erhebliche Energiemengen verbrauchen. Der Energieverbrauch ist um so größer, je geringer der Unterschied der Flüchtigkeiten der einzelnen Gemischkomponenten ist. Der Energieverbrauch läßt sich reduzieren, wenn man beispielsweise den Rücklaufkondensator und die Sumpfheizung mit Hilfe eines Brüdenverdichters zu einem Wärmepumpenkreislauf verbindet.

1.2 Physikalische Grundlagen

Die Trennung eines Flüssigkeitsgemisches durch Destillation oder Rektifikation beruht auf der Ungleichverteilung der Komponenten auf die Gas- und Flüssigkeitsphase bei eingestelltem **thermodynamischen Gleichgewicht.** Tatsächlich treten in technischen Apparaten Abweichungen vom thermodynamischen Gleichgewicht auf. Sie werden für alle Gemischkomponenten in gleicher Weise durch Einführung eines sogenannten Wirkungsgrades der Trenneinrichtung erfaßt.

Die Ermittlung der Zusammensetzungen miteinander im Gleichgewicht stehender Phasen ist von grundlegender Bedeutung für die Auslegung von Destillations- und Rektifikationsapparaten. Hiermit beschäftigt sich die Mischphasenthermodynamik. Nachstehend soll auf die wichtigsten Grundlagen der Phasengleichgewichtsberechnung eingegangen werden.

In Abb. 1.6 ist ein Flüssigkeitsgemisch dargestellt, das mit seinem Dampf längs der Flüssigkeitsoberfläche in Kontakt steht. Vorgegeben sind der Druck p und die

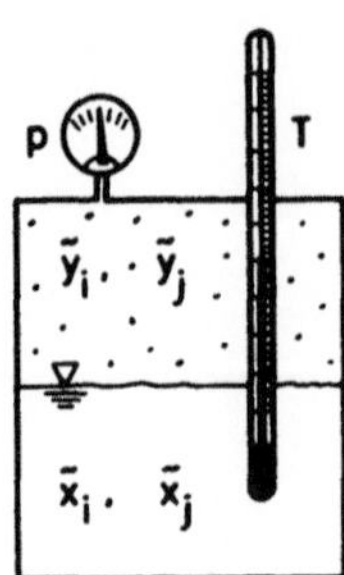

Abb. 1.6
Darstellung des Phasengleichgewichtsproblems

Temperatur T. Es stellt sich die Frage, welche Zusammensetzung Flüssigkeit und Dampf unter diesen Bedingungen haben, wenn sich das thermodynamische Gleichgewicht eingestellt hat.

Die Zusammensetzung der beiden im Gleichgewicht befindlichen Phasen sind durch die **relative Flüchtigkeit** α_{ij} miteinander verknüpft

$$\frac{\tilde{y}_i}{\tilde{y}_j} = \alpha_{ij} \frac{\tilde{x}_i}{\tilde{x}_j}. \tag{1.11}$$

Hierbei ist $\tilde{x}_i$ der Molanteil der Komponente i in der flüssigen Phase und $\tilde{y}_i$ der Molanteil der Komponente i in der Gasphase. Die relative Flüchtigkeit hängt im allgemeinen vom Druck, von der Temperatur und von der Phasenzusammensetzung ab.

In den folgenden Abschnitten werden die relativen Flüchtigkeiten für verschiedene Fälle berechnet und die Möglichkeiten der Darstellung von Phasengleichgewichten aufgezeigt. Zunächst werden ideale Zweistoffgemische behandelt. In den beiden folgenden Abschnitten wird das Realverhalten der Komponenten berücksichtigt und schließlich werden die Betrachtungen auf Mehrstoffgemische ausgedehnt.

1.2.1 Ideale Gemische

Ideale Gemische sind dadurch gekennzeichnet, daß die einzelnen Komponenten in jedem Verhältnis ineinander löslich sind, und daß die Wechselwirkungskräfte zwischen ungleichartigen Molekülen ebenso groß sind wie jene zwischen gleichartigen. Es gibt eine Reihe von Gemischen, die man mit guter Näherung als ideal bezeichnen kann. Hierzu zählen insbesondere Gemische von Stoffen mit kleinen, unpolaren Molekülen wie Stickstoff, Sauerstoff und Argon als Bestandteile der Luft sowie Wasserstoff und Methan. Auch Gemische von etwa gleich großen unpolaren Molekülen verhalten sich ideal, z.B. Benzol und Toluol oder n-Butan und i-Butan. Ähnlich verhalten sich Mischungen aus aufeinanderfolgenden Stoffen einer homologen Reihe wie beispielsweise Methanol und Ethanol.

Betrachten wir ein ideales Gemisch, bestehend aus zwei Komponenten, so gehorchen die Partialdrücke der beiden Komponenten 1 und 2 über der flüssigen Mischung dem **Raoultschen Gesetz**

$$p_1 = \tilde{x}_1 \, p_1^*(T) \tag{1.12a}$$
$$p_2 = \tilde{x}_2 \, p_2^*(T). \tag{1.12b}$$

$p_1^*(T)$ und $p_2^*(T)$ sind die Sattdampfdrücke der beiden Komponenten bei der Temperatur T.

Das Raoultsche Gesetz besagt, daß der Partialdruck p_i der Komponente i in der Gasphase proportional ihrem Molenbruch $\tilde{x}_i$ in der Flüssigphase ist.

In der Gasphase gilt das **Daltonsche Gesetz.** Danach ist der Partialdruck p_i der Komponente i proportional dem Molenbruch $\tilde{y}_i$ und dem Gesamtdruck p. Es ergibt sich somit

$$p_1 = \tilde{y}_1\, p \tag{1.13a}$$

$$p_2 = \tilde{y}_2\, p\,. \tag{1.13b}$$

Durch Kombination dieser Gleichungen erhält man für die **relative Flüchtigkeit** α^*_{12} eines **idealen Zweistoffgemisches** die Beziehung

$$\alpha^*_{12} = \frac{\tilde{y}_1/\tilde{y}_2}{\tilde{x}_1/\tilde{x}_2} = \frac{p^*_1(T)}{p^*_2(T)}\,. \tag{1.14}$$

Danach ist α^*_{12} gleich dem Verhältnis der Dampfdrücke der reinen Komponenten. Sofern die Dampfdruckkurven im Clausius-Clapeyron-Diagramm parallele Linien bilden, ist α^*_{12} temperaturunabhängig (s. Abb. 1.7). Dies ist bei zahlreichen Stoffen, die ideale Gemische bilden und deren Siedepunkte nicht zu weit auseinanderliegen, näherungsweise der Fall.

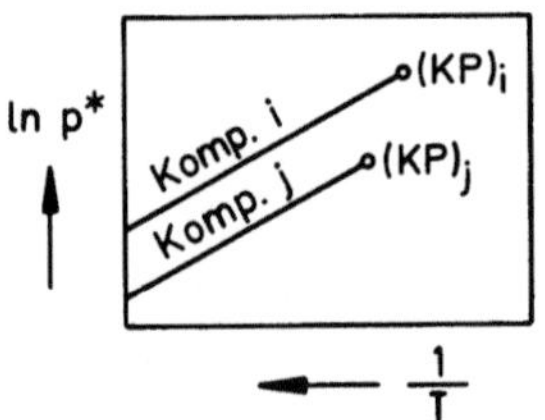

Abb. 1.7 Dampfdruckkurven reiner Stoffe

$$\frac{\mathrm{d}\ln p^*}{\mathrm{d}\left(\dfrac{1}{T}\right)} = -\,\frac{\Delta \tilde{h}_\mathrm{v}}{\tilde{R}}$$

Neben der relativen Flüchtigkeit wird häufig auch die **Gleichgewichtskonstante**

$$K_i = \frac{\tilde{y}_i}{\tilde{x}_i} \tag{1.15}$$

für die Beschreibung des Phasengleichgewichtes verwendet. Für ideale Zweistoffgemische erhält man durch Kombination des Raoultschen und des Daltonschen Gesetzes

$$K^*_1 = \frac{\tilde{y}_1}{\tilde{x}_1} = \frac{p^*_1(T)}{p} \tag{1.16a}$$

$$K^*_2 = \frac{\tilde{y}_2}{\tilde{x}_2} = \frac{p^*_2(T)}{p}\,. \tag{1.16b}$$

Die Gleichgewichtskonstante läßt sich für ideale Gemische ebenso wie die relative Flüchtigkeit allein aus den thermodynamischen Daten der Reinstoffe vorausberechnen.

Beispiel 1.3. Berechnung der relativen Flüchtigkeit für das System Benzol(1)-Toluol(2)

Dampfdrücke (Antoine-Gleichung, Dampfdruck p_1^* in mbar, Temperatur T in °C):

$$\ln p_1^* = 16{,}1885 - \frac{2788{,}51}{T + 220{,}79}$$

$$\ln p_2^* = 16{,}3014 - \frac{3096{,}52}{T + 219{,}48} \, .$$

Siedetemperaturen bei 1,013 bar

$$T_{S,1} = 80{,}1 \,°C, \quad T_{S,2} = 110{,}6 \,°C \, .$$

Relative Flüchtigkeit

$$\alpha_{12}^* = \frac{p_1^*(T)}{p_2^*(T)} \, .$$

Wertetabelle

T (°C)	p_1^* (mbar)	p_2^* (mbar)	α_{12}^*
80,1	1013	390	2,60
90	1361	542	2,51
100	1801	742	2,43
110,6	2378	1013	2,35

Für die graphische **Darstellung des Phasengleichgewichtes** zwischen Dampf und Flüssigkeit sind drei Diagramme von besonderer praktischer Bedeutung: das Druckdiagramm, das Temperaturdiagramm und das Zusammensetzungsdiagramm.

Im **Druckdiagramm** sind die Partialdrücke p_1 und p_2 und der Gesamtdruck p bei konstanter Temperatur in Abhängigkeit von der Zusammensetzung der Flüssigkeit und des Dampfes dargestellt (s. Abb. 1.8).

Der Gesamtdruck p ist gleich der Summe der beiden Partialdrücke p_1 und p_2 bei der vorgegebenen Temperatur T

$$p = p_1 + p_2 \, .$$

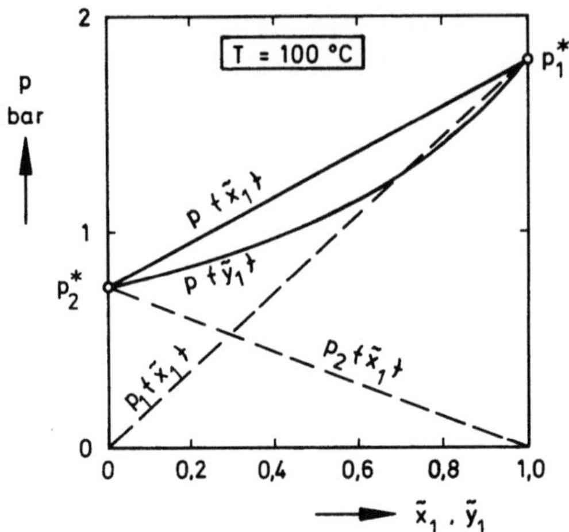

Abb. 1.8 Druckdiagramm für ein ideales Zweistoffgemisch (Benzol(1)-Toluol(2), $T = 100\,°\mathrm{C}$)

Die Partialdrücke der beiden Komponenten kann man mit Hilfe des Raoultschen Gesetzes als eine Funktion der Zusammensetzung der flüssigen Phase ausdrücken

$$p = \tilde{x}_1 p_1^* \{T\} + \tilde{x}_2 p_2^* \{T\}.$$

Mit $\tilde{x}_1 + \tilde{x}_2 = 1$ folgt daraus

$$p\{\tilde{x}_1\} = \tilde{x}_1 p_1^* \{T\} + (1 - \tilde{x}_1)\, p_2^* \{T\}$$

oder

$$\boxed{p\{\tilde{x}_1\} = p_2^* \{T\} + \tilde{x}_1 [p_1^* \{T\} - p_2^* \{T\}].} \tag{1.17}$$

Dies ist die Gleichung für die **Siedelinie** im Druckdiagramm. Ist der auf der Flüssigkeit lastende Druck niedriger als der nach Gl. (1.17) berechnete, siedet die Flüssigkeit. Die Siedelinie ist eine lineare Funktion der Flüssigkeitszusammensetzung.

Neben der Siedelinie interessiert auch der Zusammenhang zwischen dem Gesamtdruck p und der Dampfzusammensetzung $\tilde{y}_1$ für dieselbe Temperatur T. Dazu gehen wir wieder vom Raoultschen und vom Daltonschen Gesetz, Gln. (1.12) und (1.13), aus

$$\tilde{y}_i = \frac{p_i}{p} = \frac{\tilde{x}_i p_i^* \{T\}}{p}.$$

Daraus folgt

$$\tilde{x}_i = \frac{p}{p_i^* \{T\}}\, \tilde{y}_i.$$

Summiert man über beide Komponenten, so ergibt sich

$$\tilde{x}_1 + \tilde{x}_2 = p \left[\frac{\tilde{y}_1}{p_1^*(T)} + \frac{\tilde{y}_2}{p_2^*(T)} \right].$$

Berücksichtigt man, daß $\tilde{x}_1 + \tilde{x}_2 = 1$ ist, so erhält man für p

$$p = \frac{1}{\tilde{y}_1/p_1^*(T) + \tilde{y}_2/p_2^*(T)}$$

oder mit $\tilde{y}_1 + \tilde{y}_2 = 1$

$$p(\tilde{y}_1) = \frac{p_1^*(T)\,p_2^*(T)}{p_1^*(T) - \tilde{y}_1\,[p_1^*(T) - p_2^*(T)]}. \tag{1.18}$$

Diese Gleichung stellt im Druckdiagramm eine hyperbolisch durchgebogene Kurve dar. Sie wird **Taulinie** genannt, weil der Dampf bei isothermer Kompression beim Erreichen des durch die Taulinie gegebenen Druckes zu kondensieren beginnt. Unterhalb der Taulinie befindet sich das Zustandsgebiet des Dampfes, oberhalb der Siedelinie das der Flüssigkeit. Von der Siede- und der Taulinie wird das Naßdampfgebiet eingeschlossen. Hier liegen die beiden Phasen nebeneinander vor.

Beispiel 1.4. Berechnung des Druckdiagramms für das System Benzol(1)-Toluol(2) bei $T = 100\,°C$

Dampfdrücke (Antoine-Gleichung, Dampfdruck p_i^* in mbar, Temperatur T in °C):

$$\ln p_1^* = 16{,}1885 - \frac{2788{,}51}{T + 220{,}79}$$

$$\ln p_2^* = 16{,}3014 - \frac{3096{,}52}{T + 219{,}48}$$

Dampfdrücke bei 100 °C

$$p_1^* = 1801 \text{ mbar}, \quad p_2^* = 742 \text{ mbar}$$

Siedelinie

$$p(\tilde{x}_1) = p_2^* + \tilde{x}_1\,(p_1^* - p_2^*)$$

Taulinie

$$p(\tilde{y}_1) = \frac{p_1^*\,p_2^*}{p_1^* - \tilde{y}_1\,(p_1^* - p_2^*)}.$$

Wertetabelle

	Siedelinie		Taulinie	
$\tilde{x}_1$	$p\{\tilde{x}_1\}$ (mbar)	$\tilde{y}_1$	$p\{\tilde{y}_1\}$ (mbar)	
0	742	0	742	
0,2	954	0,2	841	
0,4	1166	0,4	970	
0,6	1377	0,6	1147	
0,8	1589	0,8	1401	
1,0	1801	1,0	1801	

Druckdiagramm s. Abb. 1.8.

Im **Temperaturdiagramm,** auch Siedediagramm genannt, sind für konstanten Druck Siede- und Taulinie dargestellt. Das Temperaturdiagramm läßt sich aus den Dampfdruckkurven der beiden reinen Komponenten entwickeln (s. Abb. 1.9).

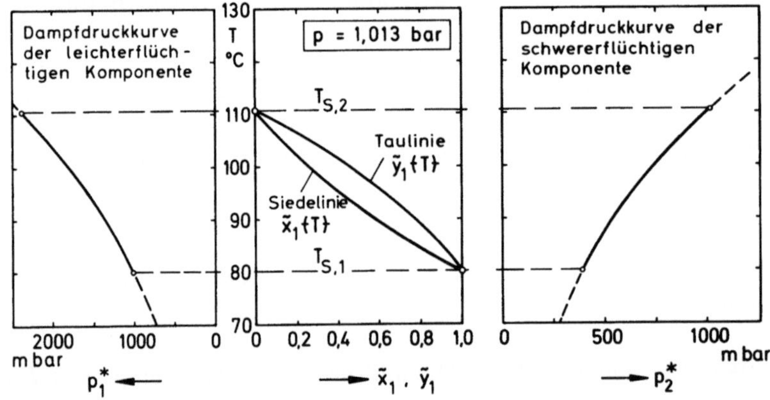

Abb. 1.9 Temperaturdiagramm für ein ideales Zweistoffgemisch (Benzol(1)-Toluol(2), $p = 1,013$ bar)

Die Gleichung für die **Siedelinie** erhält man, wenn man Gl. (1.17) nach $\tilde{x}_1$ auflöst

$$\tilde{x}_1\{T\} = \frac{p - p_2^*\{T\}}{p_1^*\{T\} - p_2^*\{T\}} . \tag{1.19}$$

Kennt man die Zusammensetzung der Flüssigkeit für eine bestimmte Temperatur T, so läßt sich mittels Gl. (1.16) die zugehörige Dampfzusammensetzung berechnen

$$\tilde{y}_1\{T\} = \frac{p_1^*\{T\}}{p} \tilde{x}_1\{T\} = \frac{p_1^*\{T\}}{p} \frac{p - p_2^*\{T\}}{p_1^*\{T\} - p_2^*\{T\}} . \tag{1.20}$$

Dies ist die Gleichung der sogenannten **Taulinie.** Oberhalb der Taulinie befindet sich das Zustandsgebiet des überhitzten Dampfes. Unterhalb der Siedelinie liegt das Gemisch als Flüssigkeit vor. Von der Siede- und Taulinie wird das Naßdampfgebiet eingeschlossen.

Beispiel 1.5. Berechnung des Temperaturdiagramms für das System Benzol(1)-Toluol(2) bei 1,013 bar

Dampfdrücke (Antoine-Gleichung, Dampfdruck p_1^* in mbar, Temperatur T in °C)

$$\ln p_1^* = 16{,}1885 - \frac{2788{,}51}{T + 220{,}79}$$

$$\ln p_2^* = 16{,}3014 - \frac{3096{,}52}{T + 219{,}48}$$

Siedelinie

$$\tilde{x}_1(T) = \frac{p - p_2^*(T)}{p_1^*(T) - p_2^*(T)}$$

Taulinie

$$\tilde{y}_1(T) = \frac{p_1^*(T)}{p}\,\tilde{x}_1(T) = \frac{p_1^*(T)}{p}\,\frac{p - p_2^*(T)}{p_1^*(T) - p_2^*(T)}\ .$$

Wertetabelle

T (°C)	p_1^* (mbar)	p_2^* (mbar)	$\tilde{x}_1$	$\tilde{y}_1$
80,1	1013	390	1,000	1,000
82	1074	416	0,907	0,962
85	1176	459	0,773	0,897
90	1361	542	0,575	0,773
95	1569	636	0,404	0,626
100	1801	742	0,256	0,455
108	2225	940	0,057	0,125
110,6	2378	1013	0,000	0,000

Temperaturdiagramm s. Abb. 1.9.

Im **Zusammensetzungsdiagramm** ist für konstanten Druck die Gleichgewichtszusammensetzung der Dampfphase $\tilde{y}_1$ in Abhängigkeit von der Zusammensetzung der Flüssigphase $\tilde{x}_1$ dargestellt. Aufgetragen ist normalerweise der Anteil der leichterflüchtigen Komponente in der Dampfphase über dem Anteil der leichterflüchtigen Komponente in der Flüssigphase (s. Abb. 1.10).

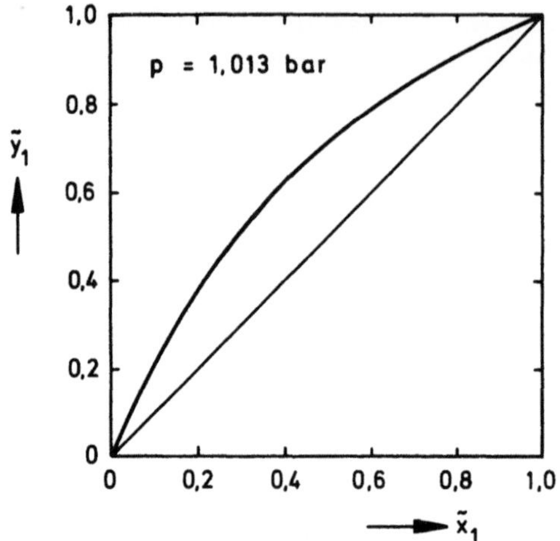

Abb. 1.10 Zusammensetzungsdiagramm für ein ideales Zweistoffgemisch (Benzol(1)-Toluol(2), $p = 1,013$ bar)

Den Zusammenhang zwischen den Zusammensetzungen der Flüssig- und Dampfphase erhält man durch Umformung der Gl. (1.14)

$$\frac{\tilde{y}_1}{\tilde{y}_2} = \alpha_{12}^* \frac{\tilde{x}_1}{\tilde{x}_2}.$$

Mit $\tilde{x}_1 + \tilde{x}_2 = 1$ und $\tilde{y}_1 + \tilde{y}_2 = 1$ folgt daraus

$$\frac{\tilde{y}_1}{1 - \tilde{y}_1} = \alpha_{12}^* \frac{\tilde{x}_1}{1 - \tilde{x}_1}$$

oder aufgelöst nach $\tilde{y}_1$

$$\tilde{y}_1(x_1) = \frac{\alpha_{12}^* \tilde{x}_1}{1 + (\alpha_{12}^* - 1)\, \tilde{x}_1}. \tag{1.21}$$

Dies ist die Gleichung der **Gleichgewichtslinie.**

Beispiel 1.6. Ermittlung des Zusammensetzungsdiagramms für das System Benzol(1)-Toluol(2)

Das Zusammensetzungsdiagramm für $p = 1,013$ bar erhält man, indem man die Molanteile der leichterflüchtigen Komponente in der Dampfphase $\tilde{y}_1$ aus der Wertetabelle des Beispiels 1.5 über die entsprechenden Molanteile über der leichterflüchtigen Komponente in der Flüssigphase $\tilde{x}_1$ aufträgt. Die Gleichgewichtslinie kann man auch mit Hilfe der Beziehung

$$\tilde{y}_1 = \frac{\alpha_{12}^* \tilde{x}_1}{1 + (\alpha_{12}^* - 1)\, \tilde{x}_1}$$

berechnen. Da es sich bei dem System Benzol-Toluol um ein nahezu ideales Gemisch handelt, kann man für die relative Flüchtigkeit α_{12}^* mit einem konstanten Wert rechnen. Dies wäre in unserem Fall der Mittelwert der im Beispiel 1.3 berechneten relativen Flüchtigkeiten

$$\alpha_{12}^* = 2{,}47 \, .$$

Zusammensetzungsdiagramm s. Abb. 1.10.

In der Abb. 1.11 sind zusammenfassend Druck-, Temperatur- und Zusammensetzungsdiagramm für das nahezu ideale System Benzol(1)-Toluol(2) dargestellt.

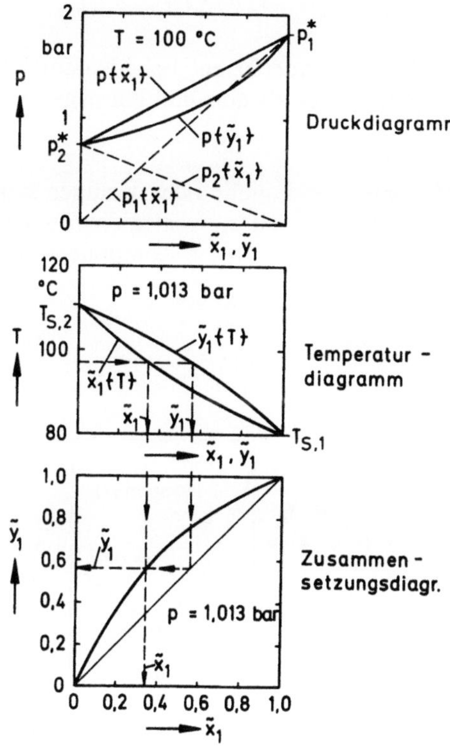

Abb. 1.11 Druck-, Temperatur- und Zusammensetzungsdiagramm für das ideale System Benzol(1)-Toluol(2)

1.2.2 Reale Gemische

Sind die Wechselwirkungskräfte zwischen ungleichartigen Molekülen verschieden von jenen zwischen gleichartigen Molekülen, so spricht man von realen Gemischen.

Die Abweichung vom idealen Verhalten der Komponenten in der flüssigen Phase wird durch den sogenannten **Aktivitätskoeffizienten** γ beschrieben. Unter Verwendung dieses Aktivitätskoeffizienten lautet das für reale Gemische erweiterte Raoultsche Gesetz

$$p_1 = \gamma_1 \, \tilde{x}_1 \, p_1^* \,(T)$$ (1.22 a)

$$p_2 = \gamma_2 \, \tilde{x}_2 \, p_2^* \,(T) \,.$$ (1.22 b)

Hieraus ersieht man, daß der Aktivitätskoeffizient gleich dem Verhältnis von tatsächlichem Partialdruck zum Partialdruck über einer idealen Mischung ist

$$\gamma_1 = \frac{p_1}{\tilde{x}_1 \, p_1^* \,(T)} = \frac{p_1}{p_{1,\,\mathrm{id}}}$$ (1.23 a)

$$\gamma_2 = \frac{p_2}{\tilde{x}_2 \, p_2^* \,(T)} = \frac{p_2}{p_{2,\,\mathrm{id}}} \,.$$ (1.23 b)

Demzufolge ist der Aktivitätskoeffizient bei idealem Verhalten gleich eins, bei positiven Abweichungen größer als eins und bei negativen Abweichungen kleiner als eins.

Die Aktivitätskoeffizienten sind mehr oder weniger stark von der Zusammensetzung abhängig (s. Abb. 1.12). Ist ein reales Gemisch hinsichtlich der Komponente 2 stark verdünnt, so verhält sich die Komponente 1 ideal und umgekehrt. Es gilt also stets

$$\lim_{\tilde{x}_1 \to 1} \gamma_1 = 1$$ (1.24 a)

$$\lim_{\tilde{x}_2 \to 1} \gamma_2 = 1 \,.$$ (1.24 b)

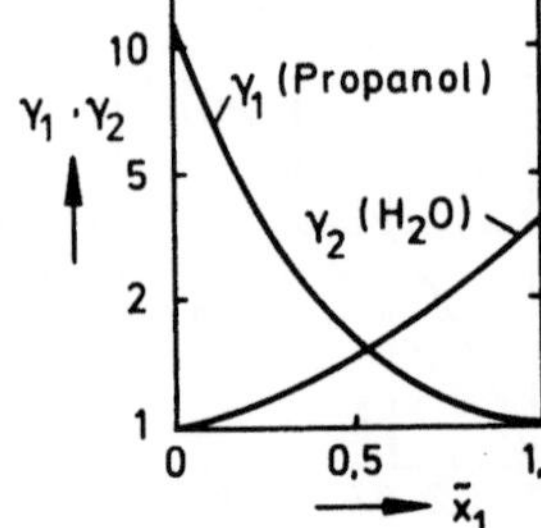

Abb. 1.12 Aktivitätskoeffizienten in Abhängigkeit von der Zusammensetzung für das System *n*-Propanol(1)-Wasser(2)

Aktivitätskoeffizienten müssen in der Regel experimentell bestimmt werden. Zur Wiedergabe der experimentellen Daten verwendet man empirische Ansätze mit zwei oder mehr Anpassungsparametern. Als Beispiel soll hier der **Ansatz von van Laar** stehen, der relativ einfach zu handhaben ist. Die beiden Gleichungen zur Berechnung der Aktivitätskoeffizienten haben hierbei die Form

$$\ln \gamma_1 = \frac{c_1 \, \tilde{x}_2^2}{[\tilde{x}_2 + (c_1/c_2) \, \tilde{x}_1]^2}$$ (1.25 a)

$$\ln \gamma_2 = \frac{c_2 \, \tilde{x}_1^2}{[\tilde{x}_1 + (c_2/c_1) \, \tilde{x}_2]^2} \,.$$ (1.25 b)

Die beiden Parameter c_1 und c_2 werden nach dem Prinzip der Quadratsummenminimierung durch Anpassung an die Meßdaten bestimmt. Dabei wird die Temperaturabhängigkeit dieser c-Werte oft vernachlässigt.

Die Gln. (1.25 a und b) genügen der Konsistenzbedingung nach Gibbs-Duhem

$$\tilde{x}_1 \frac{\mathrm{d} \ln \gamma_1}{\mathrm{d}\tilde{x}_1} + (1 - \tilde{x}_1) \frac{\mathrm{d} \ln \gamma_2}{\mathrm{d}\tilde{x}_1} = 0 . \tag{1.26}$$

Kennt man die Aktivitätskoeffizienten, so läßt sich das Phasengleichgewicht in Form von Druck-, Temperatur- und Zusammensetzungsdiagramm berechnen, sofern man die Dampfphase weiterhin als ideal ansehen darf. Letzteres ist für niedrige und mäßige Drücke, wie sie bei der Destillation und Rektifikation oft vorkommen, meist recht gut erfüllt.

In den Abb. 1.13 und 1.14 sind Druck-, Temperatur- und Zusammensetzungsdiagramm für die beiden Systeme Methanol-Tetrachlorkohlenstoff und Aceton-Chloroform dargestellt. Außerdem ist die Abhängigkeit der Aktivitätskoeffizienten von der Zusammensetzung wiedergegeben. Beim Gemisch Methanol-Tetrachlorkohlenstoff treten positive Abweichungen vom Raoultschen Gesetz auf. Diese sind so stark, daß der Gesamtdruck bei einer bestimmten Zusammensetzung ein Maximum durchläuft. Dem entspricht im Temperaturdiagramm ein Minimum. Siede- und Taulinie berühren sich hierbei im sogenannten **azeotropen Punkt** A. Dies bedeutet, daß Dampf und Flüssigkeit dort dieselbe Zusammensetzung haben

$$\boxed{\tilde{y}_{1,\,\mathrm{az}} = \tilde{x}_{1,\,\mathrm{az}} .} \tag{1.27}$$

Deshalb schneidet im darunterliegenden Zusammensetzungsdiagramm die Gleichgewichtslinie an dieser Stelle die Diagonale $\tilde{y}_1 = \tilde{x}_1$. Aus dem Verlauf von Siede- und Taulinie sowie der Gleichgewichtslinie erkennt man, daß links vom azeotropen Punkt der Molanteil der Komponente 1 in der Dampfphase größer ist als ihr Molanteil in der Flüssigphase. Die leichterflüchtige Komponente reichert sich demzufolge im Dampf an. Rechts vom azeotropen Punkt ist dagegen der Molanteil der Komponente 1 in der Dampfphase kleiner als ihr Molanteil in der Flüssigphase. Die schwererflüchtige Komponente reichert sich im Dampf an. Die Gleichgewichtslinie verläuft in diesem Bereich unterhalb der Diagonalen. Umgekehrt sind die Verhältnisse bei dem System Aceton-Chloroform.

Beispiel 1.7. Ermittlung des Zusammensetzungsdiagrammes für das reale Gemisch n-Propanol(1)-Wasser(2) bei $p = 1,013$ bar

Gegeben sind die Dampfdrücke der reinen Komponenten bei 87,8 °C

$$p_1^* = 699 \text{ mbar}, \quad p_2^* = 644 \text{ mbar}$$

und die Konstanten der van Laar-Gleichung (Gl. (1.25))

$$c_1 = 2,60, \quad c_2 = 1,13 .$$

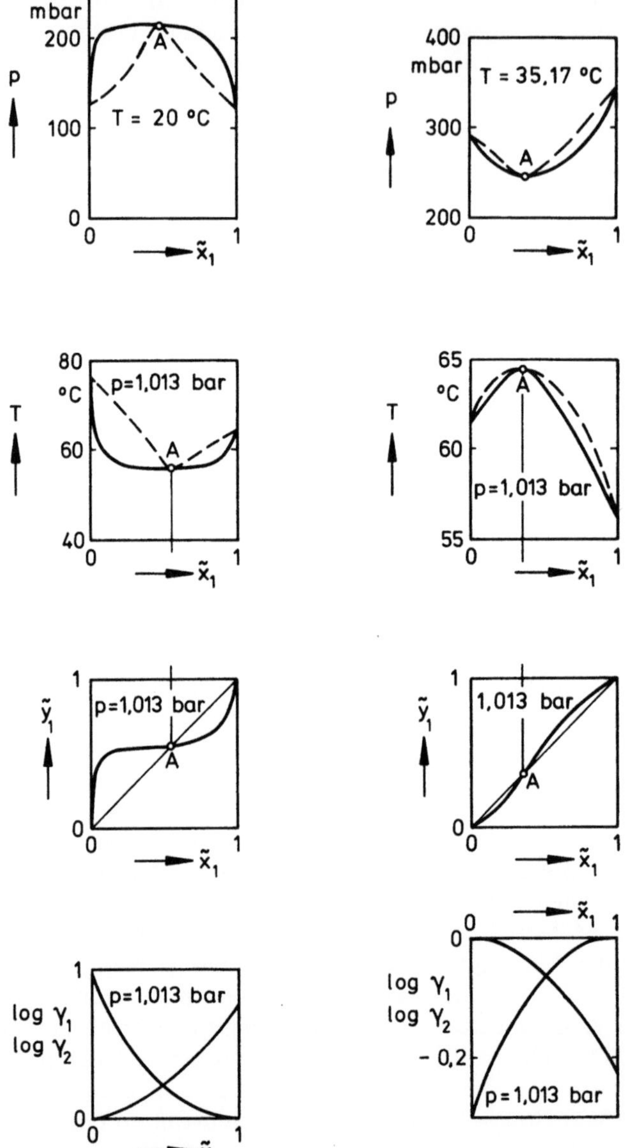

Abb. 1.13 Darstellung des Phasengleichgewichtes für das System Methanol(1)-Tetrachlorkohlenstoff(2) (positive Abweichung vom Raoultschen Gesetz)

Abb. 1.14 Darstelllung des Phasengleichgewichtes für das System Aceton(1)-Chloroform(2) (negative Abweichung vom Raoultschen Gesetz)

Aus dem erweiterten Raoultschen Gesetz (Gl. (1.22)) für die flüssige Phase und dem Daltonschen Gesetz (Gl. (1.13)) für die dampfförmige Phase folgt

$$\tilde{y}_1\, p = \gamma_1\, \tilde{x}_1\, p_1^*\,(T),$$

$$\tilde{y}_2\, p = \gamma_2\, \tilde{x}_2\, p_2^*\,(T).$$

Durch Division dieser Beziehungen erhält man

$$\frac{\tilde{y}_1}{\tilde{y}_2} = \frac{\gamma_1}{\gamma_2}\, \frac{p_1^*\,(T)}{p_2^*\,(T)}\, \frac{\tilde{x}_1}{\tilde{x}_2}.$$

Vergleicht man dies mit Gl. (1.11), so ergibt sich für die relative Flüchtigkeit

$$\boxed{\alpha_{12} = \frac{\gamma_1}{\gamma_2}\, \alpha_{12}^*.}$$

Trennfaktor des idealen Gemisches

$$\alpha_{12}^* = \frac{p_1^*}{p_2^*} = 1{,}085$$

α_{12}^* ist wie in Abschn. 1.2.1 gezeigt wurde von der Temperatur weitgehend unabhängig. Aus den Gln. (1.25 a, b) folgt für das Verhältnis der Aktivitätskoeffizienten:

$$\frac{\gamma_1}{\gamma_2} = \exp\left[c_1\, c_2\, \frac{c_2\,(1-\tilde{x}_1)^2 - c_1\, \tilde{x}_1^2}{[c_2\,(1-\tilde{x}_1) + c_1\, \tilde{x}_1]^2}\right].$$

Die Gleichgewichtslinie ergibt sich schließlich zu

$$\tilde{y}_1 = \frac{\alpha_{12}\, \tilde{x}_1}{1 + (\alpha_{12} - 1)\, \tilde{x}_1}.$$

Wertetabelle

$\tilde{x}_1$	α_{12}	$\tilde{y}_1$
0,00	14,607	0,000
0,05	8,473	0,308
0,10	5,385	0,374
0,20	2,661	0,400
0,30	1,587	0,405
0,40	1,075	0,418
0,50	0,795	0,443
0,60	0,627	0,485
0,70	0,518	0,547
0,80	0,444	0,640
0,90	0,390	0,778
0,95	0,369	0,875
1,00	0,350	1,000

Zusammensetzungsdiagramm s. Abb. 1.15.

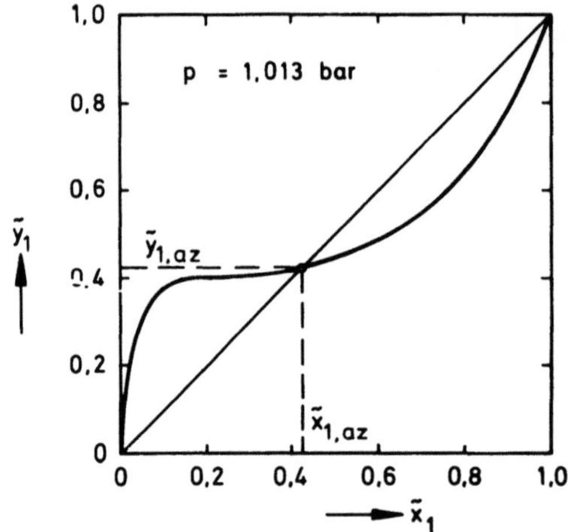

Abb. 1.15 Zusammensetzungsdiagramm für das System n-Propanol(1)-Wasser(2) bei
$p = 1{,}013$ bar

1.2.3 Gemische mit einer Mischungslücke

Bei einer Reihe von Gemischen ist es möglich, daß sich die beiden Komponenten
nicht mehr ineinander lösen und dadurch im gesamten Konzentrationsbereich
eine Mischungslücke entsteht. Dies gilt beispielsweise für das System Benzol-
Ameisensäure. Druck- und Zusammensetzungsdiagramm für dieses System sind
in der Abb. 1.16 dargestellt.

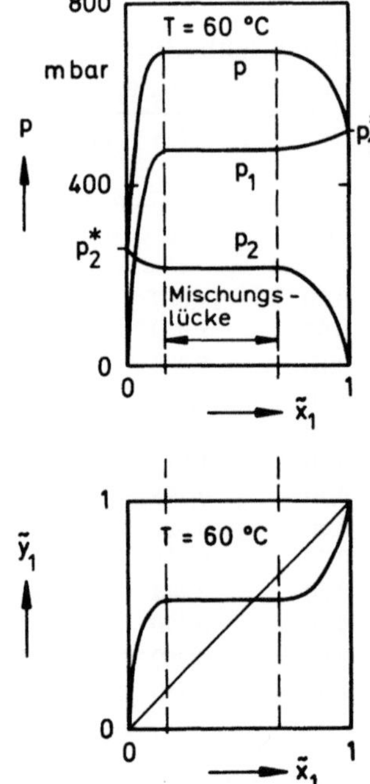

Abb. 1.16 Druck- und Zusammensetzungsdiagramm für
das System Benzol(1)-Amei-
sensäure(2)

Mit Bereich der Mischungslücke, welche sich von $\tilde{x}_1 = 0{,}17$ bis $\tilde{x}_1 = 0{,}68$ erstreckt, ist der Gesamtdruck p über der Lösung bei festgehaltener Temperatur T konstant. In diesem Bereich ist die Dampfzusammensetzung unabhängig von der Zusammensetzung der flüssigen Phase. Die Gleichgewichtskurve zeigt deshalb in diesem Bereich einen waagerechten Verlauf. Ein Flüssigkeitsgemisch, dessen Zusammensetzung im Bereich der Mischungslücke liegt, zerfällt in zwei Phasen.

1.2.4 Mehrstoffgemische

Bei der Festlegung der Gleichgewichtszustände von Mehrstoffgemischen sind dieselben Gesetzmäßigkeiten wie bei Zweistoffgemischen maßgebend. Der **Siedepunkt** eines Gemisches, bestehend aus n Komponenten, ergibt sich aus der Forderung:

$$\sum_{i=1}^{n} \tilde{y}_i = 1 .$$

Mit

$$\tilde{y}_i = K_i \, \tilde{x}_i$$

folgt daraus

$$\boxed{\sum_{i=1}^{n} K_i \, \tilde{x}_i = 1 .} \tag{1.28}$$

Verhält sich das Gemisch ideal, so erhält man mit Gl. (1.16)

$$\sum_{i=1}^{n} \tilde{x}_i \, p_i^* (T) = p . \tag{1.29}$$

Mit der Forderung

$$\sum_{i=1}^{n} \tilde{x}_i = 1$$

für die Flüssigphase ergibt sich die Bestimmungsgleichung für den **Taupunkt** zu

$$\boxed{\sum_{i=1}^{n} \frac{\tilde{y}_i}{K_i} = 1 .} \tag{1.30}$$

Verhalten sich die einzelnen Komponenten ideal, so geht diese Gleichung über in

$$\sum_{i=1}^{n} \frac{\tilde{y}_i}{p_i^* (T)} = \frac{1}{p} . \tag{1.31}$$

Die Berechnung der Siede- und Taupunkte von Mehrstoffgemischen erfordert meist die Anwendung von Iterationsverfahren.

Beispiel 1.8. Berechnung des Siedepunktes eines Kohlenwasserstoff-Gemisches folgender Zusammensetzung

$$
\begin{aligned}
\text{Ethan:} \quad & \tilde{x}_1 = 0{,}10 \\
\text{Propan:} \quad & \tilde{x}_2 = 0{,}40 \\
n\text{-Butan:} \quad & \tilde{x}_3 = 0{,}30 \\
n\text{-Pentan:} \quad & \tilde{x}_4 = 0{,}20
\end{aligned}
$$

bei einem Druck von $p = 5$ bar. Die Dampfdrücke (p_i^* in bar) der Komponenten sind gegeben durch (Temperatur T in K):

$$
\log p_1^* = -\frac{781{,}6}{T} + 4{,}242
$$

$$
\log p_2^* = -\frac{995{,}5}{T} + 4{,}321
$$

$$
\log p_3^* = -\frac{1194}{T} + 4{,}391
$$

$$
\log p_4^* = -\frac{1381}{T} + 4{,}470
$$

Das Gemisch kann als ideal angesehen werden, so daß sich die Gleichgewichtskonstanten aus den Dampfdrücken der reinen Komponenten berechnen lassen. Nach Gl. (1.29) gilt

$$
\tilde{x}_1 p_1^*(T) + \tilde{x}_2 p_2^*(T) + \tilde{x}_3 p_3^*(T) + \tilde{x}_4 p_4^*(T) = p \,.
$$

Die Ermittlung des Siedepunktes erfolgt iterativ

$$
T_S = \mathbf{2{,}4\,°C} \,.
$$

Zur **Darstellung des Phasengleichgewichtes von Dreistoffgemischen** eignet sich das gleichseitige Dreieck. In der Abb. 1.17 ist das **Dreiecksdiagramm** für das System Benzol-Toluol-m-Xylol dargestellt.

Die drei reinen Komponenten werden durch die Eckpunkte des Dreiecks repräsentiert. Bei drei Komponenten sind drei binäre Gemische möglich. Jede Seite des Dreiecks repräsentiert eines dieser binären Gemische und ist entsprechend der Zusammensetzung zwischen Null und 100% unterteilt. Besteht ein Gemisch aus allen drei Komponenten, liegt der Zustandspunkt im Innern des Dreiecks. So entspricht beispielsweise dem Zustandspunkt A in der Abb. 1.17 ein Stoffmengengehalt von 25% Benzol, 25% Toluol und 50% m-Xylol. Die geometrische Grundlage dieser Darstellungsweise ist, daß die Summe der Höhenabschnitte h_1, h_2 und h_3 eines Punktes gleich der Höhe h des Dreiecks ist.

In der Abb. 1.18 sind die Siede- und Taulinien für das System Benzol-Toluol-m-Xylol für die beiden Temperaturen 100 und 120 °C in das Dreiecksdiagramm

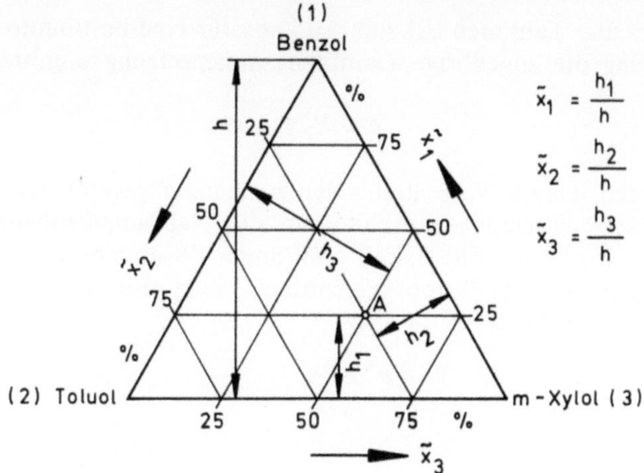

Abb. 1.17 Dreiecksdiagramm

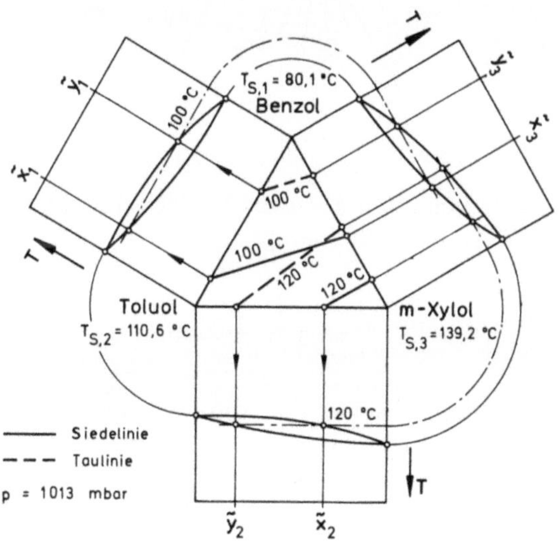

Abb. 1.18 Dreiecksdiagramm für das ternäre System Benzol(1)-Toluol(2)-m-Xylol(3)

eingetragen. Auf den Dreiecksseiten sind die Siedediagramme der entsprechenden binären Systeme dargestellt.

Da es sich bei diesem System um ein ideales Gemisch handelt, werden die Siede- und Taulinie durch die Gln. (1.29) und (1.31) beschrieben. Sie stellen für konstante Temperatur und konstanten Gesamtdruck Linearkombinationen der Zusammensetzungen dar und werden deshalb als Geraden im Dreiecksdiagramm abgebildet. Die Konstruktion von Siede- und Taulinien aus den Temperatur-diagrammen ist in der Abb. 1.18 veranschaulicht.

Sind die Siede- und Taulinien bekannt, so kann für eine bestimmte Flüssigkeitszusammensetzung die zugehörige Dampfzusammensetzung unmittelbar aus der Gleichung

$$\tilde{y}_i = K_i\,\tilde{x}_i$$

berechnet werden. Durch Verbindung der zueinander gehörenden Flüssigkeits- und Dampfzusammensetzungen erhält man die **Naßdampfisothermen** (s. Abb. 1.19). Durch sie wird einer Flüssigkeit bestimmter Zusammensetzung der mit ihr im Gleichgewicht stehende Dampf zugeordnet. Längs einer Naßdampfisotherme gilt für ein ideales Gemisch

$$\frac{\tilde{y}_i}{\tilde{x}_i} = \frac{p_i^*(T)}{p} = \text{const.}$$

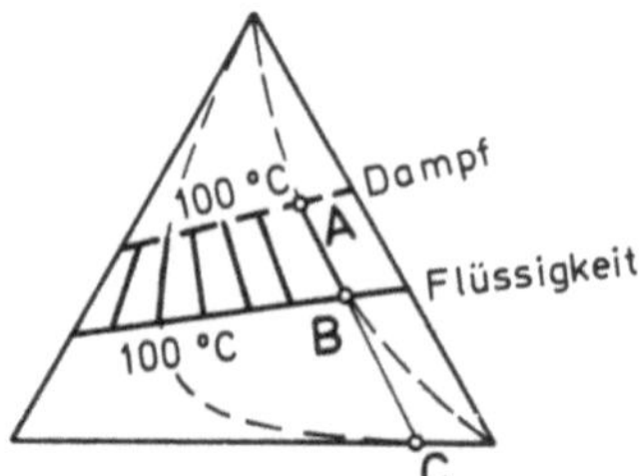

Abb. 1.19 Naßdampfisothermen im Dreiecksdiagramm

Dieses Verhältnis läßt sich auch aus dem Dreiecksdiagramm abgreifen. Verlängert man in der Abb. 1.19 die Naßdampfisothermen von A über B bis C, so gilt für alle Isothermen

$$\frac{\tilde{y}_i}{\tilde{x}_i} = \frac{\overline{AC}}{\overline{BC}} = \text{const.}$$

Bei **nichtidealen Dreistoffgemischen** sind die Gleichgewichtskonstanten K_i nicht nur von der Temperatur und dem Druck, sondern über die Aktivitätskoeffizienten auch von der Zusammensetzung abhängig. Die Siede- und Taulinien sind daher gekrümmte Linien. Die Abb. 1.20 zeigt hierfür verschiedene Beispiele.

Abb. 1.20a zeigt ein ternäres Gemisch ohne binäre und ternäre azeotrope Punkte. Die Siedetemperaturen steigen in folgender Reihenfolge $T_{S,1} < T_{S,2} < T_{S,3}$.

Die Abb. 1.20b zeigt ein ternäres Gemisch mit einem binären azeotropen Punkt des Gemisches 1-2, das einen Minimumsiedepunkt hat, der gleichzeitig die tiefste Phasenkoexistenztemperatur des gesamten Systems darstellt $T_{S,az} < T_{S,1} < T_{S,2} < T_{S,3}$.

In der Abb. 1.20c hat das Gemisch 2-3 einen Minimumsiedepunkt, so daß $T_{S,1} < T_{S,az} < T_{S,2} < T_{S,3}$ ist.

In der Abb. 1.20d ist ein Gemisch mit einem binären und einem ternären azeotropen Punkt dargestellt, wobei der Siedepunkt des ternären Azeotropes die tiefste Phasenkoexistenztemperatur des gesamten Systems darstellt.

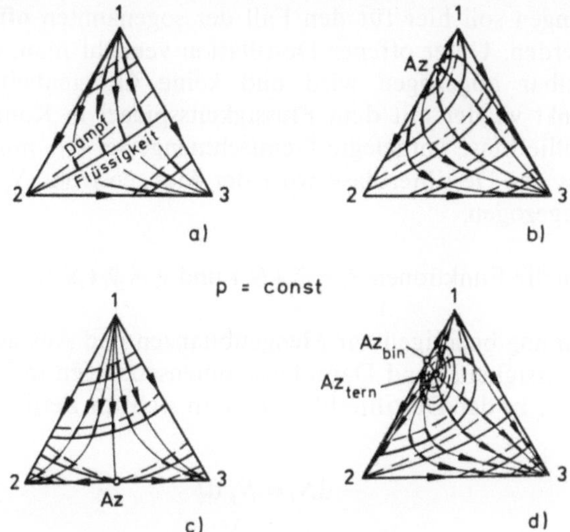

Abb. 1.20 Siede- und Taulinien für nichtideale Dreistoffgemische
a) $T_{S,1} < T_{S,2} < T_{S,3}$
b) $T_{S,az} < T_{S,1} < T_{S,2} < T_{S,3}$
c) $T_{S,1} < T_{S,az} < T_{S,2} < T_{S,3}$
d) $T_{S,az,tern} < T_{S,az,bin} < T_{S,1} < T_{S,2} < T_{S,3}$

1.3 Absatzweise Destillation

Bei der absatzweisen Destillation wird das zu trennende Flüssigkeitsgemisch in einer Destillierblase vorgelegt, auf Siedetemperatur aufgeheizt und teilweise verdampft (s. Abb. 1.21).

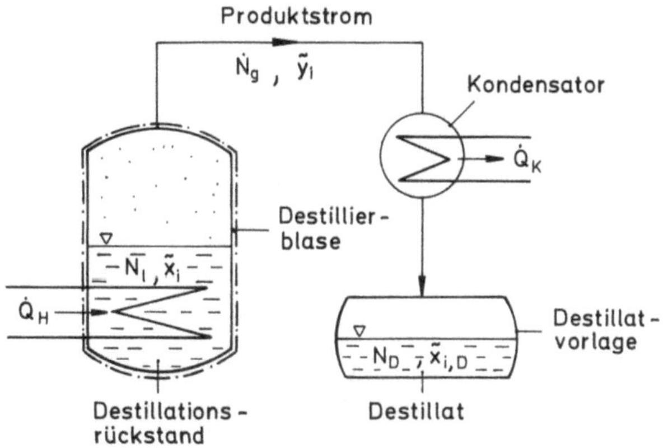

Abb. 1.21 Schematische Darstellung einer absatzweise arbeitenden Destillationsanlage

Die leichterflüchtigen Komponenten reichern sich hierbei in der Dampfphase an. Während der Destillation ändern sich im allgemeinen die Zusammensetzungen des Destillationsrückstandes und des Destillats. Die Vorausberechnung dieser Zusammensetzungen soll hier für den Fall der sogenannten **offenen Destillation** durchgeführt werden. Unter offener Destillation versteht man, daß der erzeugte Dampf unmittelbar abgezogen wird und keine Gelegenheit hat, zu einem späteren Zeitpunkt wieder mit dem Flüssigkeitsspiegel in Kontakt zu kommen. Die in der Destillierblase vorgelegte Gemischmenge sei $N_{l,0}$ mit der Zusammensetzung $\tilde{x}_{i,0}$. Aus der Destillierblase wird der Mengenstrom $\dot{N}_g$ mit der Zusammensetzung $\tilde{y}_i$ abgezogen.

Gesucht sind nun die Funktionen $\tilde{x}_i = \tilde{x}_i(N_l)$ und $\tilde{y}_i = \tilde{y}_i(N_l)$.

Zu ihrer Bestimmung benötigen wir Mengenbilanzen und Aussagen über die Verknüpfung von Flüssigkeits- und Dampfzusammensetzungen in Form sogenannter Trennfaktoren ω_{ij}. In der Destillierblase ändern sich im Zeitintervall dt die Gesamtmenge

$$- dN_l = \dot{N}_g \, dt \tag{1.32}$$

und die Teilmengen der einzelnen Komponenten

$$- d\,(N_l\,\tilde{x}_i) = - dN_l\,\tilde{x}_i - N_l\,d\tilde{x}_i = \dot{N}_g\,\tilde{y}_i\,dt. \tag{1.33}$$

Daraus folgt

$$\frac{d\tilde{x}_i}{d \ln N_l} = \tilde{y}_i - \tilde{x}_i \tag{1.34}$$

oder

$$\frac{\tilde{y}_i}{\tilde{x}_i} = 1 + \frac{d \ln \tilde{x}_i}{d \ln N_l}. \tag{1.35}$$

Entsprechend gilt für eine herausgegriffene Komponente j

$$\frac{\tilde{y}_j}{\tilde{x}_j} = 1 + \frac{d \ln \tilde{x}_j}{d \ln N_l}. \tag{1.36}$$

Mit dem Trennfaktor

$$\omega_{ij} = \frac{\tilde{y}_i/\tilde{x}_i}{\tilde{y}_j/\tilde{x}_j} \tag{1.37}$$

folgt durch Division von Gl. (1.35) und Gl. (1.36)

$$\omega_{ij} = \frac{1 + \dfrac{d \ln \tilde{x}_i}{d \ln N_l}}{1 + \dfrac{d \ln \tilde{x}_j}{d \ln N_l}}, \tag{1.38}$$

oder umgeformt

$$(\omega_{ij} - 1)\, d \ln N_l = d \ln \tilde{x}_i - \omega_{ij}\, d \ln \tilde{x}_j. \tag{1.39}$$

Für **konstanten** Trennfaktor ergibt die Integration

$$(\omega_{ij} - 1) \ln \frac{N_l}{N_{l,0}} = \ln \frac{\tilde{x}_i}{\tilde{x}_{i,0}} - \omega_{ij} \ln \frac{\tilde{x}_j}{\tilde{x}_{j,0}} \tag{1.40}$$

und aufgelöst nach $\tilde{x}_i$

$$\tilde{x}_i = \tilde{x}_{i,0} \left[\frac{\tilde{x}_j}{\tilde{x}_{j,0}} \right]^{\omega_{ij}} \left[\frac{N_l}{N_{l,0}} \right]^{(\omega_{ij}-1)}. \tag{1.41}$$

Nun ist

$$\sum_{i=1}^{n} \tilde{x}_i = 1, \tag{1.42}$$

woraus folgt

$$\boxed{1 = \sum_{i=1}^{n} \tilde{x}_{i,0} \left[\frac{\tilde{x}_j}{\tilde{x}_{j,0}} \right]^{\omega_{ij}} \left[\frac{N_l}{N_{l,0}} \right]^{(\omega_{ij}-1)}; \quad j = 1, 2, \ldots, n.} \tag{1.43}$$

Gl. (1.43) ist die Bestimmungsgleichung für die **Zusammensetzung** $\tilde{x}_j$ **des Destillationsrückstandes** als Funktion seiner jeweiligen Menge N_l bei gegebenen Anfangswerten $\tilde{x}_{i,0}$ und $N_{l,0}$. Diese Gleichung muß im allgemeinen iterativ gelöst werden. Kennt man die Zusammensetzung des Destillationsrückstandes, so läßt sich die **momentane Dampfzusammensetzung** $\tilde{y}_j$, ausgehend von der Definition des Trennfaktors, berechnen. Es ist

$$\tilde{y}_i = \tilde{y}_j \, \omega_{ij} \frac{\tilde{x}_i}{\tilde{x}_j}, \tag{1.44}$$

woraus mit

$$\sum_{i=1}^{n} \tilde{y}_i = 1 \tag{1.45}$$

folgt.

$$\boxed{\frac{1}{\tilde{y}_j} = \sum_{i=1}^{n} \omega_{ij} \frac{\tilde{x}_i}{\tilde{x}_j}; \quad j = 1, 2, \ldots, n.} \tag{1.46}$$

Die **Zusammensetzung** $\tilde{x}_{i,D}$ **des Destillats,** auch akkumulierter Produktstrom genannt,

$$N_D = \int_0^t \dot{N}_g \, dt \tag{1.47}$$

bzw.

$$N_D = N_{l,0} - N_l \tag{1.48}$$

folgt aus der Mengenbilanz für die Komponente i

$$N_\mathrm{D}\,\tilde{x}_{i,\mathrm{D}} = N_{l,0}\,\tilde{x}_{i,0} - N_l\,\tilde{x}_i \tag{1.49}$$

zu

$$\tilde{x}_{i,\mathrm{D}} = \frac{1}{1 - N_l/N_{l,0}}\,\tilde{x}_{i,0} - \frac{N_l/N_{l,0}}{1 - N_l/N_{l,0}}\,\tilde{x}_i\,. \tag{1.50}$$

Man sieht, daß, sofern $\tilde{x}_i$ von $\tilde{x}_{i,0}$ nicht sehr verschieden ist, auch die Zusammensetzung des Destillats $\tilde{x}_{i,\mathrm{D}}$ von der Ausgangszusammensetzung $\tilde{x}_{i,0}$ nicht sehr verschieden ist. Dessen ungeachtet kann die momentane Zusammensetzung des Produktstromes durchaus stärkeren Veränderungen unterworfen sein.

Zur Veranschaulichung diene folgendes Zahlenbeispiel:

Beispiel 1.9. Absatzweise Destillation eines Dreistoffgemisches

Anzahl der Komponenten $\quad n = 3$
Anzahl der Trennfaktoren $\quad n^2 = 9$
Ausgangszusammensetzung $\quad \tilde{x}_{1,0} = 0{,}20;\quad \tilde{x}_{2,0} = 0{,}55;\quad \tilde{x}_{3,0} = 0{,}25$
Trennfaktoren $\quad\quad \omega_{11} = 1{,}00 \quad \omega_{12} = 2{,}50 \quad \omega_{13} = 5{,}00$
$\quad\quad\quad\quad\quad\quad\quad\quad\quad\quad \boxed{\omega_{21} = 0{,}40} \quad \omega_{22} = 1{,}00 \quad \omega_{23} = 2{,}00$
$\quad\quad\quad\quad\quad\quad\quad\quad\quad\quad \boxed{\omega_{31} = 0{,}20} \quad \omega_{32} = 0{,}50 \quad \omega_{33} = 1{,}00\,.$

Zwischen den einzelnen Trennfaktoren bestehen, wie man aus der Definition ersieht, folgende Beziehungen

$$\omega_{ij}\,\omega_{ji} = 1,\quad \omega_{ii} = 1\quad \text{und}\quad \omega_{ip}/\omega_{jp} = \omega_{ij}\,.$$

Für ein Dreistoffgemisch sind somit bei Angabe von **zwei** Trennfaktoren auch die übrigen sieben festgelegt. Berechnet werden soll der Verlauf der Zusammensetzung des Destillationsrückstandes $\tilde{x}_j$ sowie die momentane Dampfzusammensetzung $\tilde{y}_j$ während der Destillation.

Nach Gl. (1.43) gilt

$$\mathbf{j = 1}\quad 1 = \tilde{x}_1 + \underbrace{\tilde{x}_{2,0}\left[\frac{\tilde{x}_1}{\tilde{x}_{1,0}}\right]^{\omega_{21}}\left[\frac{N_l}{N_{l,0}}\right]^{(\omega_{21}-1)}}_{\tilde{x}_2} + \underbrace{\tilde{x}_{3,0}\left[\frac{\tilde{x}_1}{\tilde{x}_{1,0}}\right]^{\omega_{31}}\left[\frac{N_l}{N_{l,0}}\right]^{(\omega_{31}-1)}}_{\tilde{x}_3}$$

$$\mathbf{j = 2}\quad 1 = \underbrace{\tilde{x}_{1,0}\left[\frac{\tilde{x}_2}{\tilde{x}_{2,0}}\right]^{\omega_{12}}\left[\frac{N_l}{N_{l,0}}\right]^{(\omega_{12}-1)}}_{\tilde{x}_1} + \tilde{x}_2 + \underbrace{\tilde{x}_{3,0}\left[\frac{\tilde{x}_2}{\tilde{x}_{2,0}}\right]^{\omega_{32}}\left[\frac{N_l}{N_{l,0}}\right]^{(\omega_{32}-1)}}_{\tilde{x}_3}$$

$$\mathbf{j=3} \quad 1 = \underbrace{\tilde{x}_{1,0}\left[\frac{\tilde{x}_3}{\tilde{x}_{3,0}}\right]^{\omega_{13}}\left[\frac{N_l}{N_{l,0}}\right]^{(\omega_{13}-1)}}_{\tilde{x}_1} + \underbrace{\tilde{x}_{2,0}\left[\frac{\tilde{x}_3}{\tilde{x}_{3,0}}\right]^{\omega_{23}}\left[\frac{N_l}{N_{l,0}}\right]^{(\omega_{23}-1)}}_{\tilde{x}_2} + \tilde{x}_3.$$

Jede der drei Gleichungen besagt, daß entsprechend Gl. (1.42) die Summe der Zusammensetzungen gleich eins sein muß. Es genügt daher, eine von diesen drei Gleichungen zu lösen. Die iterative Auflösung kann mit Hilfe der Newtonschen Näherungsmethode durchgeführt werden. Man bildet hierzu beispielsweise für die Komponente 1

$$f(\tilde{x}_1) = \tilde{x}_1 + \tilde{x}_2 + \tilde{x}_3 - 1 \tag{1.51}$$

sowie

$$f'(\tilde{x}_1) = 1 + \omega_{21}\frac{\tilde{x}_2}{\tilde{x}_1} + \omega_{31}\frac{\tilde{x}_3}{\tilde{x}_1} \tag{1.52}$$

und erhält den Wert für $\tilde{x}_1$ in der n-ten Näherung aus dem Wert der $(n-1)$-ten Näherung zu

$$\tilde{x}_1(n) = \tilde{x}_1(n-1) - \frac{f(\tilde{x}_1)}{f'(\tilde{x}_1)}. \tag{1.53}$$

Kennt man $\tilde{x}_1$, so können $\tilde{x}_2$ und $\tilde{x}_3$ nach Gl. (1.41) berechnet werden. Die Zusammensetzung des dampfförmigen Produktstroms läßt sich dann mittels der Gln. (1.46) und (1.44) ermitteln.

Das Ablaufschema eines entsprechenden Rechenprogrammes zur Bestimmung der Zusammensetzungen $\tilde{x}_i$ im Rückstand und $\tilde{y}_i$ im Produktstrom ist in Abb. 1.22 dargestellt. Derartige Rechnungen lassen sich auf einem programmierbaren Taschenrechner ausführen.

Das Ergebnis einer solchen Berechnung für das obengenannte Zahlenbeispiel zeigt Tab. 1.3 sowie die Abb. 1.23. Man erkennt, daß die Komponente 1 im Destillationsrückstand stetig abnimmt, die Komponente 3 dagegen stetig zunimmt, während die Zusammensetzung der Komponente 2 ein Maximum durchläuft. Entsprechend verlaufen die momentanen Zusammensetzungen $\tilde{y}_i$ im abgezogenen Produktstrom. Würde man den Trennprozeß bei $N_l/N_{l,0} = 0{,}5$ abbrechen, so erhielte man einen Rückstand, der an Komponente 1 verarmt, an Komponente 3 angereichert und an Komponente 2 nahezu unverändert geblieben ist.

Bemerkenswert ist, daß die Kurven $\tilde{x}_i(N_l/N_{l,0})$ und $\tilde{y}_i(N_l/N_{l,0})$ invariant gegenüber einer Verschiebung des Anfangspunktes sind, solange nur die Anfangszusammensetzungen $\tilde{x}_{i,0}$ auf diesen Kurven liegen. Hätte man beispielsweise den Trennprozeß bei $N_l/N_{l,0} = 0{,}5$ mit den Zusammensetzungen $\tilde{x}_1 = 0{,}0785$, $\tilde{x}_2 = 0{,}5656$ und $\tilde{x}_3 = 0{,}3586$ begonnen (s. Tab. 1.3), so wäre der restliche Kurvenverlauf derselbe, wie zuvor mit den Anfangswerten $\tilde{x}_{1,0} = 0{,}20$, $\tilde{x}_{2,0} = 0{,}55$ und $\tilde{x}_{3,0} = 0{,}25$

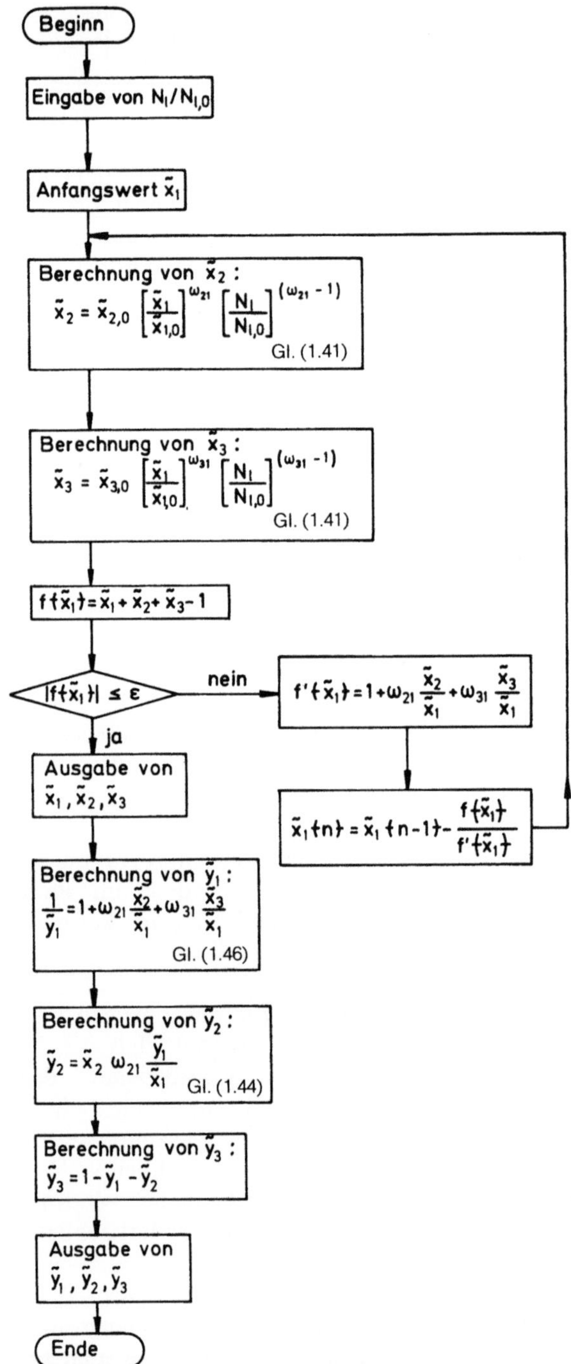

Abb. 1.22 Ablaufschema für ein Rechenprogramm zur Berechnung von $\tilde{x}_i\{N_l/N_{l,0}\}$ und $\tilde{y}_i\{N_l/N_{l,0}\}$

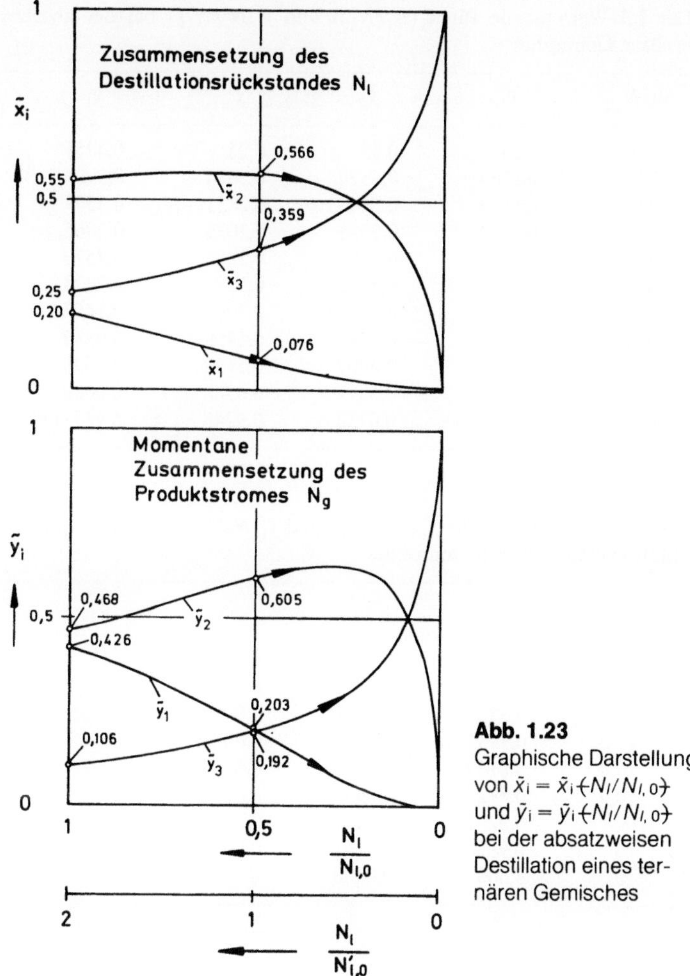

Abb. 1.23
Graphische Darstellung
von $\bar{x}_i = \bar{x}_i (N_l/N_{l,0})$
und $\bar{y}_i = \bar{y}_i (N_l/N_{l,0})$
bei der absatzweisen
Destillation eines ter-
nären Gemisches

bei $N_l/N_{l,0} = 1$ berechnet. Das heißt, daß der gesamte Kurvenverlauf durch Festlegung eines beliebigen Wertetripels $\bar{x}_{i,0}$ bei einem beliebigen Anfangspunkt $N_l/N_{l,0}$ vollständig determiniert ist.

Würde man für den Fall, daß der Trennprozeß bei $N_l/N_{l,0} = 0{,}5$ begonnen worden wäre, entsprechend auf die halbe Anfangsmenge $N'_{l,0} = 0{,}5\,N_{l,0}$ normieren, so läßt sich $\bar{x}_i$ auch über der Abszisse $N_l/N'_{l,0} = 2\,N_l/N_{l,0}$ auftragen, wobei letztere auch Zahlenwerte größer als eins durchläuft. Daraus folgt, daß man die Kurven in Abb. 1.23 formal auch bis $N_l/N'_{l,0} \to \infty$ extrapolieren darf. Auf diese Weise erhält man einen zusammengehörigen Satz von Zusammensetzungen $\bar{x}_i$ und $\bar{y}_i$, der allein von **einem** festgelegten Wertetripel, nicht jedoch von einem willkürlich wählbaren Anfangspunkt $N_l = N'_{l,0}$ abhängt. Tab. 1.4 zeigt die Rück-extrapolation der $\bar{x}_i$- und $\bar{y}_i$-Werte der Tab. 1.3.

Tab. 1.3 Wertetabelle für $\tilde{x}_i\,(N_l/N_{l,0})$ und $\tilde{y}_i\,(N_l/N_{l,0})$ bei der absatzweisen Destillation eines ternären Gemisches

$N_l/N_{l,0}$	$\tilde{x}_1$	$\tilde{x}_2$	$\tilde{x}_3$	$\tilde{y}_1$	$\tilde{y}_2$	$\tilde{y}_3$
1,0	0,20	0,55	0,25	0,4255	0,4681	0,1064
0,9	0,1769	0,5578	0,2654	0,3904	0,4924	0,1171
0,8	0,1526	0,5643	0,2831	0,3509	0,5190	0,1302
0,7	0,1274	0,5688	0,3039	0,3065	0,5473	0,1462
0,6	0,1016	0,5699	0,3285	0,2570	0,5768	0,1663
0,5	0,0758	0,5656	0,3586	0,2028	0,6053	0,1919
0,4	0,0512	0,5526	0,3962	0,1457	0,6289	0,2254
0,3	0,0292	0,5249	0,4459	0,0889	0,6395	0,2716
0,2	0,0121	0,4707	0,5172	0,0398	0,6197	0,3405
0,1	0,0022	0,3591	0,6388	0,0080	0,5250	0,4670
0,01	$1{,}38\cdot10^{-6}$	0,0752	0,9248	$6{,}417\cdot10^{-6}$	0,1399	0,8601

Tab. 1.4 Wertetabelle für $\tilde{x}_i\,(N_l/N_{l,0})$ und $\tilde{y}_i\,(N_l/N_{l,0})$ für $N_l/N_{l,0}>1$ bei der absatzweisen Destillation eines ternären Gemisches

$N_l/N'_{l,0}$	$\tilde{x}_1$	$\tilde{x}_2$	$\tilde{x}_3$	$\tilde{y}_1$	$\tilde{y}_2$	$\tilde{y}_3$
1,0	0,20	0,55	0,25	0,4255	0,4681	0,1064
2,0	0,3842	0,4617	0,1541	0,6406	0,3080	0,0514
4,0	0,5525	0,3523	0,0952	0,7755	0,1978	0,0267
10,0	0,7251	0,2267	0,0483	0,8785	0,1098	0,0117
20,0	0,8149	0,1567	0,0284	0,9226	0,0710	0,0064
50,0	0,8923	0,0938	0,0139	0,9568	0,0402	0,0030
100	0,9291	0,0629	0,0081	0,9720	0,0263	0,0017
10^3	0,9826	0,0161	0,0013	0,9932	0,0065	0,0003
∞	1,000	0,0000	0,0000	1,0000	0,0000	0,0000

Für ein Dreistoffgemisch lassen sich die zusammengehörigen Zusammensetzungen $\tilde{x}_i$ für beliebige Parameterwerte $N_l/N'_{l,0}$ zwischen 0 und ∞ in einem Dreiecksdiagramm darstellen, wie dies die Abb. 1.24 zeigt. Man erhält auf diese Weise sog. Prozeßlinien, auf der alle Zustandspunkte liegen, die der Rückstand durchlaufen muß, sofern nur die Anfangszusammensetzungen $\tilde{x}_{i0}$ auf dieser Kurve gelegen haben. Die im Beispiel gegebene Anfangszusammensetzung (0,20; 0,55; 0,25) ist in der Abb. 1.24 eingezeichnet; außerdem aber auch noch eine weitere, auf der gleichen Kurve liegende, zum Beispiel (0,50; 0,40; 0,10). Da die Wahl der Anfangszusammensetzungen willkürlich ist, gibt es für das dargestellte Dreistoffgemisch beliebig viele solcher Prozeßlinien. Zwei weitere nach Gl. (1.43) mit $\omega_{21}=0{,}40$ und $\omega_{31}=0{,}20$ und den Anfangszusammensetzungen (0,30; 0,30; 0,40) bzw. (0,20; 0,70; 0,10) berechnete Prozeßlinien sind als Beispiel ebenfalls in der Abb. 1.24 eingezeichnet.

Eine solche Berechnung von Prozeßlinien für **konstante** Trennfaktoren ω_{ij} ist näherungsweise zutreffend für **ideale** Gemische mit nahezu **parallelen** Dampf-

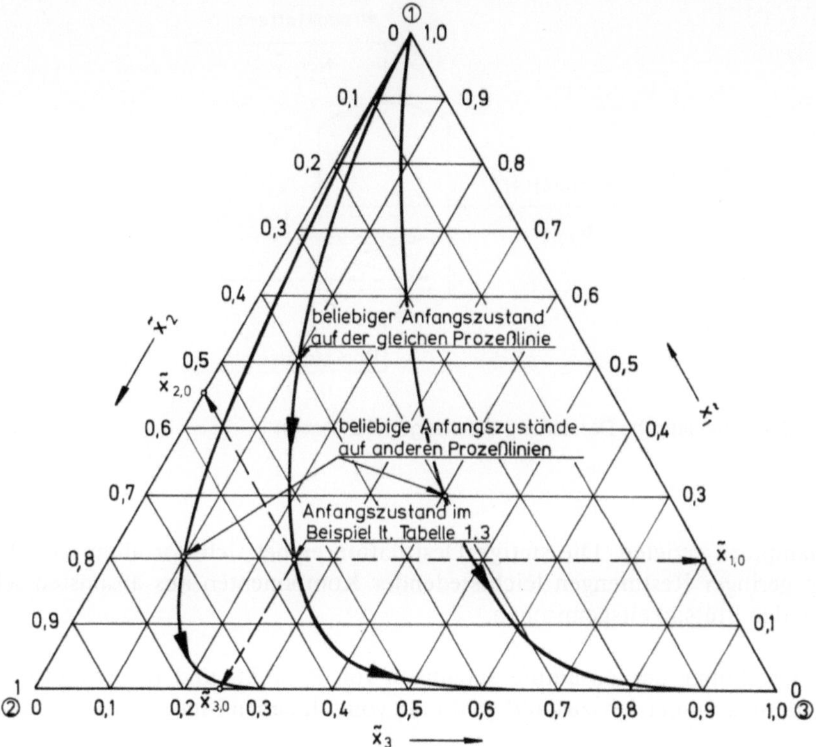

Abb. 1.24 Prozeßlinien für ein Dreistoffgemisch mit den Trennfaktoren $\omega_{21} = 0{,}40$ und $\omega_{31} = 0{,}20$

druckkurven im Clausius-Clapeyron-Diagramm. Sind diese Bedingungen nicht erfüllt, müssen entsprechend aufgebaute numerische Berechnungsverfahren herangezogen werden.

1.4 Stetige Destillation

Bei der stetigen Destillation wird das zu trennende Flüssigkeitsgemisch mit dem Mengenstrom $\dot{N}$ und der Zusammensetzung $\tilde{z}_i$ der Destilliereinrichtung stetig zugeführt (s. Abb. 1.25).

Ein Teil des Zulaufstroms (feed) $\dot{N}$ wird durch Wärmezufuhr verdampft. Der erzeugte dampfförmige Produktstrom $\dot{N}_g$ mit der Zusammensetzung $\tilde{y}_i$ und der verbleibende flüssige Rückstandsstrom $\dot{N}_l$ mit der Zusammensetzung $\tilde{x}_i$ werden stetig abgezogen. Als Destilliereinrichtungen verwendet man Verdampfer, wie sie auch zur Konzentrierung von Lösungen benutzt werden. Bei der Verwendung von Umlaufverdampfern ergeben sich infolge des großen Flüssigkeitsinhalts große Verweilzeiten für das Flüssigkeitsgemisch. Kürzere Verweilzeiten und damit eine thermisch schonendere Behandlung lassen sich durch den Einsatz von Durchlauf-

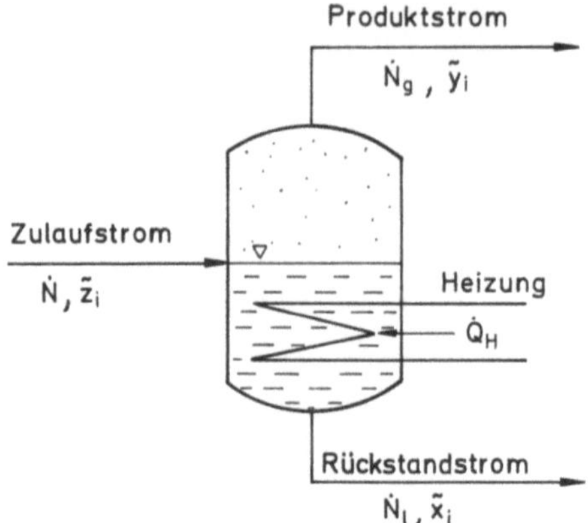

Abb. 1.25 Schematische Darstellung der stetigen Destillation

verdampfern erzielen. Die stetige Destillation eignet sich vor allem zur Abtrennung geringer Restmengen leichtsiedender Komponenten aus ansonsten schwersiedenden Flüssigkeitsgemischen.

Zur Berechnung der Zusammensetzungen von Produkt- und Rückstandstrom für den stationären Betriebszustand geht man von folgenden Mengenbilanzen aus

$$\dot{N} = \dot{N}_l + \dot{N}_g \tag{1.54}$$

$$\dot{N}\,\tilde{z}_i = \dot{N}_l\,\tilde{x}_i + \dot{N}_g\,\tilde{y}_i. \tag{1.55}$$

Das Verhältnis von Produktstrom $\dot{N}_g$ zu Zulaufstrom $\dot{N}$ wird Schnitt (cut) genannt und mit $\dot{v}$ bezeichnet

$$\dot{v} = \frac{\dot{N}_g}{\dot{N}}. \tag{1.56}$$

Damit folgt aus Gl. (1.55) mit (1.54)

$$\tilde{z}_i = (1 - \dot{v})\,\tilde{x}_i + \dot{v}\,\tilde{y}_i. \tag{1.57}$$

Durch Kombination der Mengenbilanz nach Gl. (1.57) mit dem Verteilungsgesetz nach Gl. (1.2)

$$\frac{\tilde{y}_i}{\tilde{y}_j} = \omega_{ij}\,\frac{\tilde{x}_i}{\tilde{x}_j} \tag{1.58}$$

erhält man eine Bestimmungsgleichung für die Zusammensetzung $\tilde{x}_i$ des Rückstands bzw. für die Zusammensetzung $\tilde{y}_i$ des Produkts in Abhängigkeit von der Zulaufzusammensetzung $\tilde{z}_i$, den Trennfaktoren ω_{ij} und dem Schnitt $\dot{v}$. Der Rechnungsgang verläuft wie folgt:

Durch Umformung der Mengenbilanz, Gl. (1.57), erhält man für die Komponente i

$$\frac{\tilde{y}_i}{\tilde{x}_i} = \frac{1}{\dot{v}}\left[\frac{\tilde{z}_i}{\tilde{x}_i} - (1 - \dot{v})\right] \tag{1.59}$$

und entsprechend für die Komponente j

$$\frac{\tilde{y}_j}{\tilde{x}_j} = \frac{1}{\dot{v}}\left[\frac{\tilde{z}_j}{\tilde{x}_j} - (1 - \dot{v})\right]. \tag{1.60}$$

Durch Division der beiden Gleichungen lassen sich die Mengenbilanzen mit dem Verteilungsgesetz verknüpfen

$$\omega_{ij} = \frac{\tilde{y}_i/\tilde{x}_i}{\tilde{y}_j/\tilde{x}_j} = \frac{\tilde{z}_i/\tilde{x}_i - (1 - \dot{v})}{\tilde{z}_j/\tilde{x}_j - (1 - \dot{v})}. \tag{1.61}$$

Dies aufgelöst nach $\tilde{x}_i$ ergibt

$$\tilde{x}_i = \frac{\tilde{z}_i}{\omega_{ij}\,\tilde{z}_j/\tilde{x}_j - (\omega_{ij} - 1)(1 - \dot{v})}. \tag{1.62}$$

Hieraus folgt mit der Bedingung

$$\sum_{i=1}^{n} \tilde{x}_i = 1 \tag{1.63}$$

die **Bestimmungsgleichung für die Zusammensetzung des Rückstands** $\tilde{x}_j = \tilde{x}_j(\tilde{z}_i, \omega_{ij}, \dot{v})$

$$\boxed{1 = \sum_{i=1}^{n} \frac{\tilde{z}_i}{\omega_{ij}\,\tilde{z}_j/\tilde{x}_j - (\omega_{ij} - 1)(1 - \dot{v})}; \quad j = 1, \ldots, n.} \tag{1.64}$$

Für die Bestimmung der Zusammensetzung $\tilde{x}_j$ genügt es, eine dieser n Gleichungen zu lösen. Die anderen Zusammensetzungen $\tilde{x}_i \neq \tilde{x}_j$ lassen sich dann nach Gl. (1.62) berechnen.

Kennt man alle $\tilde{x}_i$, so läßt sich die Zusammensetzung des Produkts berechnen, wenn man auf das Verteilungsgesetz nach Gl. (1.58) zurückgreift. Es ist

$$\tilde{y}_i = \tilde{y}_j\,\omega_{ij}\frac{\tilde{x}_i}{\tilde{x}_j}, \tag{1.65}$$

woraus mit

$$\sum_{i=1}^{n} \tilde{y}_i = 1 \tag{1.66}$$

folgt

$$\boxed{\frac{1}{\tilde{y}_j} = \sum_{i=1}^{n} \omega_{ij}\frac{\tilde{x}_i}{\tilde{x}_j}; \quad j = 1, \ldots, n.} \tag{1.67}$$

Dies ist die **Bestimmungsgleichung für die Zusammensetzung des Produktstroms** $\tilde{y}_j$. Die anderen Zusammensetzungen $\tilde{y}_i = \tilde{y}_j$ lassen sich einfacher nach Gl. (1.65) berechnen. Alternativ hätte man zunächst auch nach der Zusammensetzung des Produktstroms $\tilde{y}_i$ auflösen können und die Bestimmungsgleichung $\tilde{y}_j = \tilde{y}_j (\tilde{z}_i, \omega_{ij}, \dot{v})$ in der Form

$$1 = \sum_{i=1}^{n} \frac{\omega_{ij}\, \tilde{z}_i}{\tilde{z}_j/\tilde{y}_j + (\omega_{ij} - 1)\, \dot{v}}\; ; \quad j = 1, \ldots, n \qquad (1.68)$$

erhalten. Die Bestimmungsgleichungen (1.64) bzw. (1.68) führen für ein Gemisch aus n Komponenten auf $n - 1$ unabhängige Gleichungen n-ten Grades. Die Auflösung, d. h. das Aufsuchen der Nullstellen geschieht iterativ. Für binäre Gemische ist eine geschlossene Auflösung durch Lösen der auftretenden quadratischen Gleichung möglich. Beispielsweise erhält man aus Gl. (1.68) mit $j = 1$ oder $j = 2$, $\omega_{21} \cdot \omega_{12} = 1$ und $\tilde{y}_1 + \tilde{y}_2 = 1$ sowie $\tilde{z}_1 + \tilde{z}_2 = 1$ die Beziehung

$$\tilde{y}_1 = \frac{1}{2} \frac{1 + (\omega_{12} - 1)\,(\tilde{z}_1 + \dot{v})}{(\omega_{12} - 1)\,\dot{v}} \left\{ 1 \pm \sqrt{1 - \frac{4\,\omega_{12}\,(\omega_{12} - 1)\,\dot{v}\,\tilde{z}_1}{[1 + (\omega_{12} - 1)\,(\tilde{z}_1 + \dot{v})]^2}} \right\} . \qquad (1.69)$$

In der geschweiften Klammer liefert nur das negative Vorzeichen eine **physikalisch sinnvolle** Lösung, wie man an Hand des Grenzüberganges $\omega_{12} \to 1$ erkennt. Es ist

$$\lim_{\omega_{12} \to 1} \tilde{y}_1 = \frac{1}{2} \frac{1}{(\omega_{12} - 1)\,\dot{v}} \left\{ 1 \pm [1 - 2\,\omega_{12}\,(\omega_{12} - 1)\,\dot{v}\,\tilde{z}_1] \right\} . \qquad (1.70)$$

Die Bedingung, daß für $\omega_{12} = 1$ stets $\tilde{y}_1 = \tilde{z}_1$ sein muß, wird durch Gl. (1.70) nur erfüllt, falls das positive Vorzeichen ausgeschieden wird. Die Abb. 1.26 zeigt eine Auswertung der Gl. (1.69) für $\tilde{z}_1 = 0{,}5$ und $\omega_{12} = 3$. Man sieht, daß die Anreicherung der Komponente 1 maximal wird, wenn der Produktstrom gegen Null geht ($\tilde{y}_1 = 0{,}75$ bei $\dot{v} = 0$). Wird andererseits viel Produkt entnommen, verschwindet die Anreicherung ($\tilde{y}_1 = \tilde{z}_1$ bei $\dot{v} = 1$).

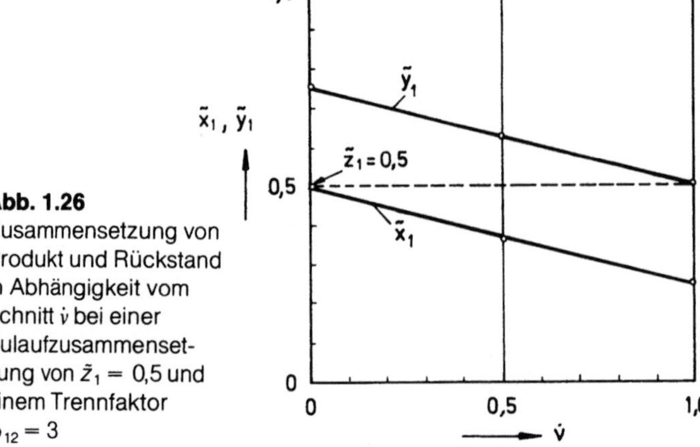

Abb. 1.26 Zusammensetzung von Produkt und Rückstand in Abhängigkeit vom Schnitt $\dot{v}$ bei einer Zulaufzusammensetzung von $\tilde{z}_1 = 0{,}5$ und einem Trennfaktor $\omega_{12} = 3$

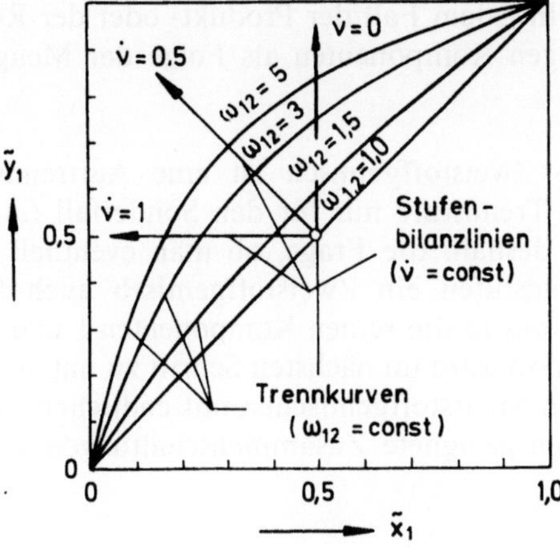

Abb. 1.27
Trennkurven $\omega_{12} = $ const
und Stufenbilanzlinien $\dot{v}$
im Zusammensetzungs-
diagramm für ein binäres
Gemisch

Die Zusammenhänge zwischen den Zusammensetzungen $\tilde{y}_1$, $\tilde{x}_1$, $\tilde{z}_1$ und den Prozeßparametern ω_{12} (Trennfaktor) sowie $\dot{v}$ (Schnitt) lassen sich auch in einem Zusammensetzungsdiagramm $\tilde{y}_1 = f(\tilde{x}_1)$ darstellen, wie dies die Abb. 1.27 zeigt.

Der Zustandspunkt des Zulaufes liegt auf dem Schnittpunkt der Diagrammdiagonalen mit der Ordinatenparallelen $\tilde{z}_1 = $ const. Von dort ausgehend bilden sich die Mengenbilanzen nach Gl. (1.57)

$$\tilde{y}_1 = -\frac{1-\dot{v}}{\dot{v}}\,\tilde{x}_1 + \frac{1}{\dot{v}}\,\tilde{z}_1 \tag{1.71}$$

als Geraden mit der Steigung

$$-\frac{1-\dot{v}}{\dot{v}} = q \tag{1.72}$$

ab. Diese Geraden werden **Stufenbilanzlinien** genannt. Die Zustände von Produkt und Rückstand findet man als Schnittpunkt der Stufenbilanzlinien mit den Trennkurven, die nach Gl. (1.58)

$$\tilde{y}_1 = \frac{\omega_{12}\,\tilde{x}_1}{1 + (\omega_{12} - 1)\,\tilde{x}_1} \tag{1.73}$$

berechnet werden. Eine vollständige Auftrennung des Zulaufes in die reinen Komponenten 1 und 2, d.h. $\tilde{y}_1 = 1$ bzw. $\tilde{y}_2 = 0$ und $\tilde{x}_2 = 1$, ist nur möglich, wenn der Trennfaktor $\omega_{12} \to \infty$ geht und $\dot{v} = \tilde{z}_1$ gewählt wird.

Für Mehrstoffgemische läßt sich eine einfache graphische Darstellung des Trennprozesses nicht angeben. Auch ist es bei Mehrstoffgemischen in keinem Fall möglich, das Gemisch in einem einzigen Trennprozeß in seine reinen Komponenten zu zerlegen, da in jedem Fall der Produkt- oder der Rückstandstrom eine oder mehrere der übrigen Komponenten als Folge der Mengenbilanz enthalten muß.

Aber auch bei einem Zweistoffgemisch ist eine Auftrennung in die reinen Komponenten in einer Trennstufe nur für den Sonderfall ($\omega_{12} \to \infty$ und $\dot{v} = \tilde{z}_1$) möglich. Es stellt sich deshalb die Frage, ob man eventuell durch Zusammenschalten mehrerer Trennstufen ein Zweistoffgemisch auch für den Fall eines endlichen Trennfaktors ω_{12} in die reinen Komponenten 1 und 2 auftrennen kann. Sollte dies möglich sein, so wäre im nächsten Schritt zu untersuchen, ob sich auch für die Auftrennung von Mehrstoffgemischen mit endlichen Trennfaktoren ω_{ij} in die reinen Komponenten geeignete Zusammenschaltungen von Trennstufen finden lassen.

Beispiel 1.10. Stetige Destillation eines ternären Gemisches

Ein ideales ternäres Flüssigkeitsgemisch aus Benzol(1), Toluol(2) und m-Xylol(3) mit der Zulaufzusammensetzung

$$\tilde{z}_1 = 0{,}50; \quad \tilde{z}_2 = 0{,}30; \quad \tilde{z}_3 = 0{,}20$$

soll durch stetige Destillation getrennt werden. Die Trennfaktoren ω_{ij} können näherungsweise als konstant betrachtet werden; es gelte $\omega_{21} = 0{,}427$ und $\omega_{31} = 0{,}186$.

Zu berechnen sind die Zusammensetzungen des Produktstromes und des Rückstandstromes für einen Schnitt von $\dot{v} = 0{,}40$. Die Zusammensetzung des Rückstands kann mit der Gl. (1.64) bestimmt werden. Für $j = 1$ gilt

$$1 = \tilde{x}_1 + \frac{\tilde{z}_2}{\omega_{21}\,\tilde{z}_1/\tilde{x}_1 - (\omega_{21} - 1)(1 - \dot{v})} + \frac{\tilde{z}_3}{\omega_{31}\,\tilde{z}_1/\tilde{x}_1 - (\omega_{31} - 1)(1 - \dot{v})}$$

oder

$$f(x_1) = \tilde{x}_1 + \frac{\tilde{z}_2}{\omega_{21}\,\tilde{z}_1/\tilde{x}_1 - (\omega_{21} - 1)(1 - \dot{v})} + \frac{\tilde{z}_3}{\omega_{31}\,\tilde{z}_1/\tilde{x}_1 - (\omega_{31} - 1)(1 - \dot{v})} - 1 = 0\,.$$

Diese Gleichung muß iterativ beispielsweise mit der Regula falsi gelöst werden. Es ergibt sich

$$\tilde{x}_1 = \mathbf{0{,}389}\,.$$

Die Zusammensetzung der Komponente 2 läßt sich nun nach Gl. (1.62) berechnen

$$\tilde{x}_2 = \frac{\tilde{z}_2}{\omega_{21}\,\tilde{z}_1/\tilde{x}_1 - (\omega_{21} - 1)(1 - \dot{v})} = \mathbf{0{,}336}\,.$$

Mit

$$\sum_{i=1}^{n} \tilde{x}_i = 1$$

ergibt sich für die Komponente 3

$$\tilde{x}_3 = 1 - \tilde{x}_1 - \tilde{x}_2 = 0{,}275 \, .$$

Für die Berechnung der Zusammensetzung des Produktstroms wird die Gl. (1.67) herangezogen. Für j = 1 gilt

$$\frac{1}{\tilde{y}_1} = 1 + \omega_{21}\frac{\tilde{x}_2}{\tilde{x}_1} + \omega_{31}\frac{\tilde{x}_3}{\tilde{x}_1} \, .$$

Damit ergibt sich

$$\tilde{y}_1 = 0{,}667 \, .$$

Entsprechend erhält man für die Komponente 2 nach Gl. (1.65)

$$\tilde{y}_2 = \tilde{y}_1 \, \omega_{21}\frac{\tilde{x}_2}{\tilde{x}_1} = 0{,}246$$

und für die Komponente 3

$$\tilde{y}_3 = 1 - \tilde{y}_1 - \tilde{y}_2 = 0{,}087 \, .$$

1.5 Rektifikation in Boden- und Füllkörperkolonnen

Wie bereits im vorhergehenden Abschnitt erwähnt, läßt sich bei der absatzweisen und stetigen Destillation nur ein beschränkter Trenneffekt erzielen. Eine weitergehende Trennung kann durch sogenannte Rektifikation erreicht werden. Die Grundlage für die Rektifikation stellt die Theorie der Trennkaskaden dar. Sie soll im nächsten Abschnitt für binäre Gemische näher erläutert werden.

1.5.1 Theorie der Trennkaskaden

Eine Verstärkung des in einer Stufe erzielten Trenneffektes läßt sich beispielsweise dadurch erreichen, daß man sowohl den Produkt- wie auch den Rückstandsstrom der Zulaufstufe 0 jeweils einer weiteren Trennstufe zuführt, wie dies die Abb. 1.28a zeigt. Hierbei sei $\tilde{x}$, $\tilde{y}$ oder $\tilde{z}$ ohne besondere Indizierung der Gehalt an Komponente 1.

Bei dieser sogenannten **Trennstufenkaskade ohne Teilstromrückführung** stellt man fest, daß die Zusammensetzung des Rückstandes der Stufe $+ 1$, $\tilde{x}_{+1}$ und die

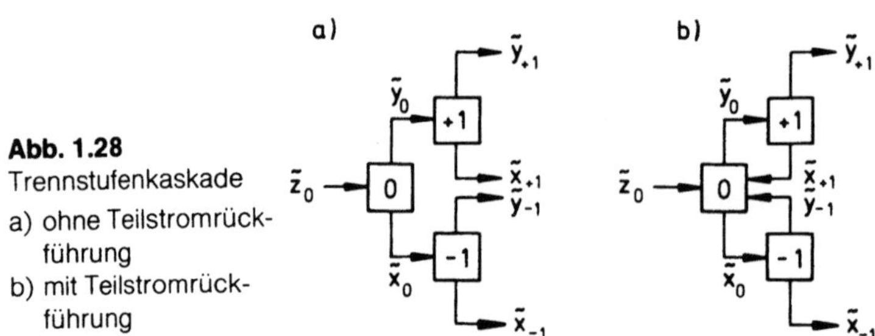

Abb. 1.28
Trennstufenkaskade
a) ohne Teilstromrück-
   führung
b) mit Teilstromrück-
   führung

Zusammensetzung des Produktes der Stufe -1, $\tilde{y}_{-1}$ nahezu gleich der Zusammensetzung des Zulaufs zur Stufe 0, $\tilde{z}_0$ sind. Man kann daher diese beiden Ströme in die Zulaufstufe 0 zurückführen und somit erneut dem Trennprozeß unterziehen, wie dies in Abb. 1.28b dargestellt ist. Man spricht dann von einer **Trennstufenkaskade mit Teilstromrückführung.**

Wie man der Abb. 1.29a entnimmt, sind die Zusammensetzungen $\tilde{x}_{+1}$ und $\tilde{y}_{-1}$ nicht genau gleich der Zusammensetzung $\tilde{z}_0$, sofern man den Schnitt $\dot{v}$ in allen drei Stufen unverändert läßt. Aus der Thermodynamik weiß man, daß jede Vermischung von Stoffströmen unterschiedlicher Zusammensetzung mit einer Entropie-Vermehrung und somit auch mit einer Erhöhung des Trennaufwandes verbunden ist. Es ist daher im Sinne einer Verminderung des Trennaufwandes günstiger, die Kaskade mit variablem Schnitt $\dot{v}$ zu betreiben, wie dies in Abb. 1.29b dargestellt ist. Dadurch kann man erreichen, daß die einer Stufe zugeführten Ströme gleiche Zusammensetzung haben, z. B. $\tilde{y}_{-1} = \tilde{x}_{+1} = \tilde{z}_0$.

Das zu Abb. 1.29b zugehörige Kaskadenschaltbild zeigt die Abb. 1.30. Dieses Schaltbild gilt übrigens auch für eine Kaskade mit konstantem Schnitt; indessen sind dann die Zusammensetzungen auf jeder Stufe unter Beachtung der Rück-

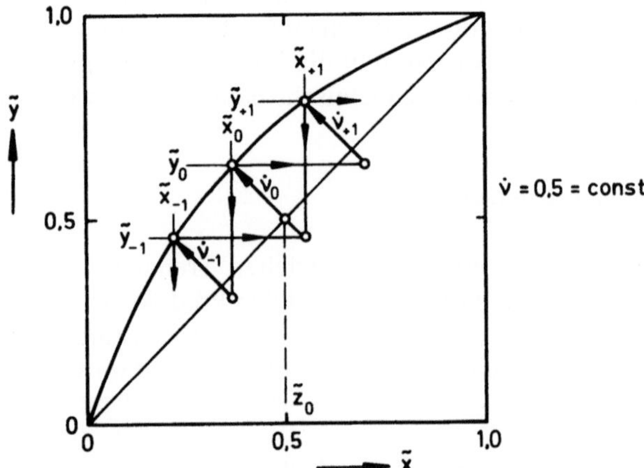

Abb. 1.29a Trennstufenkaskade mit konstantem Schnitt $\dot{v}$ und partieller Rückvermischung

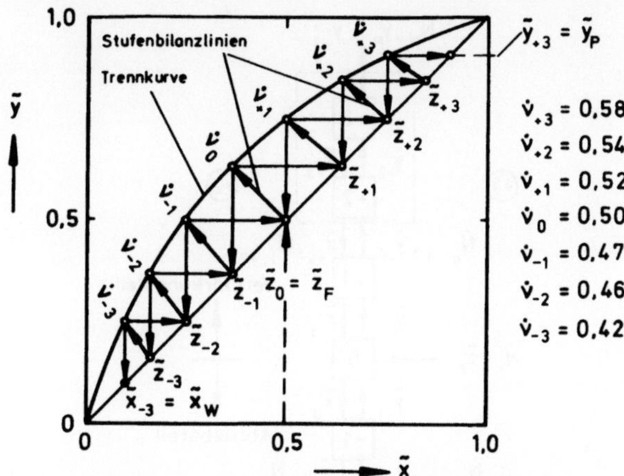

Abb. 1.29 b Trennstufenkaskade mit variablem Schnitt und ohne Rückvermischung

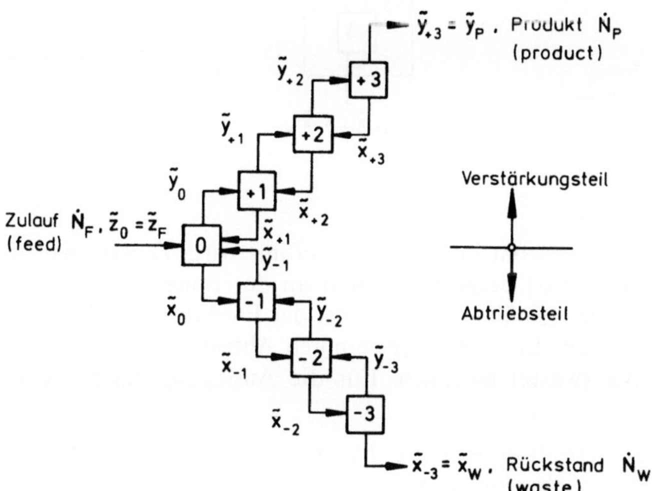

Abb. 1.30 Schaltbild der Trennkaskade mit Teilstromrückführung gemäß Abb. 1.29 b

vermischung zu ermitteln. In jedem Falle gilt, daß man den Zulauf mit der Zusammensetzung $\tilde{z}_0$ nahezu vollständig in die beiden reinen Komponenten 1 und 2 zerlegen kann, wenn man nur die Stufenzahl der Kaskade hinreichend groß macht (s. Abb. 1.29 b).

Im folgenden werden die **Idealkaskade** (variabler Schnitt, keine Rückvermischung) und die Normalkaskade (konstanter Schnitt, mit Rückvermischung) in Aufbau und Wirkungsweise noch etwas näher untersucht.

Die Idealkaskade. Zunächst läßt sich das Schaltbild nach Abb. 1.30 noch etwas vereinfacht darstellen (s. Abb. 1.31). Man erkennt, daß im Innern der Kaskade

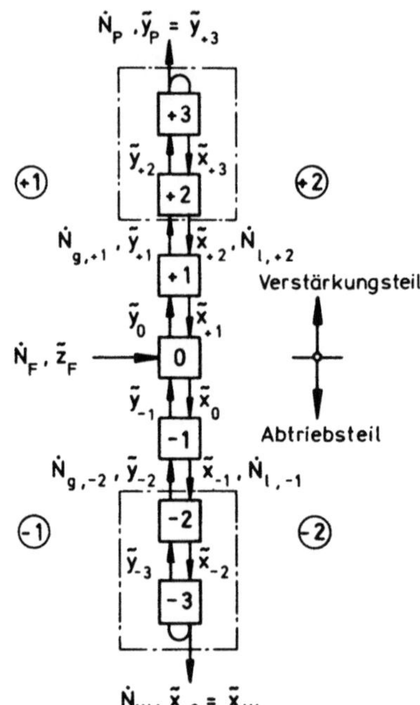

Abb. 1.31
Schaltbild der Trenn-
kaskade mit Teilstrom-
rückführung

ständig ein Mengenstrom im Kreislauf geführt wird. Diesem wird an der Stufe 0 der Zulauf $\dot{N}_F$ (feed) beigemischt und an der Stufe $+3$, dem Ende des sogenannten **Verstärkungsteiles** der Kaskade, der Produktstrom $\dot{N}_P$ (product) bzw. an der Stufe -3, dem Ende des sogenannten **Abtriebsteil** der Kaskade, der Rückstandstrom $\dot{N}_W$ (waste) entzogen. Für die Auslegung einer Trennkaskade muß man sowohl

– die äußeren Betriebsgrößen ($\dot{N}_F$, $\dot{N}_P$, $\dot{N}_W$, $\bar{z}_F$, $\bar{y}_P$, $\bar{x}_W$) als auch
– die inneren Betriebsgrößen ($\dot{N}_{g,\lambda}$, $N_{l,\lambda}$, $\bar{x}_\lambda$, $\bar{y}_\lambda$)

kennen. Der Index λ steht hier allgemein für die Stufe λ. Die Ermittlung dieser Betriebsgrößen soll nun erläutert werden. Für die gesamte Kaskade gelten in jedem Falle die Mengenbilanzen

$$\dot{N}_F = \dot{N}_P + \dot{N}_W, \tag{1.74}$$

$$\dot{N}_F \bar{z}_F = \dot{N}_P \bar{y}_P + \dot{N}_W \bar{x}_W. \tag{1.75}$$

Außerdem lassen sich neben den Mengenbilanzen für die gesamte Kaskade auch Mengenbilanzen für Kaskadenteilstücke angeben. In Abb. 1.31 ist ein solches Teilstück, das die beiden obersten Stufen umfaßt, eingezeichnet.

In der Schnittebene ⊕1 – ⊕2 zwischen den Stufen $+1$ und $+2$ hat der aufsteigende Mengenstrom $\dot{N}_{g,+1}$ die Zusammensetzung $\bar{y}_{+1}$ und der abwärtsgehende Mengenstrom $\dot{N}_{l,+2}$ die Zusammensetzung $\bar{x}_{+2}$. Die Mengenbilanzen für diesen

Bilanzraum lauten

$$\dot{N}_{g,+1} = \dot{N}_{l,+2} + \dot{N}_P \tag{1.76}$$

$$\dot{N}_{g,+1}\,\tilde{y}_{+1} = \dot{N}_{l,+2}\,\tilde{x}_{+2} + \dot{N}_P\,\tilde{y}_P. \tag{1.77}$$

Hieraus folgt die durch die Punkte $(\tilde{y}_{+1}, \tilde{x}_{+2})$ und $(\tilde{y}_P, \tilde{y}_P)$, die im Zusammensetzungsdiagramm (Abb. 1.32) durch Kreise besonders markiert sind, gehende Bilanzlinie

$$\frac{\dot{N}_{l,+2}}{\dot{N}_{g,+1}} = \frac{\tilde{y}_P - \tilde{y}_{+1}}{\tilde{y}_P - \tilde{x}_{+2}} = p_{V,+1,+2} \tag{1.78}$$

oder, mit der Stufennummer λ verallgemeinert

$$\boxed{\frac{\dot{N}_{l,\lambda}}{\dot{N}_{g,\lambda-1}} = \frac{\tilde{y}_P - \tilde{y}_{\lambda-1}}{\tilde{y}_P - \tilde{x}_\lambda} = p_{V,\lambda-1,\lambda}.} \tag{1.79}$$

$p_{V,\lambda-1,\lambda}$ ist die **Steigung der Kaskadenbilanzlinie für den Verstärkungsteil** zwischen der Produktaustragsebene und der Schnittebene zwischen den Stufen $\lambda - 1$ und λ. Diese Steigung ist direkt proportional dem Verhältnis von ablaufendem zu aufsteigendem Mengenstrom $\dot{N}_{l,\lambda}/\dot{N}_{g,\lambda-1}$.

Für die Auslegung von Trennkaskaden interessiert nun besonders, in welchem Verhältnis die aufsteigenden und ablaufenden Ströme in Innern der Kaskade $\dot{N}_g$ und $\dot{N}_l$ zum Produktstrom $\dot{N}_P$ stehen. Man definiert zu diesem Zweck das sogenannte **Rücklaufverhältnis für den Verstärkungsteil** $v_{V,\lambda}$ in der Form

$$\boxed{v_{V,\lambda} = \frac{\dot{N}_{l,\lambda}}{\dot{N}_P}.} \tag{1.80}$$

Da

$$\dot{N}_P = \dot{N}_{g,\lambda-1} - \dot{N}_{l,\lambda} \tag{1.81}$$

ist, folgt mit Gl. (1.79) der Zusammenhang

$$\boxed{v_{V,\lambda} = \frac{p_{V,\lambda-1,\lambda}}{1 - p_{V,\lambda-1,\lambda}}} \tag{1.82}$$

und umgekehrt

$$p_{V,\lambda-1,\lambda} = \frac{v_{V,\lambda}}{1 + v_{V,\lambda}}. \tag{1.83}$$

Schließlich ergeben sich noch folgende Zusammenhänge zwischen den Steigungen der Kaskadenbilanzlinien p_V bzw. den Rücklaufverhältnissen v_V und den Schnitten $\dot{v}$ im Verstärkerteil.

Aus der Definition des Schnittes für die Stufe λ

$$\dot{v}_\lambda = \frac{\dot{N}_{g,\lambda}}{\dot{N}_{l,\lambda+1} + \dot{N}_{g,\lambda-1}} \qquad (1.84)$$

erhält man unter Berücksichtigung von

$$p_{V,\lambda-1,\lambda} = \frac{\dot{N}_{l,\lambda}}{\dot{N}_{g,\lambda-1}} \qquad (1.85)$$

$$p_{V,\lambda,\lambda+1} = \frac{\dot{N}_{l,\lambda+1}}{\dot{N}_{g,\lambda}} \qquad (1.86)$$

und der Mengenbilanz für die Stufe λ

$$\dot{N}_{g,\lambda} + \dot{N}_{l,\lambda} = \dot{N}_{g,\lambda-1} + \dot{N}_{l,\lambda+1} \qquad (1.87)$$

den Zusammenhang

$$\boxed{\frac{1}{\dot{v}_\lambda} = p_{V,\lambda,\lambda+1} + \frac{1 - p_{V,\lambda,\lambda+1}}{1 - p_{V,\lambda-1,\lambda}} \cdot} \qquad (1.88)$$

Für die oberste Stufe ist $p_{V,\lambda,\lambda+1} = p_{V,\lambda,P} = 0$ zu setzen.

Aus Gl. (1.88) folgt schließlich noch mit Gl. (1.83)

$$\boxed{\dot{v}_\lambda = \frac{1 + v_{V,\lambda+1}}{1 + v_{V,\lambda} + v_{V,\lambda+1}} \cdot} \qquad (1.89)$$

Für die oberste Stufe ist entsprechend $p_{V,\lambda,\lambda+1} = p_{V,\lambda,P} = 0$ nach Gl. (1.82) $v_{V,\lambda+1} = 0$ zu setzen.

Für den Abtriebsteil der Kaskade (unterer Bilanzraum in Abb. 1.31) erhält man analog die Bilanzgleichungen

$$\dot{N}_{l,-1} = \dot{N}_{g,-2} + \dot{N}_W \qquad (1.90)$$

$$\dot{N}_{l,-1}\, \tilde{x}_{-1} = \dot{N}_{g,-2}\, \tilde{y}_{-2} + \dot{N}_W\, \tilde{x}_W \qquad (1.91)$$

oder, mit der Stufennummer λ verallgemeinert,

$$\dot{N}_{l,\lambda} = \dot{N}_{g,\lambda-1} + \dot{N}_W \qquad (1.92)$$

$$\dot{N}_{l,\lambda}\, \tilde{x}_\lambda = \dot{N}_{g,\lambda-1}\, \tilde{y}_{\lambda-1} + \dot{N}_W\, \tilde{x}_W. \qquad (1.93)$$

Daraus folgt die durch die Punkte $(\tilde{y}_{\lambda-1}, \tilde{x}_{\lambda})$ und $(\tilde{x}_{\mathrm{W}}, \tilde{x}_{\mathrm{W}})$ gehende Kaskaden-bilanzlinie im Abtriebsteil

$$\frac{\dot{N}_{l,\lambda}}{\dot{N}_{g,\lambda-1}} = \frac{\tilde{x}_{\mathrm{W}} - \tilde{y}_{\lambda-1}}{\tilde{x}_{\mathrm{W}} - \tilde{x}_{\lambda}} = p_{\mathrm{A},\lambda-1,\lambda}. \qquad (1.94)$$

$p_{\mathrm{A},\lambda-1,\lambda}$ ist hierbei die **Steigung der Kaskadenbilanzlinie für den Abtriebsteil** zwischen der Schnittebene zwischen den Stufen $\lambda - 1$ und λ und der Rückstands-austragsebene. Definiert man das **Rücklaufverhältnis für den Abtriebsteil**

$$v_{\mathrm{A},\lambda} = \frac{\dot{N}_{l,\lambda}}{\dot{N}_{\mathrm{W}}}, \qquad (1.95)$$

so folgt aus Gl. (1.93) mit Gl. (1.94)

$$v_{\mathrm{A},\lambda} = \frac{p_{\mathrm{A},\lambda-1,\lambda}}{p_{\mathrm{A},\lambda-1,\lambda} - 1} \qquad (1.96)$$

bzw.

$$p_{\mathrm{A},\lambda-1,\lambda} = \frac{v_{\mathrm{A},\lambda}}{v_{\mathrm{A},\lambda} - 1}. \qquad (1.97)$$

Schließlich ergibt sich noch für den Schnitt im Abtriebsteil, der ebenso wie im Verstärkungsteil definiert ist (s. Gl. (1.84))

$$\frac{1}{\dot{v}_{\lambda}} = p_{\mathrm{A},\lambda,\lambda+1} + \frac{p_{\mathrm{A},\lambda,\lambda+1} - 1}{p_{\mathrm{A},\lambda-1,\lambda} - 1} \qquad (1.98)$$

oder

$$\dot{v}_{\lambda} = \frac{v_{\mathrm{A},\lambda+1} - 1}{v_{\mathrm{A},\lambda+1} + v_{\mathrm{A},\lambda} - 1}. \qquad (1.99)$$

Für die unterste Stufe ist $p_{\mathrm{A},\lambda-1,\lambda} = p_{\mathrm{A},\mathrm{W},\lambda} = \infty$ zu setzen.

Zur Veranschaulichung diene folgendes Beispiel.

Beispiel 1.11.   Trennung eines binären Gemisches in einer Idealkaskade

In der in Abb. 1.31 dargestellten Idealkaskade soll der Zulaufstrom $\dot{N}_F = 2$ mol/s mit der Zusammensetzung $\tilde{z}_F = 0{,}50$ in den Produktstrom $\dot{N}_P$ und den Rückstandsstrom $\dot{N}_W$ aufgetrennt werden. Der Trennfaktor sei $\omega_{12} = 3{,}0$. Außerdem wird der Schnitt der Zulaufstufe vorgegeben: $\dot{v}_0 = 0{,}50$.

Gesucht sind die Zusammensetzungen des Produkts $\tilde{y}_P$ und des Rückstands $\tilde{x}_W$ sowie die inneren Betriebsgrößen.

Diese Aufgabe läßt sich sowohl graphisch als auch rechnerisch lösen. Bei der graphischen Lösung (s. Abb. 1.32), kann man zunächst die Stufenbilanzlinie für die Zulaufstufe 0 einzeichnen (gestrichelte Linie). Ausgehend von ihrem Schnittpunkt mit der Trennkurve wird die Stufenkonstruktion zwischen Diagonale und Trennkurve in Richtung Verstärkungs- und Abtriebsteil durchgeführt. Ebenso verfährt man ausgehend von der Lage des Zustandspunktes des Zulaufs auf der Diagonalen und erhält somit den kompletten Kurvenzug. Dieser sowie die zugehörigen Kaskadenbilanzlinien sind in Abb. 1.32 dargestellt. Die sich ergebenden inneren Betriebsgrößen können der Tab. 1.5 entnommen werden.

Die Abb. 1.33 veranschaulicht die Rücklaufmenge $\dot{N}_\lambda$ innerhalb der Kaskade. Die Breite der eingezeichneten Stufen entspricht hierbei jeweils der von den Stufen λ ablaufenden Mengen $\dot{N}_{l,\lambda}$. Aus den Mengenbilanzen um die gesamte Kaskade, Gln. (1.74) und (1.75), folgt, daß $\dot{N}_P = 1$ mol/s und $\dot{N}_W = 1$ mol/s ist. Aus der Abb. 1.33 kann man ersehen, daß die Rücklaufmenge $\dot{N}_{l,\lambda}$ im Verstär-

Tab. 1.5 Innere Betriebsgrößen der in Abb. 1.31 dargestellten Idealkaskade

λ	$\tilde{x}_\lambda$	$\tilde{y}_\lambda$	$\dot{v}_\lambda$	$p_{V,\,\lambda-1,\,\lambda}$	$v_{V,\,\lambda}$
	(0,8386)				0
				0	
+ 3	0,7500	0,9000	0,5907		0,6929
				0,4093	
+ 2	0,6340	0,8386	0,5679		1,2883
				0,5630	
+ 1	0,5000	0,7500	0,5355		1,9851
				0,6650	
± 0	0,3661	0,6340	0,5000		2,9881
				1,503	
− 1	0,2500	0,5000	0,4644		2,2920
				1,774	
− 2	0,1614	0,3661	0,4327		1,6930
				2,443	
− 3	0,1000	0,2500	0,4093		1,000
				∞	
				$p_{A,\,\lambda-1,\,\lambda}$	$v_{A,\,\lambda}$

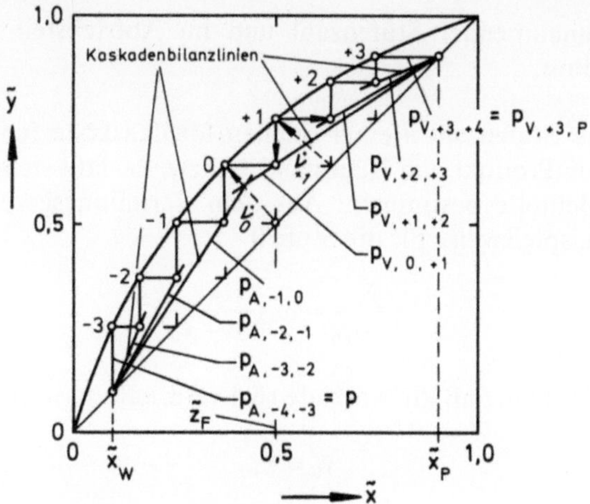

Abb. 1.32 Graphische Ermittlung der Betriebsgrößen der in Abb. 1.31 dargestellten Idealkaskade: $\bar{z}_F = 0,50$, $\dot{v}_0 = 0,50$, $\omega_{12} = 3,0$

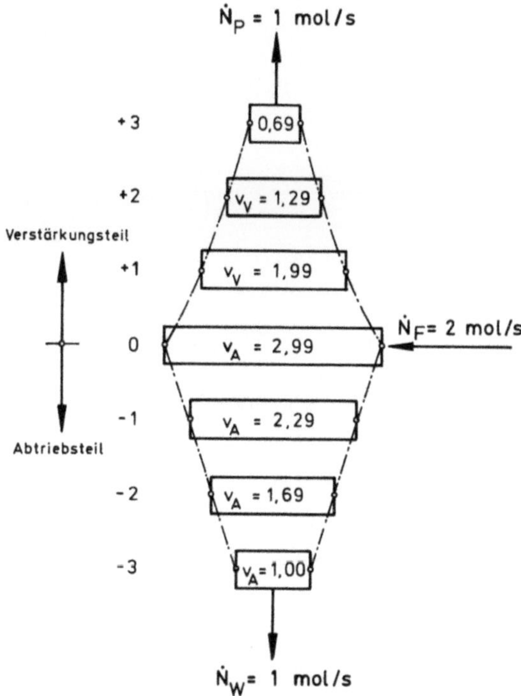

Abb. 1.33 Graphische Veranschaulichung der Rücklaufmenge $\dot{N}_{l,\lambda}$

kungsteil mit zunehmender Stufenzahl und im Abtriebsteil mit abnehmender Stufenzahl abnimmt.

Die erforderliche **Stufenzahl** n einer solchen Idealkaskade für gegebene Zusammensetzungen von Produkt und Rückstand $\tilde{y}_P$ bzw. $\tilde{x}_W$ läßt sich wie folgt nach der rechnerischen Methode bestimmen: Aus dem Verteilungsgesetz für ein binäres Gemisch folgt beispielsweise für die Stufe 0

$$\frac{\tilde{y}_0}{1 - \tilde{y}_0} = \omega_{12} \frac{\tilde{x}_0}{1 - \tilde{x}_0} \tag{1.100}$$

und aus der Bedingung, daß die Kaskade rückvermischungsfrei arbeiten soll

$$\tilde{y}_0 = \tilde{x}_{+2} \, . \tag{1.101}$$

Somit ist

$$\frac{\tilde{x}_{+2}}{1 - \tilde{x}_{+2}} = \omega_{12} \frac{\tilde{x}_0}{1 - \tilde{x}_0} \, . \tag{1.102}$$

Entsprechend gilt

$$\frac{\tilde{y}_{+2}}{1 - \tilde{y}_{+2}} = \omega_{12} \frac{\tilde{x}_{+2}}{1 - \tilde{x}_{+2}} \tag{1.103}$$

und

$$\tilde{y}_{+2} = \tilde{x}_{+4} \, , \tag{1.104}$$

woraus

$$\frac{\tilde{x}_{+4}}{1 - \tilde{x}_{+4}} = \omega_{12} \frac{\tilde{x}_{+2}}{1 - \tilde{x}_{+2}} \tag{1.105}$$

und damit

$$\frac{\tilde{x}_{+4}}{1 - \tilde{x}_{+4}} = \omega_{12}^2 \frac{\tilde{x}_0}{1 - \tilde{x}_0} \tag{1.106}$$

folgt. Allgemein gilt also

$$\frac{\tilde{x}_{2r}}{1 - \tilde{x}_{2r}} = \omega_{12}^r \frac{\tilde{x}_0}{1 - \tilde{x}_0} \, . \tag{1.107}$$

Setzt man $\tilde{x}_0 = \tilde{x}_W$, $\tilde{x}_{2r} = \tilde{x}_{n+1} = \tilde{y}_P$, wobei $2\,r = n + 1$ ist, so folgt

$$\frac{\tilde{y}_P}{1 - \tilde{y}_P} = \omega_{12}^{\frac{1}{2}(n+1)} \frac{\tilde{x}_W}{1 - \tilde{x}_W} \tag{1.108}$$

oder aufgelöst nach der Stufenzahl n

$$\boxed{n = 2 \frac{\ln \left[\dfrac{\tilde{y}_P}{1 - \tilde{y}_P} \dfrac{1 - \tilde{x}_W}{\tilde{x}_W} \right]}{\ln \omega_{12}} - 1 \, .} \tag{1.109}$$

Beispiel 1.12. Ermittlung der Stufenzahl einer Idealkaskade

Gesucht ist die Stufenzahl der Idealkaskade gemäß Beispiel 1.11

$$\tilde{x}_W = 0{,}1; \quad \tilde{y}_P = 0{,}9; \quad \omega_{12} = 3{,}0 \,.$$

Mit Gl. (1.109) erhält man

$$n = 7 \,.$$

Eine Idealkaskade erhält man durch Erzeugung unterschiedlich großer Mengenströme $\dot{N}_{l,\lambda}$ auf jeder Stufe. Unterschiedliche Mengenströme lassen sich beispielsweise bei der Rektifikation durch Wärmezufuhr auf jeder Stufe des Abtriebsteils bzw. durch Wärmeabfuhr auf jeder Stufe des Verstärkungsteils realisieren. Diese unterschiedlichen Mengenströme werden in Kaskaden mit veränderlichem Querschnitt oder durch Parallelschaltung mehrerer kleinerer Trenneinheiten auf jeder Trennstufe verarbeitet. Ein Beispiel hierfür ist die Trennung von Uranisotopen in Form des gasförmigen Uranhexafluorids durch eine Kaskade von Ultragaszentrifugen, wobei jede Stufe dieser Kaskade durch eine jeweils unterschiedliche Anzahl parallel geschalteter Zentrifugen gebildet wird.

Bei den gebräuchlichen Trennverfahren mit mindestens einer flüssigen Phase, wie Rektifikation, Absorption und Extraktion stellt die Verwirklichung einer Idealkaskade einen großen konstruktiven Aufwand dar. Man begnügt sich daher in diesen Fällen mit Normalkaskaden.

Bei einer **Normalkaskade**, bei der bereichsweise die Mengenströme und damit auch die Schnitte auf jeder Stufe gleich sind, fallen im Zusammensetzungsdiagramm alle Kaskadenbilanzlinien mit den Steigungen $p_{V,\lambda}$ im Verstärkungsteil bzw. $p_{A,\lambda}$ im Abtriebsteil jeweils zu einer einzigen Bilanzlinie zusammen, wie dies in der Abb. 1.34 dargestellt ist.

Für die sogenannte **Verstärkungsgerade** folgt analog Gl. (1.79)

$$\left[\frac{\dot{N}_l}{\dot{N}_g} \right]_V = \frac{\tilde{y}_P - \tilde{y}_{\lambda-1}}{\tilde{y}_P - \tilde{x}_\lambda} = p_V = \text{const} \qquad (1.110)$$

und entsprechend für die **Abtriebsgerade**

$$\left[\frac{\dot{N}_l}{\dot{N}_g} \right]_A = \frac{\tilde{x}_W - \tilde{y}_{\lambda-1}}{\tilde{x}_W - \tilde{x}_\lambda} = p_A = \text{const} \,. \qquad (1.111)$$

Für das Rücklaufverhältnis im **Verstärkerteil** gilt analog Gl. (1.82)

$$v_\mathrm{V} = \left[\frac{\dot{N}_l}{\dot{N}_\mathrm{P}}\right]_\mathrm{V} = \frac{p_\mathrm{V}}{1 - p_\mathrm{V}} \qquad (1.112)$$

und für das **Rücklaufverhältnis im Abtriebsteil** entsprechend Gl. (1.96)

$$v_\mathrm{A} = \left[\frac{\dot{N}_l}{\dot{N}_\mathrm{W}}\right]_\mathrm{A} = \frac{p_\mathrm{A}}{p_\mathrm{A} - 1} \cdot \qquad (1.113)$$

Aufgrund der Mengenbilanzen für die gesamte Kaskade entsprechend den Gln. (1.74) und (1.75) folgt noch

$$\frac{\tilde{y}_\mathrm{P} - \tilde{z}_\mathrm{F}}{\tilde{z}_\mathrm{F} - \tilde{x}_\mathrm{W}} = \frac{\dot{N}_\mathrm{W}}{\dot{N}_\mathrm{P}} \cdot \qquad (1.114)$$

Diese Beziehung und der Schnitt v_0 auf der Zulaufstufe legen den Schnittpunkt von Verstärkungs- und Abtriebsgeraden im Zusammensetzungsdiagramm fest. Außerdem muß die Verstärkungsgerade durch den Punkt $(\tilde{y}_\mathrm{P}, \tilde{y}_\mathrm{P})$ und die Abtriebsgerade durch den Punkt $(\tilde{x}_\mathrm{W}, \tilde{x}_\mathrm{W})$ gehen. Mit diesen Bedingungen und der Wahl des Rücklaufverhältnisses v_V (oder v_A) ist die Lage der Bilanzlinien im Zusammensetzungsdiagramm festgelegt.

Bei der Normalkaskade ist der Schnitt auf jeder Stufe innerhalb des Verstärkungsteils bzw. Abtriebsteils jeweils konstant. Diesen apparatetechnischen Vorteil muß man allerdings mit einem schlechteren thermodynamischen Wirkungsgrad des Trennprozesses bezahlen, da die Kaskade in diesem Fall **nicht mehr rückvermischungsfrei** arbeitet. Die Zulaufpunkte für jede Stufe $(\tilde{y}_{\lambda-1}, \tilde{x}_{\lambda+1})$ im Zusammensetzungsdiagramm liegen nicht mehr − wie bei der Idealkaskade − auf der Diagrammdiagonalen (s. Abb. 1.34).

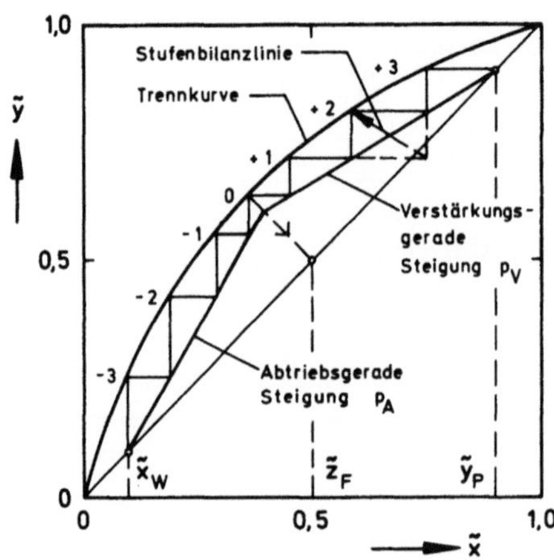

Abb. 1.34
Normalkaskade

Die Steigungen der Kaskadenbilanzlinien p_V und p_A sind bei vorgegebenen Werten von $\tilde{y}_P$, $\tilde{x}_W$ und $\tilde{y}_0$ nur innerhalb gewisser Grenzen wählbar. Falls die Verstärkungsgerade durch den Punkt $(\tilde{x}_0, \tilde{y}_0)$ auf der Trennkurve hindurchgehen würde, wäre die erforderliche Stufenzahl im Verstärkerteil und auch im Abtriebsteil unendlich groß (s. Abb. 1.35). Demnach beträgt die Mindeststeigung der Verstärkungsgeraden

$$p_{V,\min} = \frac{\tilde{y}_P - \tilde{y}_0}{\tilde{y}_P - \tilde{x}_0} \, . \tag{1.115}$$

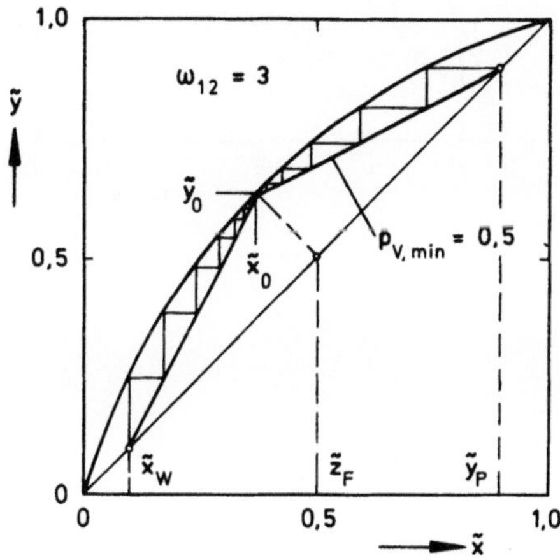

Abb. 1.35
Normalkaskade, Mindestrücklaufverhältnis $v_{\min}$

Daraus folgt dann auch nach Gl. (1.112) ein **Mindestrücklaufverhältnis im Verstärkerteil** von

$$v_{V,\min} = \frac{p_{V,\min}}{1 - p_{V,\min}} = \frac{\tilde{y}_P - \tilde{y}_0}{\tilde{y}_0 - \tilde{x}_0} \, . \tag{1.116}$$

Der andere Grenzfall, bei dem die Steigung p_V maximal wird, liegt dann vor, wenn das Rücklaufverhältnis $v_V = \dot{N}_l/\dot{N}_P$ unendlich groß wird. In diesem Fall wird der Kaskade kein Produkt entnommen, d.h. $\dot{N}_P = 0$. Gemäß Gl. (1.116) ist dann

$$p_{V,\max} = 1 \, .$$

Da sich Abtriebs- und Verstärkungsgerade auf der Stufenbilanzlinie der Zulaufstufe 0 treffen müssen, ist in diesem Fall auch $p_A = 1$, woraus folgt, daß der Rückstandsstrom $\dot{N}_W$ ebenfalls Null ist. Die Kaskade arbeitet mit **totalem Rücklauf** (s. Abb. 1.36).

Für vorgegebene Zusammensetzungen $\tilde{x}_W$ und $\tilde{y}_P$ erhält man in diesem Grenzfall die erforderliche **Mindeststufenzahl** $n_{\min}$. Sie läßt sich aus dem Verteilungsgesetz

$$\frac{\tilde{y}_\lambda}{1 - \tilde{y}_\lambda} = \omega_{12} \frac{\tilde{x}_\lambda}{1 - \tilde{x}_\lambda} \tag{1.117}$$

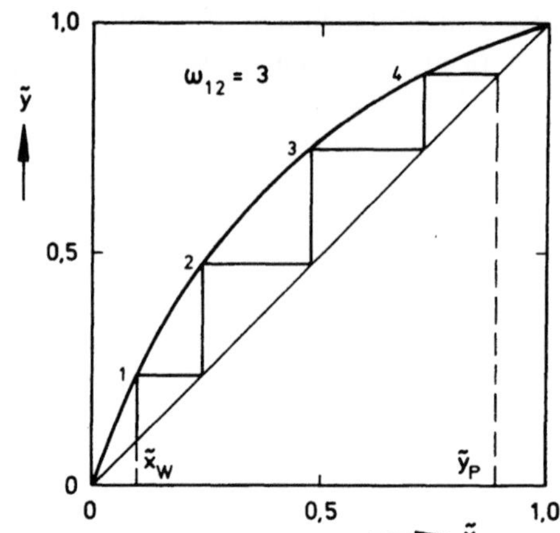

Abb. 1.36
Normalkaskade, totaler
Rücklauf

und der Bilanz

$$\tilde{y}_\lambda = \tilde{x}_{\lambda+1} \tag{1.118}$$

berechnen. Es ist

$$\frac{\tilde{y}_{n+1}}{1 - \tilde{y}_{n+1}} = \omega_{12}^n \, \frac{\tilde{x}_1}{1 - \tilde{x}_1} \, . \tag{1.119}$$

Setzen wir $\tilde{x}_1 = \tilde{x}_W$ und $\tilde{y}_{n+1} = \tilde{y}_P$, so folgt aus Gl. (1.119) nach der Stufenzahl $n = n_{\min}$ aufgelöst

$$n_{\min} = \frac{\ln\left[\dfrac{\tilde{y}_P}{1 - \tilde{y}_P} \dfrac{1 - \tilde{x}_W}{\tilde{x}_W}\right]}{\ln \omega_{12}} \, . \tag{1.120}$$

Bei praktisch ausgeführten Normalkaskaden wählt man

$$v_V = 1{,}5 \ldots 2{,}5 \, v_{V,\min} \tag{1.121}$$

woraus dann folgt, daß $n > n_{\min}$ ist.

Beispiel 1.13. Ermittlung der Stufenzahl, des Mindestrücklaufverhältnisses und des Mindestrücklaufverhältnisses einer Normalkaskade

In dem in Abb. 1.34 dargestellten Beispiel ist $p_V = 0{,}60$ und $v_V = 1{,}5$ und $n = 7$. Das Mindestrücklaufverhältnis beträgt hierbei $v_{V,\min} = \mathbf{1{,}0}$; siehe Abb. 1.35, und die Mindeststufenzahl $n_{\min} = \mathbf{4}$, siehe Abb. 1.36.

Die Berechnung der **Stufenzahl für endliche Rücklaufverhältnisse** v_V ist in allgemeiner Form nur durch eine Berechnung des Zusammensetzungsverlaufes von Stufe zu Stufe möglich. Aus der Gl. (1.110) für den Verstärkerteil folgt

$$\tilde{y}_\lambda = p_V \, \tilde{x}_{\lambda+1} + (1 - p_V) \, \tilde{y}_P. \tag{1.122}$$

Elimination von $\tilde{x}_{\lambda+1}$ mit Hilfe des Verteilungsgesetzes (1.117) ergibt

$$\tilde{y}_\lambda = p_V \, \frac{\tilde{y}_{\lambda+1}}{\omega_{12} - (\omega_{12} - 1) \, \tilde{y}_{\lambda+1}} + (1 - p_V) \, \tilde{y}_P. \tag{1.123}$$

Dies aufgelöst nach $\tilde{y}_{\lambda+1}$ liefert

$$\tilde{y}_{\lambda+1} = \frac{[(1 - p_V) \, \tilde{y}_P - \tilde{y}_\lambda]}{[(1 - p_V) \, \tilde{y}_P - \tilde{y}_\lambda] \, \dfrac{\omega_{12} - 1}{\omega_{12}} - \dfrac{p_V}{\omega_{12}}}. \tag{1.124}$$

Mit dieser Gleichung lassen sich die Zusammensetzungen $\tilde{y}_\lambda$ im Verstärkerteil kaskadenaufwärts von $\tilde{y}_0$ bis $\tilde{y}_P$ stufenweise verfolgen. Analog erhält man für den Abtriebsteil

$$\tilde{x}_{\lambda-1} = \frac{-\left[\dfrac{p_A - 1}{p_A} \, \tilde{x}_W - \tilde{x}_\lambda\right]}{\left[\dfrac{p_A - 1}{p_A} \, \tilde{x}_W - \tilde{x}_\lambda\right](\omega_{12} - 1) + \dfrac{\omega_{12}}{p_A}}. \tag{1.125}$$

Mit dieser Gleichung lassen sich die Zusammensetzungen $\tilde{x}_\lambda$ im Abtriebsteil kaskadenabwärts von $\tilde{x}_0$ bis $\tilde{x}_W$ stufenweise verfolgen.

Beispiel 1.14. Berechnung der Zusammensetzungen im Verstärker- und Abtriebsteil einer Normalkaskade

Für eine Normalkaskade gemäß Abb. 1.34 sollen die Zusammensetzungen im Verstärker- und Abtriebsteil berechnet werden. Vorgegeben sind

$$\tilde{z}_F = 0{,}50; \quad \dot{v}_0 = 0{,}50$$
$$p_V = 3/5; \quad p_A = 5/3$$
$$\omega_{12} = 3{,}0.$$

Zunächst werden die Zusammensetzungen $\tilde{y}_0$ mit Hilfe der Gl. (1.69) und $\tilde{x}_0$ mit Hilfe des Verteilungsgesetzes Gl. (1.1) bestimmt. Ausgehend hiervon lassen sich dann mit Gl. (1.124) bzw. Gl. (1.125) die Zusammensetzungen $\tilde{y}_\lambda$ im Verstärkerteil bzw. $\tilde{x}_\lambda$ im Abtriebsteil ermitteln. Die Ergebnisse sind in der Tab. 1.6 zusammengestellt.

Tab. 1.6 Zusammensetzungen im Verstärkungs- und Abtriebsteil in der Normalkaskade gemäß Abb. 1.34

λ	$\tilde{y}_\lambda$	$\tilde{x}_\lambda$	
3	0,91		$\geqq \tilde{y}_P$
2	0,82		
1	0,72		
0	0,64	0,37	
-1		0,29	
-2		0,19	
-3		0,10	$= \tilde{x}_W$

In der Regel geht man so vor, daß man nach Festlegung von $\tilde{y}_0$ und $\tilde{x}_0$ sowie den Kaskadenbilanzlinien jeweils so viele Stufen im Verstärkungs- bzw. Abtriebsteil vorsieht, daß $\tilde{y}_{+n} \geqq \tilde{y}_P$ und $\tilde{x}_{-n} \leqq \tilde{x}_W$ sind. Eine exakte Gleichheit von $\tilde{y}_{+n}$ und $\tilde{y}_P$ bzw. $\tilde{x}_{-n}$ und $\tilde{x}_W$ läßt sich nur auf iterativem Wege erreichen. Eine solche Iteration lohnt indessen nicht, da erstens derart iterierte Endwerte in der Praxis nicht mit den vorgegebenen Werten für $\tilde{y}_P$ und $\tilde{x}_W$ übereinstimmen müssen und zweitens die vorgenannten Bedingungen bezüglich der Reinheit des Produkt- und Rückstandsstromes Stufenzahlen ergeben, die auf der „sicheren Seite" liegen.

Für $(\omega_{12} - 1) = \varepsilon \ll 1$ hat man sehr große Stufenzahlen zu erwarten. Man nennt dies den Fall der **Trennung bei kleinem Trennfaktor** oder in englisch **close separation case**. Die Stufe-zu-Stufe-Rechnung erfordert in diesem Fall einen hohen Rechenaufwand, der es lohnend erscheinen läßt, hierfür ein Näherungsverfahren zur Stufenzahlberechnung zu suchen. Man formt zu diesem Zweck zunächst das Verteilungsgesetz nach Gl. (1.117) wie folgt um

$$\tilde{y}_{\lambda+1} - \tilde{x}_{\lambda+1} = (\omega_{12} - 1)\, \tilde{x}_{\lambda+1} (1 - \tilde{y}_{\lambda+1})\,, \tag{1.126}$$

subtrahiert hiervon die erweiterte Gleichung der Kaskadenbilanzlinie im Verstärkerteil entsprechend Gl. (1.122)

$$\tilde{y}_\lambda - \tilde{x}_{\lambda+1} = p_V \tilde{x}_{\lambda+1} - \tilde{x}_{\lambda+1} + (1 - p_V)\, \tilde{y}_P \tag{1.127}$$

und erhält

$$\tilde{y}_{\lambda+1} - \tilde{y}_\lambda = (\omega_{12} - 1)\, \tilde{x}_{\lambda+1} (1 - \tilde{y}_{\lambda+1}) - (1 - p_V)(\tilde{y}_P - \tilde{x}_{\lambda+1})\,. \tag{1.128}$$

Aus Gl. (1.110) folgt

$$\tilde{y}_P - \tilde{x}_{\lambda+1} = \frac{1}{p_V}(\tilde{y}_P - \tilde{y}_\lambda)\,. \tag{1.129}$$

Damit ergibt sich

$$\tilde{y}_{\lambda+1} - \tilde{y}_\lambda = (\omega_{12} - 1)\, \tilde{x}_{\lambda+1} (1 - \tilde{y}_{\lambda+1}) - \frac{1 - p_V}{p_V}(\tilde{y}_P - \tilde{y}_\lambda)\,. \tag{1.130}$$

Diese Gleichung liefert den Zuwachs der Zusammensetzung $\tilde{y}$ von Stufe zu Stufe kaskadenaufwärts im Verstärkerteil. Falls nun $(\omega_{12} - 1) = \varepsilon$ sehr klein ist, ist auch der Zuwachs von $\tilde{y}$ von Stufe zu Stufe sehr klein, so daß man für die linke Seite der Gl. (1.130) schreiben darf

$$\tilde{y}_{\lambda+1} - \tilde{y}_{\lambda} = \frac{d\tilde{y}}{d\lambda}\, \Delta\lambda\,, \tag{1.131}$$

wobei die Schrittweite $\Delta\lambda = 1$ (eine Stufe) ist.

Auf der rechten Seite der Gl. (1.130) darf man dann außerdem näherungsweise setzen

$$\tilde{x}_{\lambda+1} \cong \tilde{y}_{\lambda+1} \cong \tilde{y}_{\lambda} = \tilde{y}_{\lambda}\,. \tag{1.132}$$

Mit der Abkürzung

$$\frac{1}{\varepsilon}\,\frac{1 - p_V}{p_V} = \frac{1}{\varepsilon}\,\frac{1}{\iota_V} = \frac{1}{\varepsilon}\left[\frac{\dot{N}_P}{\dot{N}_I}\right]_V \equiv \psi_V \tag{1.133}$$

geht dann Gl. (1.130) über in

$$\frac{1}{\varepsilon}\,\frac{d\tilde{y}}{d\lambda} = \tilde{y}\,(1 - \tilde{y}) - \psi_V\,(\tilde{y}_P - \tilde{y})\,. \tag{1.134}$$

Die Integration

$$\int_0^{n_V} d\lambda = \frac{1}{\varepsilon} \int_{\tilde{y}_0}^{\tilde{y}_P} \frac{d\tilde{y}}{-\tilde{y}^2 + (1 + \psi_V)\,\tilde{y} - \psi_V\,\tilde{y}_P} \tag{1.135}$$

liefert für die Stufenzahl n_V im Verstärkerteil

$$\boxed{\; n_V = \frac{2}{\varepsilon\,D_V}\,\text{Arth}\; a_V = \frac{1}{\varepsilon\,D_V}\,\ln\frac{1 + a_V}{1 - a_V}\;} \tag{1.136}$$

mit

$$D_V = \sqrt{\psi_V^2 + 2\,\psi_V\,(1 - 2\,\tilde{y}_P) + 1} \tag{1.137}$$

und

$$a_V = \frac{(\tilde{y}_P - \tilde{y}_0)\,D_V}{(\tilde{y}_P - 2\,\tilde{y}_P\,\tilde{y}_0 + \tilde{y}_0) - \psi_V\,(\tilde{y}_P - \tilde{y}_0)}\,. \tag{1.138}$$

Für den Abtriebsteil erhält man analog

$$\boxed{\; n_A = \frac{2}{\varepsilon\,D_A}\,\text{Arth}\; a_A = \frac{1}{\varepsilon\,D_A}\,\ln\frac{1 + a_A}{1 - a_A}\;} \tag{1.139}$$

mit

$$D_A = \sqrt{\psi_A^2 + 2\,\psi_A\,(1 - 2\,\tilde{x}_W) + 1} \qquad (1.140)$$

$$\psi_A = \frac{1}{\varepsilon}\,\frac{1}{1 - p_A} = -\frac{1}{\varepsilon}\left[\frac{\dot{N}_W}{\dot{N}_g}\right]_A \qquad (1.141)$$

$$a_A = \frac{(\tilde{y}_0 - \tilde{x}_W)\,D_A}{(\tilde{x}_W - 2\,\tilde{x}_W\,\tilde{y}_0 + \tilde{y}_0) - \psi_A\,(\tilde{x}_W - \tilde{y}_0)}\,. \qquad (1.142)$$

Für den Sonderfall totalen Rücklaufs, d.h. $\dot{N}_P = 0$ und $\dot{N}_W = 0$ folgt mit $\psi_V = \psi_A = 0$ und $D_V = D_A = 1$ für die Mindeststufenzahl im Verstärkerteil

$$n_{V,\,min} = \frac{1}{\varepsilon}\,\ln\left[\frac{\tilde{y}_P}{1 - \tilde{y}_P}\,\frac{1 - \tilde{y}_0}{\tilde{y}_0}\right] \qquad (1.143)$$

und für die Mindeststufenzahl im Abtriebsteil

$$n_{A,\,min} = \frac{1}{\varepsilon}\,\ln\left[\frac{\tilde{y}_0}{1 - \tilde{y}_0}\,\frac{1 - \tilde{x}_W}{\tilde{x}_W}\right] \qquad (1.144)$$

sowie für die gesamte Kaskade

$$\boxed{n_{min} = n_{V,\,min} + n_{A,\,min} = \frac{1}{\varepsilon}\,\ln\left[\frac{\tilde{y}_P}{1 - \tilde{y}_P}\cdot\frac{1 - \tilde{x}_W}{\tilde{x}_W}\right]\,.} \qquad (1.145)$$

Dies entspricht Gl. (1.120), da

$$\lim_{\omega_{12}\to 1}\ln\,\omega_{12} = \lim_{\varepsilon\to 0}\,(1 + \varepsilon) = \varepsilon\,. \qquad (1.146)$$

Das Mindestrücklaufverhältnis $v_{V,\,min}$ folgt mit der Bedingung $(\mathrm{d}\tilde{y}/\mathrm{d}\lambda)_{\tilde{y}=\tilde{y}_0} = 0$ unmittelbar aus der Differentialgleichung

$$\boxed{v_{V,\,min} = \frac{1}{\varepsilon}\,\frac{\tilde{y}_P - \tilde{y}_0}{\tilde{y}_0\,(1 - \tilde{y}_0)}\,.} \qquad (1.147)$$

Zum Schluß sei noch auf die Trennung von Mehrstoffgemischen hingewiesen. Die in diesem Abschnitt angestellten Betrachtungen lassen sich auch in diesem Fall anwenden, wenn beispielsweise Komponenten mit eng benachbarten Siedepunkten zu einer Schlüsselkomponente zusammengefaßt werden können. Für eine genaue Dimensionierung gibt es ebenfalls Rechenmethoden, die jedoch so aufwendig sind, daß sie im Rahmen dieser Einführung nicht besprochen werden können. Sie sollen in einem weiteren Band dieser Reihe näher erläutert werden.

1.5.2 Rektifikation in Bodenkolonnen

Im vorhergehenden Abschnitt wurde gezeigt, daß sich die Trennwirkung eines Trennverfahrens durch Zusammenschalten mehrerer Trennstufen steigern läßt. Eine entsprechende Trennkaskade für den Fall der Destillation ist in der Abb. 1.37 dargestellt.

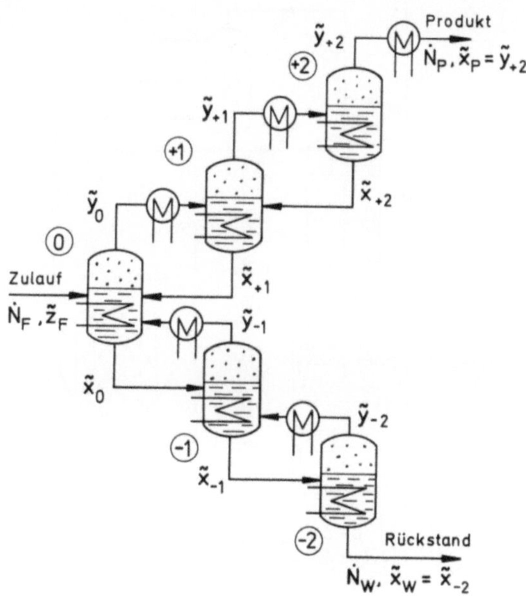

Abb. 1.37 Trennkaskade bestehend aus mehreren Destillationsstufen

Das zu trennende Flüssigkeitsgemisch wird zunächst in der Stufe 0 einer stetigen Destillation unterzogen. Im Dampf reichert sich hierbei die leichterflüchtige und in der Flüssigkeit die schwererflüchtige Komponente an. Anschließend wird der Dampf kondensiert und in der Stufe + 1 erneut destilliert. Setzt man dieses Verfahren fort, so läßt sich die leichterflüchtige Komponente nahezu rein darstellen. Auf dieselbe Art läßt sich die schwererflüchtige Komponente mit jeder gewünschten Reinheit darstellen, indem man den Rückstand der einzelnen Stufen erneut der Destillation unterzieht, wie dies aus der Abb. 1.37 ersichtlich ist.

Eine solche Trennkaskade, bestehend aus mehreren Destillationsstufen, arbeitet jedoch hinsichtlich des Energieverbrauchs sehr ineffektiv. Bei jeder Stufe wird einerseits Wärme zugeführt, um einen Teil des Zulaufs zu verdampfen, zum anderen wird bei der Kondensation Wärme an das Kühlmittel abgegeben. Der Energieverbrauch ließe sich vermindern, falls man die freiwerdende Wärme bei der Kondensation zur Verdampfung des Zulaufs verwenden könnte.

Die Realisierung dieser Methode stellt die Rektifizierkolonne dar, siehe Abb. 1.2. In ihrem Innern werden Dampf und Flüssigkeit im Gegenstrom geführt. Der Dampfstrom wird durch die Heizung am Kolonnenfuß und der Flüssigkeitsstrom durch den Rücklaufkondensator am Kopf erzeugt. In der Kolonne findet zwischen beiden Phasen auf jeder Stufe ein intensiver Wärme- und Stoffaustausch statt, der dazu führt, daß sich Dampf- und Flüssigphase jeweils weitgehend ins Gleichgewicht setzen. Erforderlich hierfür sind eine hinreichend große Phasengrenzfläche und eine ausreichende Kontaktzeit.

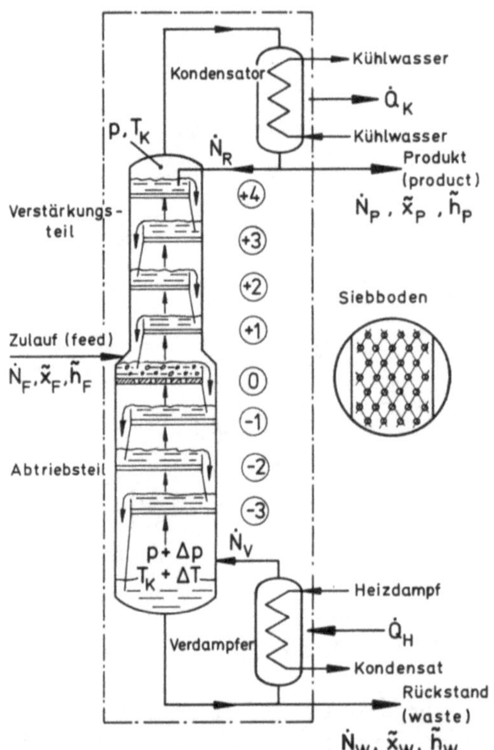

Abb. 1.38
Siebbodenkolonne

Die Abb. 1.38 zeigt eine Siebbodenkolonne mit dem Verdampfer am Kolonnenfuß und dem Kondensator am Kolonnenkopf. Der Zulauf $\dot{N}_F$ mit der Zusammensetzung $\tilde{x}_F$ wird in den Produktstrom $\dot{N}_P$ der Zusammensetzung $\tilde{x}_P$ und den Rückstandsstrom $\dot{N}_W$ der Zusammensetzung $\tilde{x}_W$ aufgetrennt. Auf den Siebböden wird die herablaufende Flüssigkeit gestaut und mit dem durch die Sieblöcher hindurchtretenden Dampf in Kontakt gebracht. Die Ablaufschächte für die Flüssigkeit zwingen den Dampf, durch die Löcher des Siebbodens zu strömen. Der flüssige Rücklauf $\dot{N}_R$ wird durch Kondensation der Brüden im Kondensator und der dampfförmige Rückstrom $\dot{N}_V$ durch Verdampfung eines Teils der herabfließenden Flüssigkeit im Verdampfer erzeugt.

Für die Auslegung der Kolonne sowie des Verdampfers und Kondensators benötigt man für die

- Kolonnenhöhe die Stufenzahl n,
- Kolonnendurchmesser den Dampfstrom $\dot{N}_g$,

– Bemessung der Ablaufschächte den Flüssigkeitsstrom $\dot{N}_l$,
– Bemessung des Kondensators den Wärmestrom $\dot{Q}_K$,
– Bemessung des Verdampfers den Wärmestrom $\dot{Q}_H$.

Zur Bestimmung dieser Größen stehen zur Verfügung die

– Mengenbilanzen,
– Energiebilanzen,
– Gesetze der Phasengleichgewichte und
– Gesetze der Stoffübertragung.

Ermittlung des Produkt- und Rückstandsstromes. Sind die Zusammensetzung des Zulaufs sowie die Zusammensetzungen von Produkt und Rückstand vorgegeben, so lassen sich die Mengenströme von Produkt und Rückstand mit Hilfe der Mengenbilanzen bestimmen. Wählt man als Bilanzraum die gesamte Kolonne einschließlich Verdampfer und Kondensator (s. Abb. 1.38), so lautet die Gesamtbilanz:

$$\dot{N}_F = \dot{N}_P + \dot{N}_W \tag{1.148}$$

und die Mengenbilanz für die leichterflüchtige Komponente

$$\dot{N}_F\,\tilde{x}_F = \dot{N}_P\,\tilde{x}_P + \dot{N}_W\,\tilde{x}_W. \tag{1.149}$$

Hieraus ergibt sich für den **Produktmengenstrom**

$$\dot{N}_P = \frac{\tilde{x}_F - \tilde{x}_W}{\tilde{x}_P - \tilde{x}_W}\,\dot{N}_F \tag{1.150}$$

und für den **Rückstandsmengenstrom**

$$\dot{N}_W = \frac{\tilde{x}_P - \tilde{x}_F}{\tilde{x}_P - \tilde{x}_W}\,\dot{N}_F. \tag{1.151}$$

Bestimmung des zu- und abzuführenden Wärmestroms. Für die Erzeugung des Rücklaufs $\dot{N}_R$ dient der Kondensator am Kopf der Kolonne. In ihm werden die vom obersten Boden aufsteigenden Brüden ganz oder teilweise kondensiert. Den an das Kühlwasser abzuführenden **Wärmestrom** $\dot{Q}_K$ erhält man aus der Energiebilanz um den Rücklaufkondensator (s. Abb. 1.39).

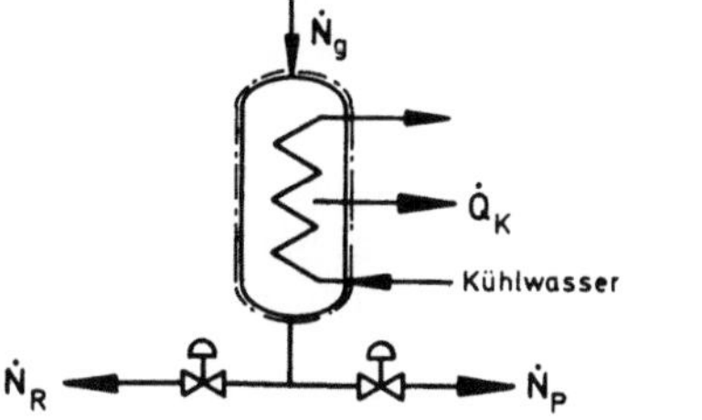

Abb. 1.39
Energiebilanz um den
Rücklaufkondensator

Für den Fall der Totalkondensation ergibt sich

$$\dot{Q}_K = \dot{N}_g \,\tilde{h}_g - \dot{N}_R \,\tilde{h}_l - \dot{N}_P \,\tilde{h}_l. \qquad (1.152)$$

Unter Berücksichtigung von

$$\dot{N}_g = \dot{N}_R + \dot{N}_P \qquad (1.153)$$

$$\Delta \tilde{h}_V = \tilde{h}_g - \tilde{h}_l \qquad (1.154)$$

und der Definition des Rücklaufverhältnisses

$$v = \frac{\dot{N}_R}{\dot{N}_P} \qquad (1.155)$$

folgt daraus

$$\boxed{\dot{Q}_K = \dot{N}_P (1 + v)\, \Delta \tilde{h}_V.} \qquad (1.156)$$

Kennt man den im Kondensator abzuführenden Wärmestrom sowie die Zustände der zu- und abfließenden Ströme, so ergibt sich der **Wärmestrom des Verdampfers** aus einer Energiebilanz um die gesamte Kolonne:

$$\boxed{\dot{Q}_V = \dot{Q}_K + \dot{N}_P \,\tilde{h}_P + \dot{N}_W \,\tilde{h}_W - \dot{N}_F \,\tilde{h}_F.} \qquad (1.157)$$

Hierbei wurden die Wärmeverluste der Kolonne vernachlässigt. Aus den Gln. (1.156) und (1.157) ist ersichtlich, daß der Wärmebedarf und damit die Betriebskosten mit zunehmendem Rücklaufverhältnis größer werden. Der Energieverbrauch läßt sich verringern durch Vorwärmung des Zulaufs mit Hilfe des Rückstandsstroms oder durch Beheizung der Kolonne mit Hilfe des Kopfdampfes. Der Kopfdampf muß jedoch vorher komprimiert werden, damit für die Wärmeübertragung ein ausreichendes Temperaturgefälle zur Verfügung steht.

Im folgenden soll die Ermittlung der Stufenzahl n behandelt werden. Sie kann einerseits mit Hilfe des Zusammensetzungsdiagramms, wie es von McCabe und Thiele vorgeschlagen wurde, oder mittels des Enthalpie-Zusammensetzungs-Diagramms nach Ponchon und Savarit ermittelt werden. Für beide Methoden nehmen wir zunächst an, daß jeder Boden sowie der Verdampfer eine sogenannte **theoretische Trennstufe** darstellt. Dieser Begriff beinhaltet, daß

– die Flüssigkeit und der Dampf auf dem Boden ideal durchmischt sind,
– der vom Boden aufsteigende Dampf im Phasengleichgewicht mit der vom Boden ablaufenden Flüssigkeit steht und
– durch den Dampf keine Flüssigkeitströpfchen mitgerissen werden.

In diesem Fall ist der Trennfaktor ω_{ij} gleich der relativen Flüchtigkeit α_{ij}.

Abweichungen hiervon werden am Schluß dieses Abschnittes durch Einführung des sogenannten Stufenwirkungsgrades berücksichtigt.

Zur **Darstellung des Rektifikationsvorganges im Zusammensetzungsdiagramm** werden die Mengenbilanzen und die Gesetze des Phasengleichgewichtes benutzt.

Die Verstärkungslinie. Die Mengenbilanz für den Verstärkungsteil der Kolonne läßt sich bei Wahl des Bilanzraumes nach Abb. 1.40 wie folgt abbilden.

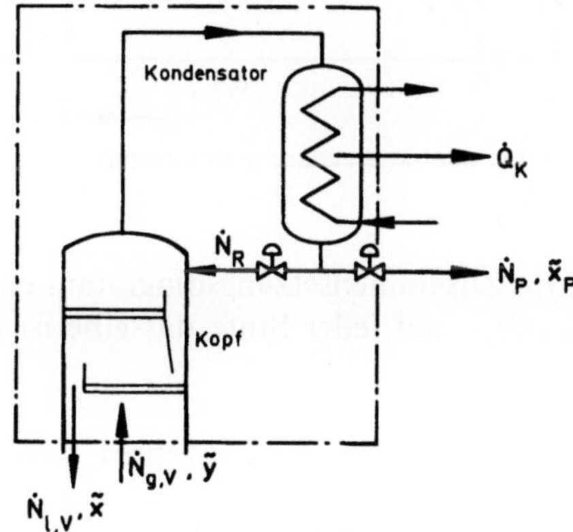

Abb. 1.40
Herleitung der Verstärkungslinie

Gesamtbilanz:

$$\dot{N}_{g,v} = \dot{N}_{l,v} + \dot{N}_P ; \qquad (1.158)$$

Bilanz für die leichterflüchtige Komponente:

$$\dot{N}_{g,v}\, \tilde{y} = \dot{N}_{l,v}\, \tilde{x} + \dot{N}_P\, \tilde{x}_P . \qquad (1.159)$$

Hieraus folgt

$$\tilde{y} = \frac{\dot{N}_{l,v}}{\dot{N}_{l,v} + \dot{N}_P}\, \tilde{x} + \frac{\dot{N}_P\, \tilde{x}_P}{\dot{N}_{l,v} + \dot{N}_P} . \qquad (1.160)$$

Mit dem Rücklaufverhältnis

$$v = \frac{\dot{N}_R}{\dot{N}_P} = \frac{\dot{N}_{l,v}}{\dot{N}_P} \qquad (1.161)$$

ergibt sich daraus die Gleichung für die **Verstärkungslinie**

$$\tilde{y} = \frac{v}{v + 1}\, \tilde{x} + \frac{\tilde{x}_P}{v + 1} . \qquad (1.162)$$

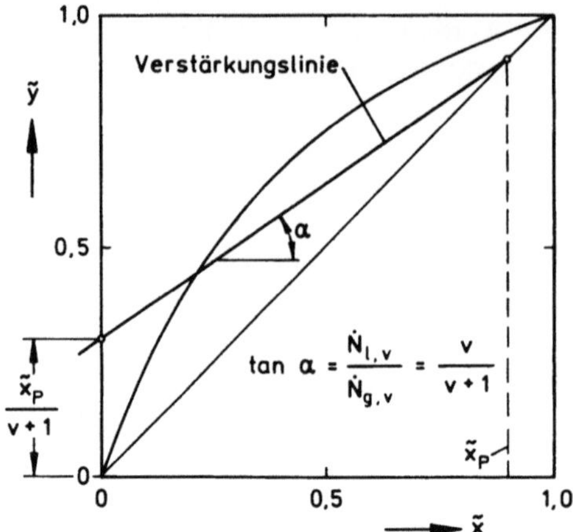

Abb. 1.41 Verstärkungslinie im Zusammensetzungsdiagramm

Diese Gleichung stellt im Zusammensetzungsdiagramm eine einzige Gerade dar, falls das Verhältnis $\dot{N}_{l,v}/\dot{N}_{g,v}$ auf jeder Stufe dasselbe ist (s. Abb. 1.41). Dies ist der Fall, wenn die

- molaren Verdampfungsenthalpien der einzelnen Komponenten gleich groß sind,
- Mischungsenthalpie vernachlässigbar ist und
- Kolonne adiabat arbeitet (keine Wärmeverluste).

Die Verstärkungslinie schneidet die Diagonale bei $\tilde{x} = \tilde{y} = \tilde{x}_P$ und hat die Steigung $\tan \alpha = \dot{N}_{l,v}/\dot{N}_{g,v} = v/(v+1)$. Für den Fall des vollständigen Rücklaufs, d. h. $N_P = 0$ bzw. $v \to \infty$ fällt sie mit der Diagonalen zusammen. Für $\tilde{x} = 0$ erhält man den Ordinatenabschnitt $\tilde{x}_P/(v+1)$. Auf der Verstärkungslinie liegen alle Wertepaare $\tilde{x}$, $\tilde{y}$, die man an den Schnittstellen der Kolonne zwischen den Stufen findet. Im Zusammensetzungsdiagramm stellen diese Wertepaare Ungleichgewichtszustände dar.

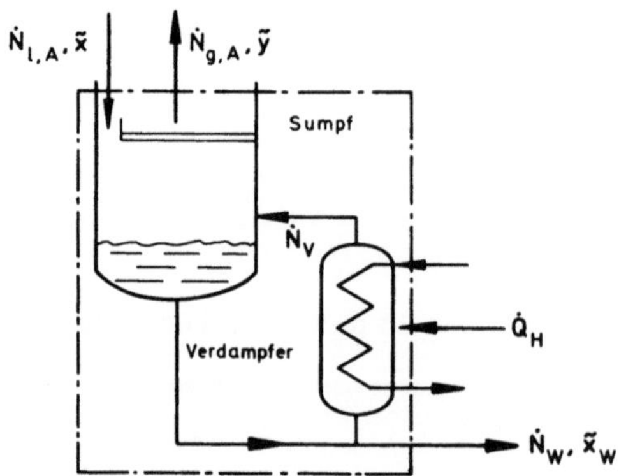

Abb. 1.42 Herleitung der Abtriebslinie

Die Abtriebslinie. Die Mengenbilanz für den Abtriebsteil der Kolonne bildet sich im Zusammensetzungsdiagramm in analoger Weise ab, wenn der Bilanzraum entsprechend der Abb. 1.42 gewählt wird.

Gesamtbilanz

$$\dot{N}_{g,A} = \dot{N}_{l,A} - \dot{N}_W;$$ (1.163)

Bilanz für die leichterflüchtige Komponente

$$\dot{N}_{g,A}\,\tilde{y} = \dot{N}_{l,A}\,\tilde{x} - \dot{N}_W\,\tilde{x}_W.$$ (1.164)

Aus Gl. (1.164) folgt die Gleichung für die **Abtriebslinie**

$$\boxed{\tilde{y} = \frac{\dot{N}_{l,A}}{\dot{N}_{g,A}}\,\tilde{x} - \frac{\dot{N}_W\,\tilde{x}_W}{\dot{N}_{g,A}}.}$$ (1.165)

Sie bildet sich als eine einzige Gerade ab, falls die Mengenströme auf jeder Stufe gleich sind. Sie schneidet die Diagonale im Punkt $\tilde{x} = \tilde{y} = \tilde{x}_W$ und hat die Steigung $\tan\beta = \dot{N}_{l,A}/\dot{N}_{g,A}$ (s. Abb. 1.43).

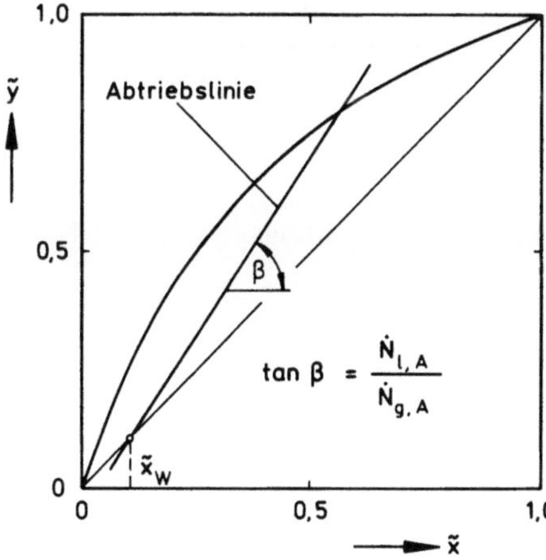

Abb. 1.43
Abtriebslinie im Zusammensetzungsdiagramm

Schnittpunkt von Verstärkungs- und Abtriebslinie. Die Verhältnisse $\dot{N}_l/\dot{N}_g$ im Verstärkungs- bzw. Abtriebsteil sind miteinander gekoppelt und vom thermischen Zustand des Zulaufs $\dot{N}_F$ abhängig. Der Zulauf kann beispielsweise als unterkühlte Flüssigkeit, als überhitzter Dampf oder dazwischenliegenden Zuständen der Kolonne zugeführt werden. Der thermische Zustand des Zulaufs wird durch den Faktor q beschrieben, der wie folgt definiert ist (s. Abb. 1.44)

$$\dot{N}_{l,A} = \dot{N}_{l,V} + q\,\dot{N}_F$$ (1.166)

$$\dot{N}_{g,V} = \dot{N}_{g,A} + (1-q)\,\dot{N}_F.$$ (1.167)

Hieraus folgt, daß q der Anteil des Zulaufs ist, der vom Zulaufboden als siedende Flüssigkeit abläuft. Demzufolge setzt sich der flüssige Rücklauf im Abtriebsteil $\dot{N}_{l,A}$ aus dem Rücklauf im Verstärkungsteil $\dot{N}_{l,V}$ und dem Anteil des Zulaufs zusammen, der vom Zulaufboden als siedende Flüssigkeit abläuft, nämlich $\dot{q}\,\dot{N}_F$ (s. Gl. (1.166)). Der Anteil des Zulaufs, der den Zulaufboden dampfförmig verläßt, nämlich $(1-q)\,\dot{N}_F$, wird dem vom Abtriebsteil aufsteigenden Dampfstrom $\dot{N}_{g,A}$ beigemischt (s. Gl. (1.167)). Die Enthalpiebilanz um den Zulaufboden liefert für den Faktor q

$$q = 1 + \frac{\tilde{h}_{F,S} - \tilde{h}_F}{\Delta \tilde{h}_V}. \tag{1.168}$$

Hierin ist $\tilde{h}_{F,S}$ die molare Enthalpie des Zulaufs bei Siedetemperatur. Kennt man den thermischen Zustand des Zulaufs, so läßt sich der Schnittpunkt von Verstärkungs- und Abtriebsgeraden ermitteln.

Hierzu gehen wir von der Bilanz für die leichterflüchtige Komponente um den Zulaufboden aus (s. Abb. 1.44)

$$\dot{N}_F\,\tilde{x}_F + \dot{N}_{l,V}\,\tilde{x}_{+1} + \dot{N}_{g,A}\,\tilde{y}_{-1} = \dot{N}_{l,A}\,\tilde{x}_0 + \dot{N}_{g,V}\,\tilde{y}_0. \tag{1.169}$$

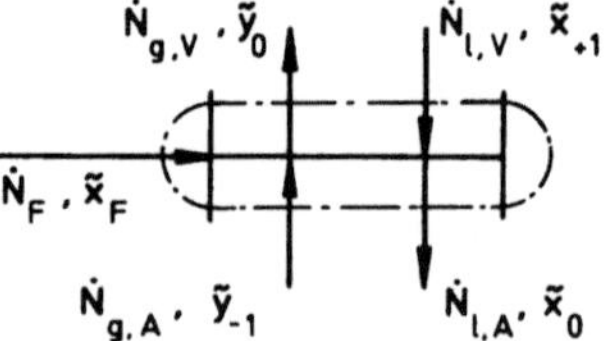

Abb. 1.44
Herleitung der Schnitt-
punktsgeraden

Für den Schnittpunkt zwischen Verstärkungs- und Abtriebsgerade muß gelten

$$\tilde{x}_0 = \tilde{x}_{+1} = \tilde{x}, \tag{1.170a}$$

$$\tilde{y}_{-1} = \tilde{y}_0 = \tilde{y}. \tag{1.170b}$$

Damit folgt aus Gl. (1.169)

$$\dot{N}_F\,\tilde{x}_F + (\dot{N}_{l,V} - \dot{N}_{l,A})\,\tilde{x} = (\dot{N}_{g,V} - \dot{N}_{g,A})\,\tilde{y} \tag{1.171}$$

oder mit den Gln. (1.166) und (1.167)

$$\dot{N}_F\,\tilde{x}_F - q\,\dot{N}_F\,\tilde{x} = (1-q)\,\dot{N}_F\,\tilde{y}. \tag{1.172}$$

Durch Auflösung nach $\tilde{y}$ erhält man

$$\boxed{\tilde{y} = \frac{q}{q-1}\,\tilde{x} - \frac{\tilde{x}_F}{q-1}.} \tag{1.173}$$

Dies ist die Gleichung der nach Kirschbaum eingeführten **Schnittpunktsgeraden.** Auf ihr liegt der Schnittpunkt zwischen Verstärkungs- und Abtriebslinie. Als Schnittpunkt mit der Diagonalen erhält man $\tilde{x} = \tilde{y} = \tilde{x}_F$. Setzen wir $\tilde{y} = 0$, so wird $\tilde{x} = \tilde{x}_F/q$. Ihre Steigung beträgt $q/(q-1)$, s. Abb. 1.45.

Der Verlauf der Schnittpunktsgeraden für unterschiedliche thermische Zustände des Zulaufs ist in Abb. 1.46 dargestellt.

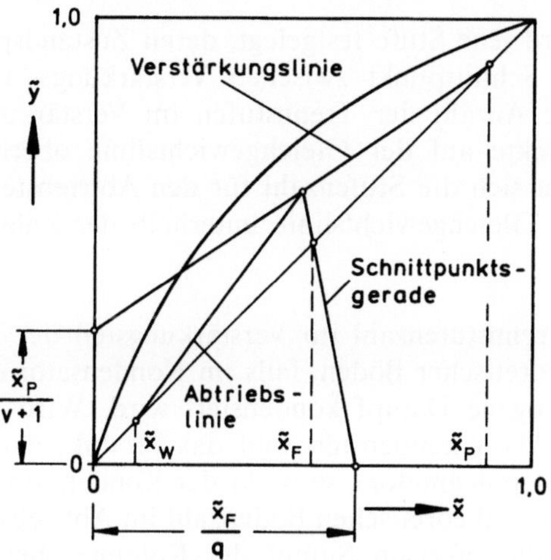

Abb. 1.45 Schnittpunktsgerade im Zusammensetzungsdiagramm

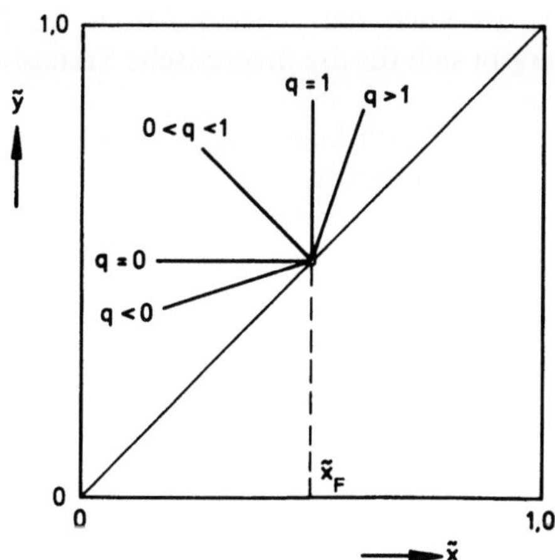

Abb. 1.46 Schnittpunktsgerade für verschiedene thermische Zustände des Zulaufs
      $q > 1$ unterkühlte Flüssigkeit
      $q = 1$ Flüssigkeit im Siedezustand
$1 < q < 0$ Naßdampf
      $q = 0$ Sattdampf
      $q < 0$ überhitzter Dampf

Die **theoretische Stufenzahl** kann nach McCabe-Thiele durch Einzeichnen eines Treppenzuges zwischen der Gleichgewichtslinie und den Bilanzlinien, beginnend bei $\tilde{x}_P$ und endend bei $\tilde{x}_W$, ermittelt werden (s. Abb. 1.47). Die Eckpunkte, die auf den Bilanzgeraden liegen, stellen die Zustandspunkte der aneinander vorbeiströmenden Dampf- bzw. Flüssigströme zwischen den einzelnen Stufen dar, während durch die Eckpunkte auf der Gleichgewichtslinie der Zusammenhang zwischen den Zusammensetzungen der die Stufe verlassenden Ströme wiedergegeben wird.

Als Zulaufstufe wird jene Stufe festgelegt, deren Zustandspunkt auf der Gleichgewichtslinie dem Schnittpunkt zwischen Verstärkungs- und Abtriebslinie am nächsten liegt. Die Anzahl der Trennstufen im Verstärkungsteil ist gleich der Anzahl der Eckpunkte auf der Gleichgewichtslinie oberhalb der Zulaufstufe. Entsprechend ergibt sich die Stufenzahl für den Abtriebsteil aus der Anzahl der Eckpunkte auf der Gleichgewichtslinie unterhalb der Zulaufstufe zuzüglich der Zulaufstufe.

Die theoretische Trennstufenzahl im Verstärkungsteil der Kolonne ist identisch mit der Anzahl theoretischer Böden, falls im Kondensator der gesamte am Kopf der Kolonne abgezogene Dampf kondensiert wird. Wird im Kondensator hingegen nur der Rücklauf kondensiert und das Produkt dampfförmig abgezogen (Teilkondensator, Dephlegmator), so wirkt der Kondensator wie eine Trennstufe. Bei der Ermittlung der theoretischen Bodenzahl im Abtriebsteil ist zu berücksichtigen, daß der Verdampfer am Sumpf der Kolonne ebenfalls eine Trennstufe darstellt.

Nimmt man an, daß bei dem in Abb. 1.47 dargestellten Rektifikationsvorgang sowohl der Produkt- als auch der Rücklaufstrom im Kondensator niedergeschlagen werden, so ergibt sich für die theoretische Trennstufenzahl

Verstärkungsteil	4
Abtriebsteil	5
gesamt	9

und für die theoretische Bodenzahl

Verstärkungsteil	4
Abtriebsteil	4
gesamt	8

Der Zulauf wird auf dem vierten Boden von unten zugegeben. Die entsprechende Kolonne hierzu ist in der Abb. 1.38 dargestellt.

Aus der Gleichung für die Verstärkungslinie (Gl. (1.162)) geht hervor, daß sie mit abnehmendem Rücklaufverhältnis flacher verläuft. Im Grenzfall gehen

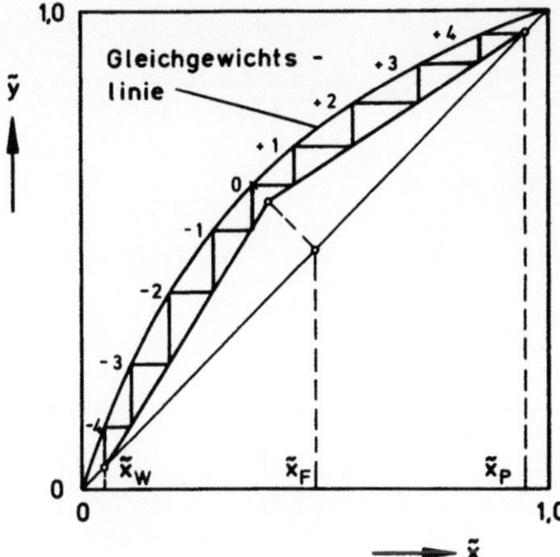

Abb. 1.47 Ermittlung der theoretischen Trennstufenzahl im Zusammensetzungsdiagramm

sowohl die Verstärkungs- als auch die Abtriebsgerade durch den Schnittpunkt S der Schnittpunktsgeraden mit der Gleichgewichtskurve (s. Abb. 1.48). In diesem Fall geht die erforderliche Stufenzahl gegen unendlich. Das zugehörige Rücklaufverhältnis wird **Mindestrücklaufverhältnis** v_{min} genannt.

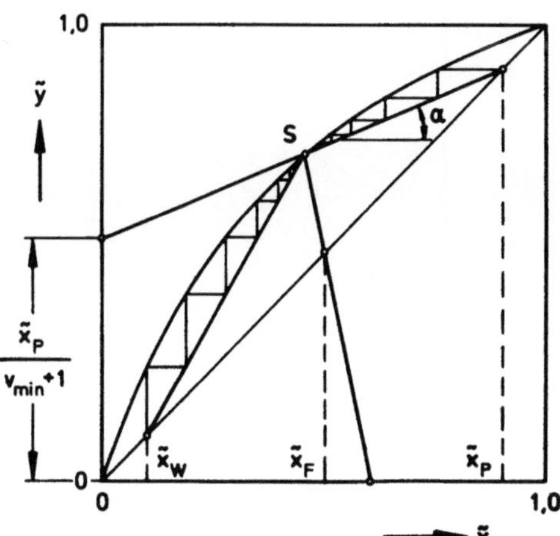

Abb. 1.48 Ermittlung des Mindestrücklaufverhältnisses

Läuft der Zulauf der Kolonne im Siedezustand zu, so gilt für das Mindestrücklaufverhältnis

$$\tan \alpha = \frac{v_{min}}{v_{min} + 1} = \frac{\tilde{x}_P - \tilde{y}^*\,(\tilde{x}_F)}{\tilde{x}_P - \tilde{x}_F} \tag{1.174}$$

oder umgeformt

$$v_{min} = \frac{\tilde{x}_P - \tilde{y}^* (\tilde{x}_F)}{\tilde{y}^* (\tilde{x}_F) - \tilde{x}_F}. \qquad (1.175)$$

Mit Hilfe des Verteilungsgesetzes

$$\tilde{y}^* (\tilde{x}_F) = \frac{\alpha_{12}\,\tilde{x}_F}{1 + (\alpha_{12} - 1)\,\tilde{x}_F} \qquad (1.176)$$

folgt daraus

$$v_{min} = \frac{1}{\alpha_{12} - 1} \left[\frac{\tilde{x}_P}{\tilde{x}_F} - \alpha_{12} \frac{1 - \tilde{x}_P}{1 - \tilde{x}_F} \right]. \qquad (1.177)$$

Diese Gleichung ist unter dem Namen **Underwood-Gleichung** bekannt.

Bei Gleichgewichtslinien mit Wendepunkt kann das Mindestrücklaufverhältnis auch dadurch festgelegt sein, daß eine der beiden Bilanzlinien die Gleichgewichtslinie in einem Punkt T berührt (s. Abb. 1.49).

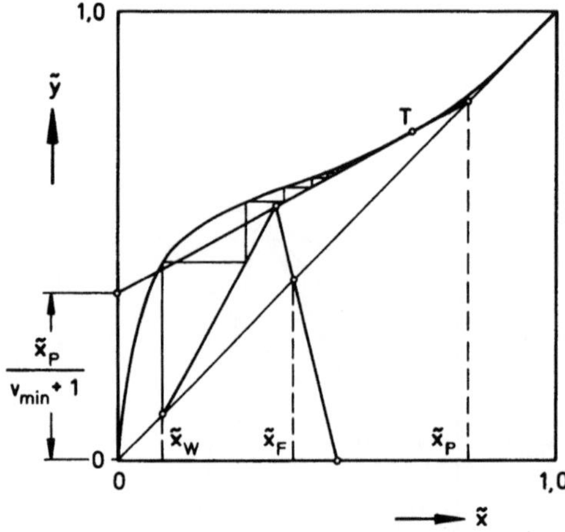

Abb. 1.49 Ermittlung des Mindestrücklaufverhältnisses, falls die Gleichgewichtslinie einen Wendepunkt hat

Ein weiterer Grenzfall ergibt sich, falls das Rücklaufverhältnis gegen unendlich geht **(totaler Rücklauf)**. Dies bedeutet, daß kein Produkt abgezogen wird. In diesem Fall fällt die Bilanzlinie mit der Diagrammdiagonalen zusammen. Die theoretische Trennstufenzahl für eine vorgegebene Trennaufgabe wird minimal (s. Abb. 1.50).

Ist die relative Flüchtigkeit α_{12} über die gesamte Kolonne konstant, so läßt sich

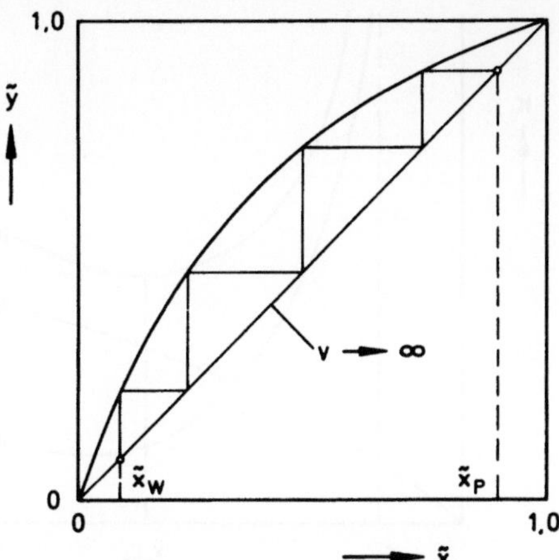

Abb. 1.50 Totaler Rücklauf, minimale theoretische Trennstufenzahl

die **minimale theoretische Trennstufenzahl** nach der Beziehung berechnen:

$$n_{\text{th, min}} = \frac{\ln\left[\dfrac{\tilde{x}_P}{1 - \tilde{x}_P} \dfrac{1 - \tilde{x}_W}{\tilde{x}_W}\right]}{\ln \alpha_{12}}. \tag{1.178}$$

Diese Gleichung ist auch unter dem Namen **Fenske-Gleichung** bekannt. Sie gestattet auch die Berechnung der maximalen Anreicherung in einer Kolonne mit n theoretischen Trennstufen bei totalem Rücklauf.

Optimales Rücklaufverhältnis. Der Arbeitsbereich bei der Rektifikation liegt zwischen den beiden beschriebenen Grenzfällen für das Rücklaufverhältnis. Welches Rücklaufverhältnis tatsächlich eingestellt wird, richtet sich nach wirtschaftlichen Gesichtspunkten. Bei minimalem Rücklaufverhältnis geht die erforderliche Trennstufenzahl für eine gegebene Trennaufgabe gegen unendlich. Dies bedeutet, daß die Investitionskosten K_J über alle Maßen anwachsen, da die Bodenzahl unendlich groß wird. Im Gegensatz hierzu sind bei minimalem Rücklaufverhältnis der auf den Produktstrom bezogene Wärmebedarf und damit die Betriebskosten K_B der Kolonne am kleinsten, wie man aus den Gln. (1.156) und (1.157) ersieht.

Mit zunehmendem Rücklaufverhältnis nehmen die Investitionskosten ab, da die erforderliche Stufenzahl kleiner wird. Die auf den Produktstrom bezogenen Betriebskosten nehmen hingegen zu, da immer weniger Produkt entnommen wird. Die Abhängigkeit der Investitions- und Betriebskosten vom Rücklaufverhältnis ist in der Abb. 1.51 wiedergegeben. Die Gesamtkosten ergeben sich aus der Summe von Investitions- und Betriebskosten:

$$K_{\text{ges}} = K_J + K_B.$$

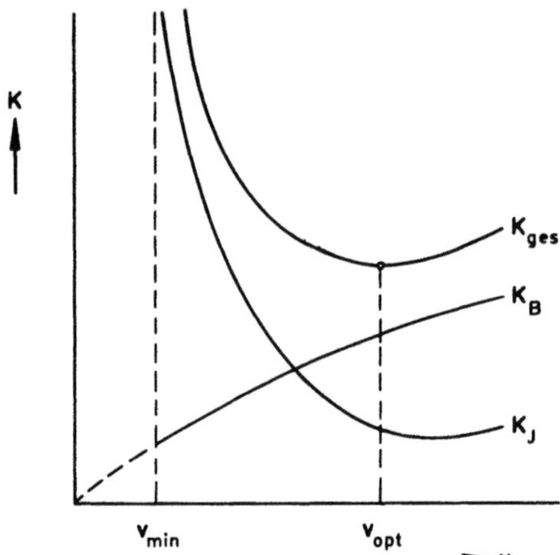

Abb. 1.51 Bestimmung des optimalen Rücklaufverhältnisses

Wie man aus der Abb. 1.51 ersieht, werden die Gesamtkosten für ein bestimmtes Rücklaufverhältnis, dem **optimalen Rücklaufverhältnis** v_{opt}, minimal. In der Praxis liegt dieses Rücklaufverhältnis meist zwischen dem 1,05- bis 2fachen des Mindestrücklaufverhältnisses.

Beispiel 1.15. Darstellung der Rektifikation eines binären Gemisches im Zusammensetzungsdiagramm

In einer kontinuierlich arbeitenden Bodenkolonne wird das Flüssigkeitsgemisch Benzol(1)-Toluol(2) bei Atmosphärendruck zerlegt. Der Zulaufstrom wird mit einem Benzolmolanteil von $\tilde{x}_F = 0{,}40$ im Siedezustand eingespeist. Die Produkteinheit soll $\tilde{x}_P = 0{,}96$ betragen und im Rückstand werden 98 mol% Toluol gefordert. Das Gemisch Benzol-Toluol verhält sich nahezu ideal; der thermodynamische Trennfaktor beträgt 2,42.

a) Wie groß ist das Mindestrücklaufverhältnis v_{min}?
b) Wieviel theoretische Trennstufen werden benötigt, falls die Kolonne mit einem Rücklaufverhältnis von $v = 2{,}5\, v_{min}$ betrieben wird?

Ergebnis

a) **Mindestrücklaufverhältnis** v_{min}. Da der Trennfaktor gegeben ist, kann die Gleichgewichtslinie mit Hilfe der Gleichung

$$\tilde{y} = \frac{\alpha_{12}\, \tilde{x}_1}{1 + (\alpha_{12} - 1)\, \tilde{x}_1}$$

berechnet werden. Da der Zulauf im Siedezustand der Kolonne zugeführt wird, verläuft die Schnittpunktgerade senkrecht. Verbindet man den Schnittpunkt S der Schnittpunktgeraden mit der Gleichgewichtslinie mit dem Punkt

$\tilde{x} = \tilde{y} = \tilde{x}_P$, so ergibt sich aus dem Ordinatenabschnitt dieser Geraden

$$\frac{\tilde{x}_P}{v_{min} + 1} = 0{,}372$$

das Mindestrücklaufverhältnis zu

$$v_{min} = \mathbf{1{,}58}\,.$$

b) **Ermittlung der theoretischen Trennstufenzahl.** Gemäß Aufgabenstellung wird die Kolonne mit einem Rücklaufverhältnis von

$$v = 2{,}5\, v_{min} = 3{,}95$$

betrieben. Durch Einzeichnen der Betriebslinien für Verstärkungs- und Abtriebsteil und Durchführen der Stufenkonstruktion im Zusammensetzungsdiagramm erhält man für die theoretische Trennstufenzahl

$$n_{th} = \mathbf{11}\,.$$

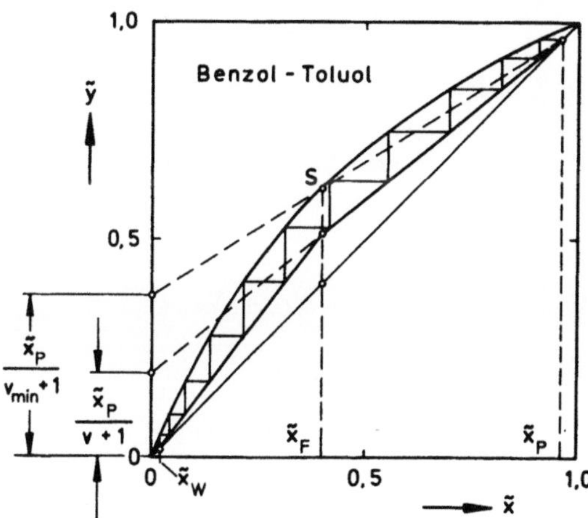

Abb. 1.52 Darstellung der Rektifikation eines Benzol-Toluol-Gemisches im Zusammensetzungsdiagramm

Die Darstellung des Rektifikationsvorganges im Zusammensetzungsdiagramm ist dann vorteilhaft, wenn die Mengenströme im Verstärkungs- und Abtriebsteil jeweils konstant sind. Dies setzt u.a. voraus, daß die molaren Verdampfungsenthalpien beider Komponenten gleich sind. Ist diese Voraussetzung nicht erfüllt, so ist die **Darstellung des Rektifikationsvorganges im Enthalpie-Zusammensetzungsdiagramm** vorzuziehen. In ihm bilden sich sowohl die Mengen- als auch die Energiebilanzen als Geraden ab.

Die Gleichung der **Bilanzlinie für den Verstärkungsteil** der Kolonne ergibt sich aus der Bilanz um den Kopf der Kolonne (s. Abb. 1.53). Hierzu wollen wir annehmen, daß von dem am Kopf der Kolonne abgezogenen Dampf im Rücklaufkondensator nur der Rücklauf kondensiert wird. Bei dieser Teilkondensation reichert sich die schwererflüchtige Komponente im flüssigen Rücklauf und die leichterflüchtige Komponente im dampfförmigen Produkt an. Im Idealfall wirkt der Rücklaufkondensator wie eine theoretische Trennstufe. Das Produkt verläßt den Rücklaufkondensator dampfförmig und wird im nachgeschalteten Produktkondensator niedergeschlagen. Diese Schaltung wird auch Dephlegmatorschaltung genannt.

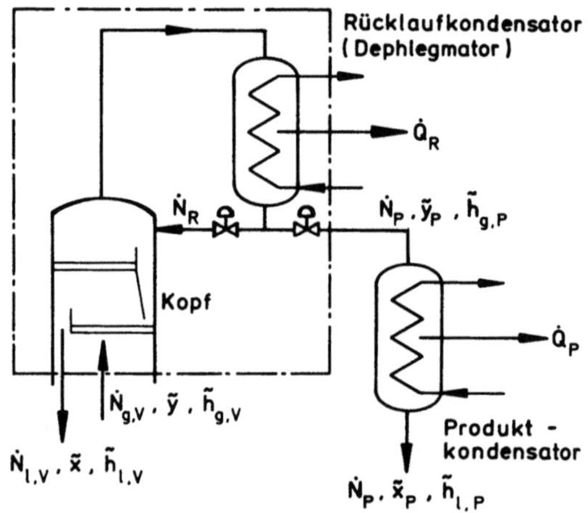

Abb. 1.53 Herleitung der Bilanzlinie für den Verstärkungsteil

Gesamtbilanz

$$\dot{N}_{g,V} = \dot{N}_{l,V} + \dot{N}_P ; \qquad (1.179)$$

Bilanz für die leichterflüchtige Komponente

$$\dot{N}_{g,V}\, \tilde{y} = \dot{N}_{l,V}\, \tilde{x} + \dot{N}_P\, \tilde{y}_P ; \qquad (1.180)$$

Energiebilanz

$$\dot{N}_{g,V}\, \tilde{h}_{g,V} = \dot{N}_{l,V}\, \tilde{h}_{l,V} + \dot{N}_P\, \tilde{h}_{g,P} + \dot{Q}_R . \qquad (1.181)$$

Setzt man die Gl. (1.179) in die Gln. (1.180) und (1.181) ein, so ergibt sich

$$\dot{N}_{l,V}\, (\tilde{y} - \tilde{x}) = \dot{N}_P\, (\tilde{y}_P - \tilde{y}) , \qquad (1.182)$$

$$\dot{N}_{l,V}\, (\tilde{h}_{g,V} - \tilde{h}_{l,V}) = \dot{N}_P \left(\tilde{h}_{g,P} - \tilde{h}_{g,V} + \frac{\dot{Q}_R}{\dot{N}_P} \right) . \qquad (1.183)$$

Hieraus folgt mit der spezifischen Rücklaufwärme

$$q_R = \frac{\dot{Q}_R}{\dot{N}_P} , \qquad (1.184)$$

die die pro kg Destillat abzuführende Kondensationsenthalpie zur Erzeugung
des Rücklaufs darstellt

$$\frac{\tilde{y} - \tilde{x}}{\tilde{h}_{g,V} - \tilde{h}_{l,V}} = \frac{\tilde{y}_P - \tilde{y}}{(\tilde{h}_{g,P} + q_R) - \tilde{h}_{g,V}} \cdot \qquad (1.185)$$

Diese Gleichung besagt, daß der Zustandspunkt der Flüssigkeit $L_V(\tilde{x}, \tilde{h}_{l,V})$ und
der Zustandspunkt des Dampfes $G_V(\tilde{y}, \tilde{h}_{g,V})$ eines beliebigen Querschnittes im
Verstärkungsteil sowie der Punkt $P_V(\tilde{y}_P, \tilde{h}_{g,P} + q_R)$, den man den Polpunkt der
Verstärkungskolonne nennt, auf einer Geraden liegen (s. Abb. 1.54). Diese
Gerade wird auch **Querschnittsgerade des Verstärkungsteils** genannt.

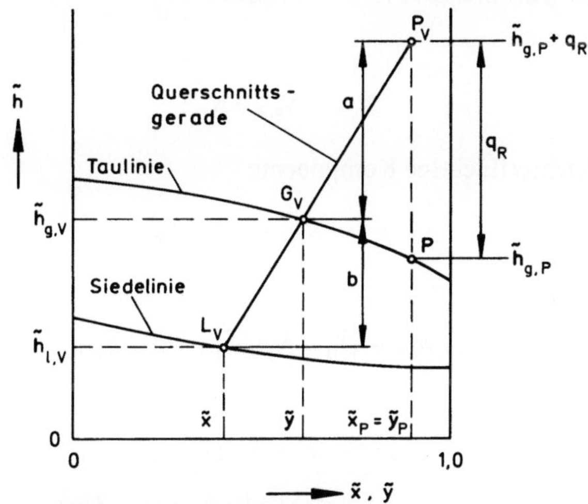

Abb. 1.54 Querschnittsgerade für den Verstärkungsteil

Für das **Rücklaufverhältnis** v in einem beliebigen Querschnitt des Verstärkungsteils erhält man aus der Gl. (1.183)

$$v = \frac{\dot{N}_{l,V}}{\dot{N}_P} = \frac{(\tilde{h}_{g,P} + q_R) - \tilde{h}_{g,V}}{\tilde{h}_{g,V} - \tilde{h}_{l,V}} = \frac{a}{b} \cdot \qquad (1.186)$$

Mit der Lage der Querschnittsgeraden ändert sich das Verhältnis a/b (s. Abb.
1.54). Daher ist das Rücklaufverhältnis entlang der Höhe des Verstärkungsteils
nicht konstant. Das Rücklaufverhältnis am Kopf der Kolonne, das üblicherweise
angegeben wird, erhält man, wenn die Querschnittsgerade mit der Geraden $\tilde{x}_P =$
const zusammenfällt.

Analog zum Verstärkungsteil erhält man die **Bilanzlinie für den Abtriebsteil** aus
den Mengen- und der Energiebilanz um den Sumpf der Kolonne (s. Abb. 1.55).

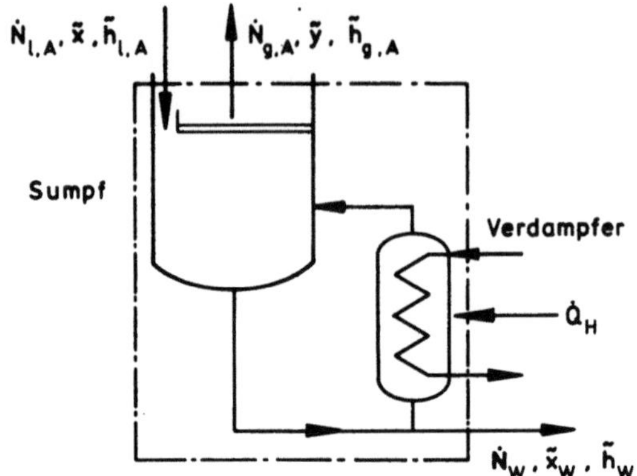

Abb. 1.55 Herleitung der Bilanzlinie für den Abtriebsteil

Gesamtbilanz

$$\dot{N}_{l,A} = \dot{N}_{g,A} + \dot{N}_W ; \qquad (1.187)$$

Bilanz für die leichterflüchtige Komponente

$$\dot{N}_{l,A}\,\tilde{x} = \dot{N}_{g,A}\,\tilde{y} + \dot{N}_W\,\tilde{x}_W ; \qquad (1.188)$$

Energiebilanz

$$\dot{N}_{l,A}\,\bar{h}_{l,A} + \dot{Q}_H = \dot{N}_{g,A}\,\bar{h}_{g,A} + \dot{N}_W\,\bar{h}_W . \qquad (1.189)$$

Hieraus folgt

$$\dot{N}_{g,A}\,(\tilde{y} - \tilde{x}) = \dot{N}_W\,(\tilde{x} - \tilde{x}_W) \qquad (1.190)$$

$$\dot{N}_{g,A}\,(\bar{h}_{g,A} - \bar{h}_{l,A}) = \dot{N}_W\left(\bar{h}_{l,A} - \bar{h}_W + \frac{\dot{Q}_H}{\dot{N}_W}\right). \qquad (1.191)$$

Führt man noch die spezifische Heizwärme

$$q_H = \frac{\dot{Q}_H}{\dot{N}_W} \qquad (1.192)$$

ein, die die pro kg Rückstand zuzuführende Heizenergie darstellt, so ergibt sich

$$\boxed{\frac{\tilde{y} - \tilde{x}}{\bar{h}_{g,A} - \bar{h}_{l,A}} = \frac{\tilde{x} - \tilde{x}_W}{\bar{h}_{l,A} - (\bar{h}_W - q_H)}} . \qquad (1.193)$$

Diese Gleichung besagt, daß der Zustandspunkt des Dampfes $G_A(\tilde{y}, \bar{h}_{g,A})$ und der Zustandspunkt der Flüssigkeit $L_A(\tilde{x}, \bar{h}_{l,A})$ eines beliebigen Querschnittes im Abtriebsteil sowie der Punkt $P_A(\tilde{x}_W, \bar{h}_W - q_H)$, den man den Polpunkt der Abtriebskolonne nennt, auf einer Geraden liegen (s. Abb. 1.56). Diese Gerade wird auch **Querschnittsgerade des Abtriebsteiles** genannt.

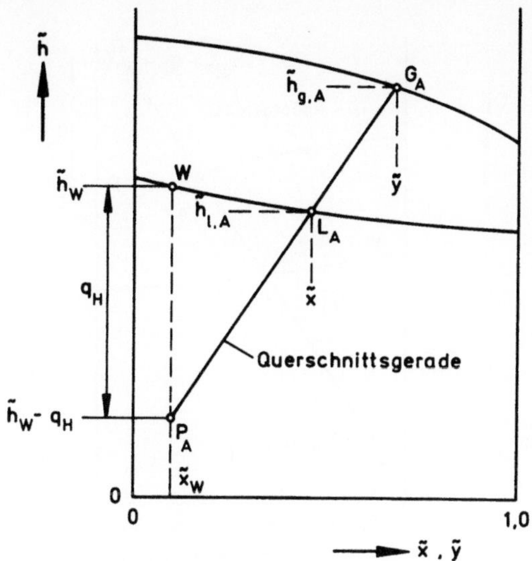

Abb. 1.56 Querschnittsgerade für den Abtriebsteil

Die Hauptgerade. Fügt man den Verstärkungs- und Abtriebsteil zusammen, so erhält man eine Kolonne mit dem Zulauf in der Mitte (s. Abb. 1.38). Aus den Bilanzgleichungen

$$\dot{N}_F = \dot{N}_P + \dot{N}_W, \tag{1.194}$$

$$\dot{N}_F \, \tilde{x}_F = \dot{N}_P \, \tilde{y}_P + \dot{N}_W \, \tilde{x}_W, \tag{1.195}$$

$$\dot{N}_F \, \tilde{h}_F + \dot{Q}_H = \dot{N}_P \, \tilde{h}_P + \dot{N}_W \, \tilde{h}_W + \dot{Q}_R, \tag{1.196}$$

folgt der Zusammenhang

$$\boxed{\frac{\tilde{y}_P - \tilde{x}_F}{(\tilde{h}_{g,P} + q_R) - \tilde{h}_F} = \frac{\tilde{x}_F - \tilde{x}_W}{\tilde{h}_F - (\tilde{h}_W - q_H)}.} \tag{1.197}$$

Diese Gleichung besagt, daß der Polpunkt P_V des Verstärkungsteils, der Polpunkt P_A des Abtriebsteils und der Zustandspunkt F des Zulaufs auf einer Geraden liegen. Diese Gerade nennt man **Hauptgerade** (s. Abb. 1.57).

Die **theoretische Trennstufenzahl** kann nach dem Verfahren von Ponchon und Savarit durch Einzeichnen der Stufenbilanzlinie zwischen der Siede- und Taulinie, beginnend bei $\tilde{x}_P$ und ended bei $\tilde{x}_W$, ermittelt werden (s. Abb. 1.58). Die Zustandspunkte des Dampfes liegen hierbei auf der Taulinie und die der Flüssigkeit auf der Siedelinie. Die auf einer Querschnittsgeraden liegenden Punkte stellen die Zustandspunkte der aneinander vorbeiströmenden Dampf- bzw. Flüssigkeitsströme zwischen den einzelnen Stufen dar, während durch die Endpunkte der Isothermen die Zustände der die Stufe verlassenden Ströme wiedergegeben werden.

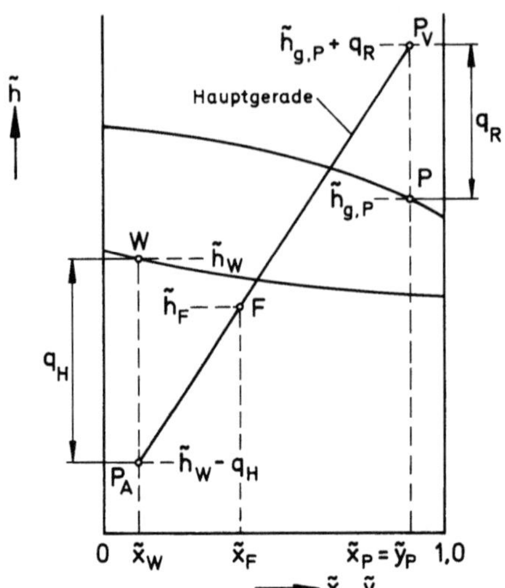

Abb. 1.57
Hauptgerade im Enthalpie-Zusammensetzungsdiagramm

Die Trennstufenzahl im Verstärkungsteil ist gleich der Anzahl der Isothermen rechts der Hauptgeraden. Die Trennstufenzahl für den Abtriebsteil ergibt sich aus der Anzahl der Isothermen links der Hauptgeraden zuzüglich der Isothermen, die durch die Hauptgerade geschnitten wird (Zulaufstufe).

Die theoretische Trennstufenzahl im Verstärkungsteil ist identisch mit der Anzahl theoretischer Böden, falls im Kondensator sowohl der Rücklauf als auch das Produkt kondensiert werden. Dieser Fall ist in Abb. 1.58 dargestellt. Der Zustandspunkt des Produkts P liegt dann auf der Siedelinie. Wird im Kondensator hingegen nur der Rücklauf kondensiert und das Produkt dampfförmig abgezogen (Teilkondensator, Dephlegmator), so wirkt der Kondensator wie eine Trennstufe. P liegt in diesem Fall auf der Taulinie (s. Abb. 1.57). Bei der Ermittlung der theoretischen Bodenzahl im Abtriebsteil ist zu berücksichtigen, daß der Verdampfer am Sumpf der Kolonne ebenfalls eine Trennstufe darstellt. Die entsprechende Kolonne zu dem in Abb. 1.58 dargestellten Rektifikationsvorgang ist in der Abb. 1.38 abgebildet.

Aus der Abb. 1.58 ersieht man, daß eine Anreicherung der leichterflüchtigen Komponente zum Kopf der Kolonne hin nur möglich ist, wenn die Querschnittsgeraden sowohl im Abtriebs- und Verstärkungsteil steiler als die zugehörigen Isothermen verlaufen. Verkleinert man das Rücklaufverhältnis, so schmiegen sich die Querschnittsgeraden mehr und mehr an die Isothermen an, was zur Folge hat, daß die erforderliche Anzahl theoretischer Trennstufen für eine vorgegebene Trennaufgabe zunimmt. Im Grenzfall fällt eine Querschnittsgerade mit einer Isothermen zusammen und die Stufenzahl wird unendlich (s. Abb. 1.59). Das zugehörige Rücklaufverhältnis ist das **Mindestrücklaufverhältnis** v_{min}.

Zur Ermittlung des Mindestrücklaufverhältnisses bringt man die Isothermen

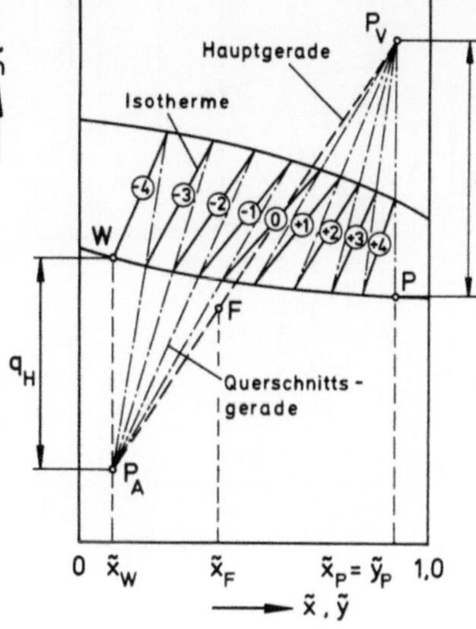

Abb. 1.58
Ermittlung der theoretischen Stufenzahl im Enthalpie-Zusammensetzungsdiagramm

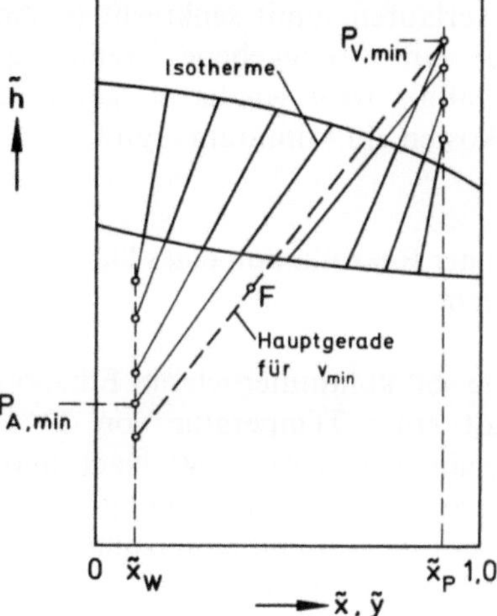

Abb. 1.59
Ermittlung des Mindestrücklaufverhältnisses im Enthalpie-Zusammensetzungsdiagramm

rechts und links vom Zustandspunkt des Zulaufs F mit der Vertikalen $\tilde{x}_p$ bzw. $\tilde{x}_W = \text{const}$ zum Schnitt. Der höchste auf $\tilde{x}_P$ liegende Punkt liefert das Mindestrücklaufverhältnis im Verstärkungsteil und entsprechend der tiefste auf $\tilde{x}_W$ das im Abtriebsteil. Derjenige der beiden Punkte $P_{V,min}$ und $P_{A,min}$, der die steilere Hauptgerade ergibt, bestimmt das Mindestrücklaufverhältnis der gesamten Kolonne. Für diesen Fall wird nämlich die erforderliche Trennstufenzahl unendlich groß.

Bei **totalem Rücklauf** (Mindeststufenzahl) wird der gesamte am Kopf der Kolonne abgezogene Dampf im Rücklaufkondensator niedergeschlagen und der Kolonne als Rücklauf zugeführt. In diesem Fall ist der Produktstrom gleich null

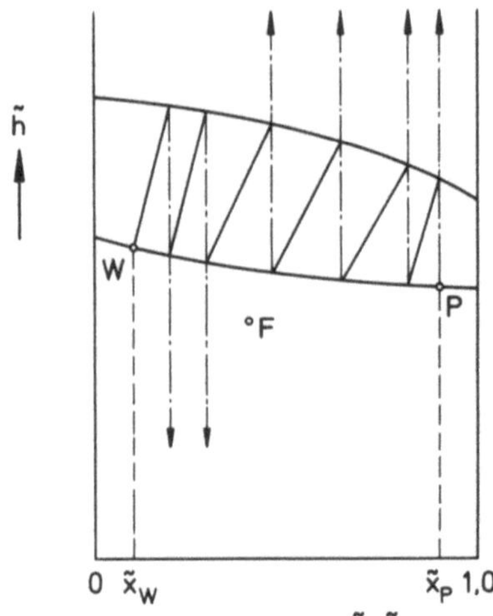

Abb. 1.60
Totaler Rücklauf,
minimale Trennstufen-
zahl im Enthalpie-
Zusammensetzungs-
diagramm

und damit geht $q_R = \dot{Q}_R/\dot{N}_P$ gegen unendlich. Der Pol P liegt im Unendlichen und die Querschnittsgeraden verlaufen somit senkrecht (s. Abb. 1.60). Die erforderliche Trennstufenzahl für eine vorgegebene Trennaufgabe ist minimal. Das tatsächliche Rücklaufverhältnis wird wieder so gewählt, daß die Summe aus Investitions- und Betriebskosten ein Minimum ergibt.

Beispiel 1.16. Darstellung der Rektifikation eines binären Gemisches im Enthalpie-Zusammensetzungsdiagramm

In einer Rektifizierkolonne soll kontinuierlich ein Ethanol(1)-Wasser(2)-Gemisch getrennt werden. Das mit einer Temperatur von 20 °C zulaufende Gemisch besitzt eine Ethanolmassenanteil von $x_F = 0{,}40$. Nach partieller Kondensation im Rücklaufkondensator oberhalb des Kolonnenkopfes sollen stündlich 2000 kg trockengesättigter Dampf mit der Zusammensetzung $y_P = 0{,}90$ abgezogen werden. Dieser Produktstrom wird im nachgeschalteten Produktkondensator niedergeschlagen (Dephlegmatorschaltung, s. Abb. 1.53).

Für die Auslegung der Kolonne sind zu ermitteln

a) Der Zulaufstrom $\dot{M}_F$, wenn 99% des eingesetzten Ethanols als Produkt gewonnen werden soll;
b) der Rückstandsstrom $\dot{M}_W$ und seine Zusammensetzung x_W;
c) das Mindestrücklaufverhältnis v_{min};
d) die theoretische Trennstufenzahl und die theoretische Bodenzahl für $v = 2{,}5\,v_{min}$;
e) die Lage der Zulaufstelle;
f) die im Rücklaufkondensator abzuführende Wärme $\dot{Q}_R$ und die im Verdampfer zuzuführende Wärme $\dot{Q}_V$.

Ergebnis

a) Der **Zulaufstrom** $\dot{M}_F$ ergibt sich aus der Bedingung, daß 99% des eingesetzten Alkohols in den Produktstrom übergehen sollen

$$0{,}99 \, \dot{M}_F \, x_F = \dot{M}_P \, y_P \,.$$

Daraus folgt

$$\dot{M}_F = \frac{\dot{M}_P \, y_P}{0{,}99 \, x_F} = \textbf{4545,5 kg/h}\,.$$

b) Aus der Massenbilanz um die gesamte Kolonne (Gl. (1.37)) folgt für den **Rückstandsstrom** $\dot{M}_W$

$$\dot{M}_W = \dot{M}_F - \dot{M}_P = \textbf{2545,5 kg/h}\,.$$

Die **Zusammensetzung des Rückstandstromes** x_W ergibt sich aus der Komponentenbilanz (Gl. (1.149))

$$x_W = \frac{\dot{M}_F \, x_F - \dot{M}_P \, y_P}{\dot{M}_W} = \textbf{0,0071}\,.$$

c) Das **Mindestrücklaufverhältnis** $v_{\min}$ wird nach dem in Abschn. 1.5.2 beschriebenen Verfahren ermittelt (s. Abb. 1.59). Die für das Mindestrücklaufverhältnis maßgebende Naßdampfisotherme ist diejenige, die durch den Zustandspunkt des Zulaufs F geht. Für das auf den Kopf der Kolonne bezogene Mindestrücklaufverhältnis ergibt sich aus dem Enthalpie-Zusammensetzungsdiagramm

$$v_{\min} = \frac{a_{\min}}{b} = \textbf{0,87}\,.$$

d) **Theoretische Trennstufen- und Bodenzahl für** $v = \textbf{2,5} \, v_{\min}$. Das Rücklaufverhältnis der Kolonne ist gleich

$$v = 2{,}5 \, v_{\min} = 2{,}175\,.$$

Hiermit ergibt sich die Strecke

$$a = v \, b$$

und damit die Lage des Polpunktes des Verstärkungsteils P_V. Durch Verbindung dieses Punktes mit dem Zustandspunkt des Zulaufs F erhält man die Hauptgerade. Die theoretische Trennstufenzahl wird mittels der Stufenkonstruktion zwischen Siede- und Taulinie beginnend bei x_P ermittelt. Für die gestellte Trennaufgabe ergibt sich

$$n_{\mathrm{th}} = \textbf{7}\,.$$

Da sowohl der Verdampfer als auch der Rücklaufkondensator eine Trennstufe darstellen, entspricht dies einer theoretischen Bodenzahl von 5.

e) **Lage der Zulaufstelle.** Der Zulauf läuft auf dem zweiten Boden von unten zu.

f) **Ermittlung der im Rücklaufkondensator abzuführenden und im Verdampfer zuzuführenden Wärmemenge.** Die spezifische Rücklaufwärme q_R und die spezifische Heizwärme q_H können aus dem Enthalpie-Zusammensetzungsdiagramm entnommen werden. Da der Produkt- und Rückstandsstrom bekannt sind, ergeben sich die erforderlichen Wärmeströme zu

$$\dot{Q}_R = q_R \cdot M_P = 1130\ \text{kW}\,,$$

$$\dot{Q}_H = q_H \cdot \dot{M}_W = 2120\ \text{kW}\,.$$

Der Stufenwirkungsgrad. Bei der Darstellung des Rektifikationsvorganges im Zusammensetzungs- bzw. Enthalpie-Zusammensetzungsdiagramm wurde angenommen, daß der von einer Stufe aufsteigende Dampf und die von ihr abfließende Flüssigkeit miteinander im Gleichgewicht stehen. Ist dies der Fall, so spricht man

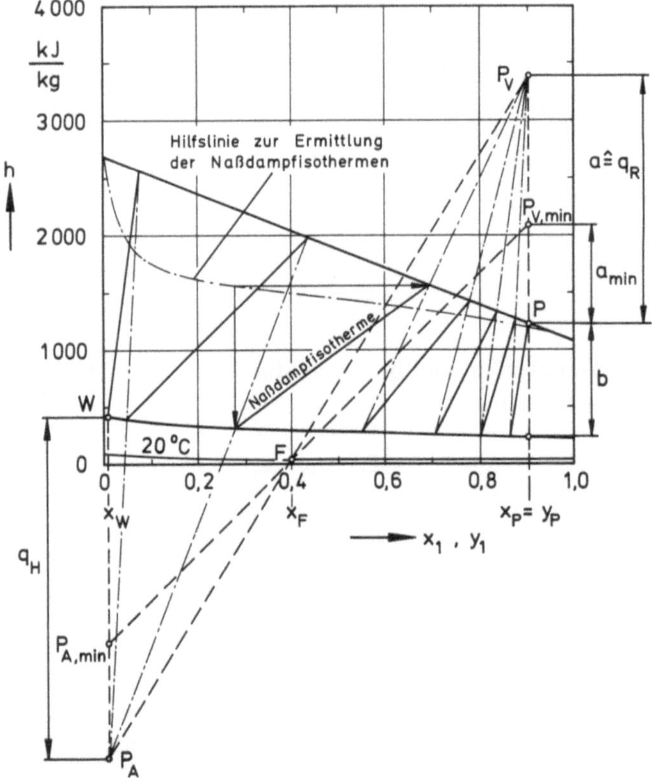

Abb. 1.61 Darstellung der Rektifikation eines Ethanol-Wasser-Gemisches im Enthalpie-Zusammensetzungsdiagramm

von einer theoretischen Trennstufe. In Wirklichkeit wird das thermodynamische Gleichgewicht im allgemeinen nicht erreicht. Die Ursachen hierfür sind

– die endliche Kontaktzeit zwischen den beiden Phasen reicht nicht aus für die vollständige Einstellung des Gleichgewichtes
– vom Dampf werden Flüssigkeitströpfchen mitgerissen
– die Flüssigkeit und der Dampf sind auf dem Boden nicht vollständig durchmischt.

Durch die beiden ersten Effekte wird die Trennwirkung verschlechtert. Durch die unvollständige Mischung kann die Trennwirkung sowohl verschlechtert als auch verbessert werden.

Die Abweichung vom thermodynamischen Gleichgewicht wird durch Einführung des Stufenwirkungsgrades, auch Murphree-Wirkungsgrad genannt, berücksichtigt. Er wird je nach Zweckmäßigkeit auf die Dampf- oder die Flüssigkeitszusammensetzung bezogen. Bezieht man ihn auf die Dampfzusammensetzung, so lautet die Definitionsgleichung

$$E_{\mathrm{M},\lambda} = \frac{\tilde{y}_\lambda - \tilde{y}_{\lambda-1}}{\tilde{y}_\lambda^* - \tilde{y}_{\lambda-1}} \cdot \tag{1.198}$$

Aus der Abb. 1.62 ersieht man, daß der Stufenwirkungsgrad gleich dem Verhältnis von tatsächlicher Anreicherung der leichterflüchtigen Komponente im Dampf zur Anreicherung in einer theoretischen Trennstufe bei festgehaltener Zusammensetzung der Flüssigkeit $\tilde{x}_\lambda$ ist.

Die Stufenwirkungsgrade bei der Rektifikation liegen meist zwischen 0,6 und 0,8. Bei sehr guten Konstruktionen und optimalen Betriebsbedingungen werden Wirkungsgrade von 0,8 bis 1 erreicht.

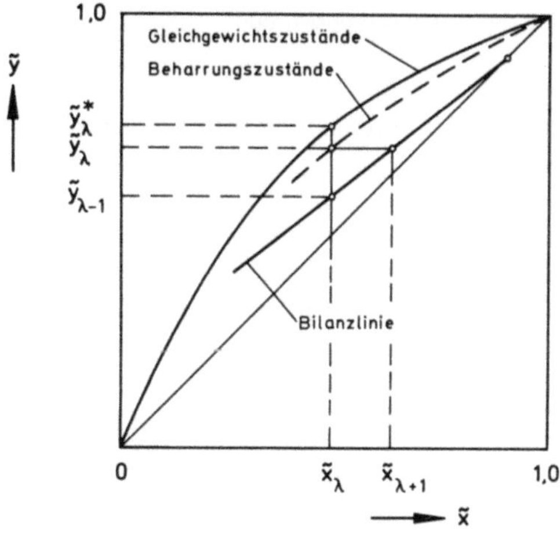

Abb. 1.62 Zur Definition des Stufenwirkungsgrades

Bei der Ermittlung der tatsächlichen Trennstufenzahl geht man so vor, daß man die Gleichgewichtszustände mit Hilfe des Stufenwirkungsgrades in Beharrungszustände umrechnet. Die Beharrungszustände ergeben sich dadurch, daß man die senkrechten Abstände zwischen Bilanzlinie und Gleichgewichtslinie entsprechend dem Stufenwirkungsgrad reduziert. Verbindet man diese Punkte, so erhält man die sogenannte „Beharrungslinie". Die tatsächliche Stufenzahl ergibt sich dann aus der Stufenkonstruktion zwischen der Bilanzlinie und der Beharrungslinie (s. Abb. 1.62).

Die Berücksichtigung der Abweichung der eine Stufe verlassenden Ströme vom thermodynamischen Gleichgewicht erfolgt im Enthalpie-Zusammensetzungsdiagramm in analoger Weise (s. Abb. 1.63). Der Stufenwirkungsgrad in Abb. 1.63 ist wiederum auf die Dampfzusammensetzung bezogen, wobei die Zusammensetzung der Flüssigkeit $\tilde{x}_\lambda$ festgehalten wird.

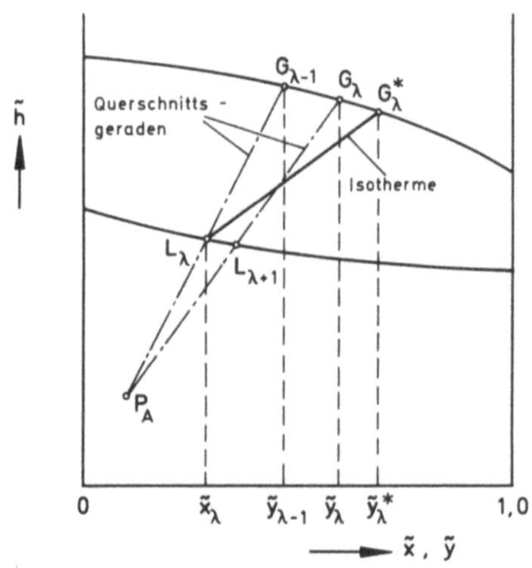

Abb. 1.63 Zur Definition des Stufenwirkungsgrades

Beispiel 1.17. Ermittlung der Trennstufenzahl einer Kolonne unter Berücksichtigung des Stufenwirkungsgrades

Für die in Beispiel 1.15 gestellte Trennaufgabe ist die Trennstufenzahl der Kolonne unter Berücksichtigung des Stufenwirkungsgrades von 0,60 zu ermitteln. Die Kolonne soll bei einem Rücklaufverhältnis von $v = 2{,}5\, v_{min} = 3{,}95$ betrieben werden.

Die Ermittlung der Stufenzahl ist in Abb. 1.64 dargestellt. Man erhält

$$n = 18\,.$$

Neben dem Stufenwirkungsgrad wird in der Praxis auch der **Kolonnenwirkungs-**

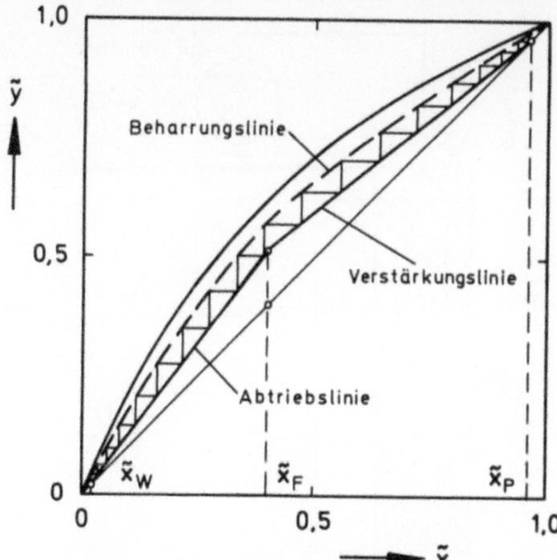

Abb. 1.64 Ermittlung der Trennstufenzahl unter Berücksichtigung des Stufenwirkungsgrades

grad E_0 benutzt. Er ist definiert als das Verhältnis der theoretischen Stufenzahl zur tatsächlichen Stufenzahl, um eine vorgegebene Trennaufgabe zu lösen

$$E_0 = \frac{n_{\text{theor}}}{n_{\text{prakt}}} \, . \tag{1.199}$$

Bei den Kolonnenwirkungsgraden handelt es sich meist um Erfahrungswerte, die an bestehenden Anlagen für ähnliche Trennaufgaben gemessen wurden. Sind die Gleichgewichtslinie und die Bilanzlinie Geraden, so besteht folgender Zusammenhang zwischen Stufen- und Kolonnenwirkungsgrad

$$E_0 = \frac{\ln\left[1 + E_{\text{M}}(S - 1)\right]}{\ln S} \, . \tag{1.200}$$

Der **Abstreiffaktor** S ist hierbei das Verhältnis der Steigungen von Gleichgewichts- und Bilanzgerade

$$S = \frac{\mathrm{d}\tilde{y}^*/\mathrm{d}\tilde{x}}{\dot{N}_l/\dot{N}_g} \, . \tag{1.201}$$

Verlaufen Gleichgewichts- und Bilanzgerade parallel, d.h. $S = 1$, so folgt aus Gl. (1.200)

$$E_0 = E_{\text{M}} \, .$$

1.5.3 Rektifikation in Füllkörperkolonnen

Ersetzt man in einer Bodenkolonne die einzelnen Böden durch eine durchgehende, von oben berieselte und von unten nach oben von Dampf durchströmte

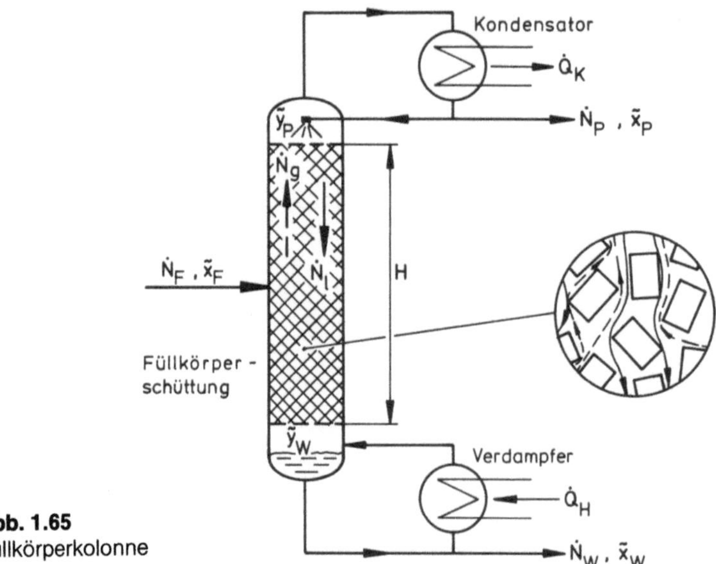

Abb. 1.65
Füllkörperkolonne

Schüttung aus Ringen, Sattelkörpern oder Paketen aus Drahtgeweben, so entsteht eine Füllkörperkolonne (s. Abb. 1.65).

Die äußere Schaltung der Füllkörperkolonne ist genau die gleiche wie die der Bodenkolonne. Der wesentliche Unterschied zur Bodenkolonne besteht darin, daß man in einer Füllkörperstufe den vollkommenen Gegenstrom zwischen Dampf und Flüssigkeit besser verwirklichen kann als in einer Bodenkolonne, die infolge intensiver Vermischung von Dampf und Flüssigkeit auf jedem Boden eine Rührkesselkaskade darstellt.

Die Trennwirkung einer Füllkörperkolonne ist vom Durchsatz und durch die Größe der Stoffübergangskoeffizienten bzw. der Anzahl der Übertragungseinheiten bestimmt. Dennoch ist es üblich, die erforderliche Kolonnenhöhe H mit Hilfe der Theorie der Trennstufen analog zur Auslegung von Bodenkolonnen zu ermitteln, indem man den sog. **HETS-Wert** einführt. Der HETS-Wert (Height Equivalent to one Theoretical Stage) ist die Füllkörperhöhe, die in ihrer Trennwirkung einer theoretischen Stufe entspricht. Der HETS-Wert hängt sowohl von der Art, Größe und Oberflächenbeschaffenheit der Packungselemente als auch vom Stoffsystem und der Kolonnenbelastung ab. Die HETS-Werte werden von Fall zu Fall experimentell ermittelt. Für Packungen aus Füllkörpern von etwa 10 mm Abmessungen beträgt der HETS-Wert etwa 15 cm, kann aber für kleine, aus dünnem Draht geschraubte Wendeln bis auf etwa 2 cm abnehmen. Kennt man den HETS-Wert, so ergibt sich für eine vorgegebene Trennaufgabe die erforderliche Kolonnenhöhe zu

$$H = n_{th} \cdot \text{HETS}. \tag{1.202}$$

Die theoretische Stufenzahl wird hierbei mit Hilfe des Zusammensetzungs- oder des Enthalpie-Zusammensetzungsdiagrammes genauso wie für Bodenkolonnen ermittelt.

Die Unterteilung einer Füllkörperkolonne in Trennstufen wird dem stetigen Zusammensetzungsverlauf in der Kolonne nicht gerecht. Man wendet deshalb neben dem Trennstufenkonzept die Theorie des Gegenstom-Stoffaustausches an. Hierzu betrachten wir ein differentielles Element der Füllkörperkolonne, in dem Dampf und Flüssigkeit miteinander in Kontakt gebracht werden (s. Abb. 1.66).

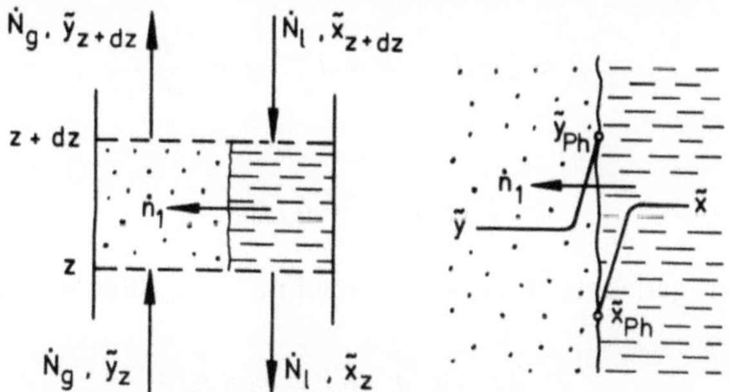

Abb. 1.66 Differentielles Element einer Füllkörperkolonne sowie Zusammensetzungsprofil

In diesem Element reichert sich die leichterflüchtige Komponente im Gasstrom $\dot{N}_g$ infolge des Stoffaustausches zwischen den beiden Phasen von $\tilde{y}$ auf $\tilde{y} + d\tilde{y}$ an. Die Mengenbilanz für die leichterflüchtige Komponente um die Gasphase lautet

$$\dot{N}_g \, d\tilde{y} = \dot{n}_1 \, dA . \tag{1.203}$$

Die Stoffstromdichte $\dot{n}_1$ ist dem Zusammensetzungsunterschied zwischen Phasenkern und Phasenfläche $(\tilde{y}_{Ph} - \tilde{y})$ proportional. Der entsprechende kinetische Ansatz lautet

$$\dot{n}_1 = \tilde{\varrho}_g \, \beta_g \, (\tilde{y}_{Ph} - \tilde{y}) . \tag{1.204}$$

Ferner wird angenommen, daß an der Phasengrenzfläche thermodynamisches Gleichgewicht herrscht, d. h.

$$\tilde{y}_{Ph} = \tilde{y}^* \, (\tilde{x}_{Ph}) . \tag{1.205}$$

Weiterhin ist es zweckmäßig, bei der Auslegung von Füllkörperkolonnen die auf die Volumeneinheit bezogene Austauschfläche

$$a = \frac{A}{V} \tag{1.206}$$

zu benutzen. Sie ist abhängig von der Form und Größe der Füllkörper. Für eine kubische Kugelpackung (s. Abb. 1.67 a) gilt

$$A = \pi d^2, \quad V = d^3, \quad a = \frac{\pi}{d} . \tag{1.207}$$

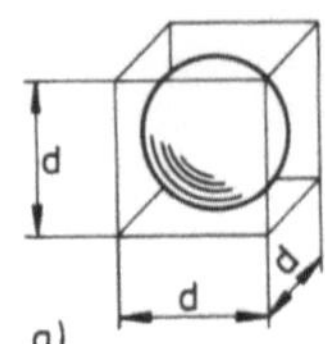
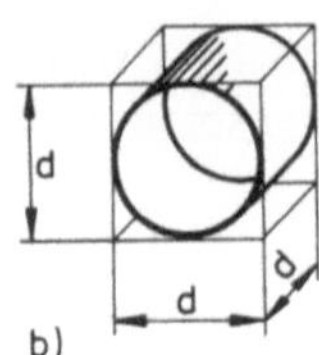

Abb. 1.67
Ermittlung der Aus-
tauschfläche pro
Volumeneinheit

Analog ergibt sich für eine Packung aus zylindrischen Ringen mit geringer Wandstärke und der Länge $l = d$ (s. Abb. 1.67 b)

$$A \approx 2\,\pi\,d^2, \quad V = d^3, \quad a \approx \frac{2\,\pi}{d}. \tag{1.208}$$

Mit

$$dA = a\,dV = a\,f\,dz, \tag{1.209}$$

worin f der leer gedachte Kolonnenquerschnitt ist, folgt aus den Gln. (1.203) und (1.204)

$$\dot{N}_g\,d\tilde{y} = \tilde{\varrho}_g\,\beta_g\,(\tilde{y}_{Ph} - \tilde{y})\,a\,f\,dz. \tag{1.210}$$

Löst man nach dz auf und integriert über die Kolonnenhöhe, so erhält man

$$H = \frac{\dot{N}_g}{\tilde{\varrho}_g\,\beta_g\,a\,f} \int\limits_{\tilde{y}=\tilde{x}_w}^{\tilde{y}=\tilde{x}_p} \frac{d\tilde{y}}{\tilde{y}_{Ph} - \tilde{y}}. \tag{1.211}$$

Hierbei wird das Integral

$$\boxed{\mathrm{NTU}_g = \int\limits_{\tilde{y}=\tilde{x}_w}^{\tilde{y}=\tilde{x}_p} \frac{d\tilde{y}}{\tilde{y}_{Ph} - \tilde{y}}} \tag{1.212}$$

nach Chilton und Colburn[20] **Zahl der Übertragungseinheiten** (Number of Transfer Units) genannt. Der NTU_g-Wert gibt an, wie oft der Zusammensetzungsunterschied $(\tilde{y}_{Ph} - \tilde{y})$, d.h. die Triebkraft für den Stoffaustausch, in der gesamten Zusammensetzungsänderung $(\tilde{y}_p - \tilde{y}_w)$ (s. Abb. 1.68) enthalten ist. Für den Fall, daß Gleichgewichts- und Bilanzlinie parallel verlaufende Geraden sind, ist der NTU_g-Wert zahlengleich mit der theoretischen Stufenzahl.

Der Vorfaktor in Gl. (1.211) wird als die **Höhe einer Übertragungseinheit** HTU_g (Height of one Transfer Unit)

$$\boxed{\mathrm{HTU}_g = \frac{\dot{N}_g}{\tilde{\varrho}_g\,\beta_g\,a\,f}} \tag{1.213}$$

bezeichnet. Sie stellt eine apparate- und stoffspezifische Größe dar und muß in der Regel experimentell bestimmt werden. Für den Fall, daß Gleichgewichts-

und Bilanzlinie parallel verlaufende Geraden sind, ist sie gleich der equivalenten Höhe einer theoretischen Trennstufe: $\text{HTU}_g = \text{HETS}$. Die Kolonnenhöhe ergibt sich zu

$$H = \text{HTU}_g \cdot \text{NTU}_g\,. \qquad (1.214)$$

Analog erhält man, falls man von der Mengenbilanz für die leichterflüchtige Komponente um die Flüssigphase

$$\dot{N}_l\,\mathrm{d}\tilde{x} = \dot{n}_1\,\mathrm{d}A \qquad (1.215)$$

und dem kinetischen Ansatz

$$\dot{n}_1 = \tilde{\varrho}_l\,\beta_l\,(\tilde{x} - \tilde{x}_{\text{Ph}}) \qquad (1.216)$$

ausgeht, für die Kolonnenhöhe

$$H = \frac{\dot{N}_l}{\tilde{\varrho}_l\,\beta_l\,a\,f} \int\limits_{\tilde{x}=\tilde{x}_w}^{\tilde{x}=\tilde{x}_p} \frac{\mathrm{d}\tilde{x}}{\tilde{x} - \tilde{x}_{\text{Ph}}}\,. \qquad (1.217)$$

Mit

$$\text{NTU}_l = \int\limits_{\tilde{x}=\tilde{x}_w}^{\tilde{x}=\tilde{x}_p} \frac{\mathrm{d}\tilde{x}}{\tilde{x} - \tilde{x}_{\text{Ph}}} \qquad (1.218)$$

und

$$\text{HTU}_l = \frac{\dot{N}_l}{\tilde{\varrho}_l\,\beta_l\,a\,f} \qquad (1.219)$$

folgt daraus

$$H = \text{HTU}_l \cdot \text{NTU}_l\,. \qquad (1.220)$$

Die Ermittlung der Anzahl der Übertragungseinheiten NTU_g bzw. NTU_l kann z. B. graphisch erfolgen. Dies ist für NTU_g in Abb. 1.68 veranschaulicht.

Nach Vorgabe der Zusammensetzungen $\tilde{x}_w$ und $\tilde{x}_p$ sowie des Rücklaufverhältnisses liegen die Verstärkungs- und Abtriebslinie (VL und AL) fest. Ist das thermodynamische Gleichgewicht bekannt, so läßt sich die Gleichgewichtslinie GL einzeichnen. Die Punkte auf den Bilanzlinien stellen die Zusammensetzungen im Phasenkern $(\tilde{x}, \tilde{y})$ und die auf der Gleichgewichtslinie liegenden Zusammen-

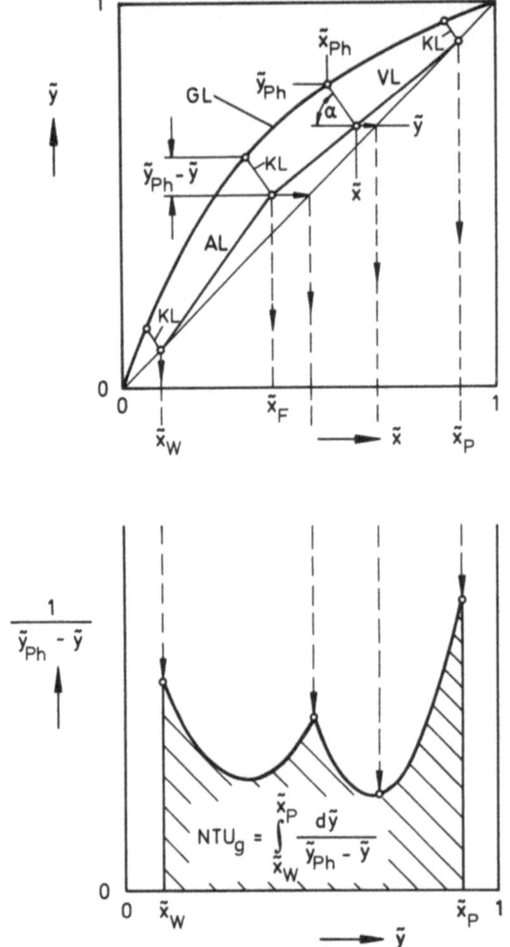

Abb. 1.68 Graphische Ermittlung von NTU_g

setzungen an der Phasengrenzfläche ($\tilde{x}_{Ph}$, $\tilde{y}_{Ph}$) der aneinander vorbeiströmenden Phasen dar. Die Gleichung der Verbindungslinie der zusammengehörigen Punkte, die sog. **Knotenlinie** KL (auch tie-line genannt), ergibt sich aus den Gln. (1.204) und (1.216) zu

$$\frac{\tilde{y}_{Ph} - \tilde{y}}{\tilde{x}_{Ph} - \tilde{x}} = -\frac{\tilde{\varrho}_l\,\beta_l}{\tilde{\varrho}_g\,\beta_g} = \tan\alpha. \tag{1.221}$$

Damit läßt sich der Integrand $1/(\tilde{y}_{Ph} - \tilde{y})$ ablesen und über $\tilde{y}$ auftragen. Planimetriert man die unter der Kurve liegende Fläche, so erhält man die Anzahl der gasseitigen Übertragungseinheiten NTU_g.

Voraussetzung für die Ermittlung von NTU_g und NTU_l ist, daß das Verhältnis der Stoffübergangskoeffizienten auf der Dampf- und der Flüssigseite, d.h. $\tan\alpha$,

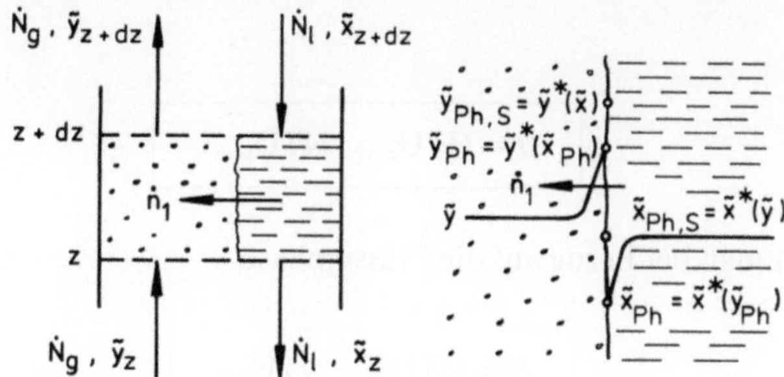

Abb. 1.69 Differentielles Element einer Füllkörperkolonne sowie Zusammensetzungsprofil (Stoffübergangswiderstand auf Gasphase bezogen)

bekannt ist. Dies ist häufig nicht der Fall. Deshalb geht man vielfach so vor, daß man den gesamten Stoffübergangswiderstand auf einen scheinbaren Zusammensetzungsunterschied in jeweils einer der beiden Phasen, z. B. der Gasphase, bezieht (s. Abb. 1.69) und dabei scheinbare Molenbrüche an der Phasengrenzfläche $\tilde{y}_{Ph,s} = \tilde{y}^*(\tilde{x})$ bzw. $\tilde{x}_{Ph,s} = \tilde{x}^*(\tilde{y})$ einführt.

Ausgehend von der Mengenbilanz für die leichterflüchtige Komponente um die Gasphase

$$\dot{N}_g \, d\tilde{y} = \dot{n}_1 \, dA, \tag{1.222}$$

dem mit einem scheinbaren Stoffübergangskoeffizienten $\beta_{g,ov}$ gebildeten kinetischen Ansatz

$$\dot{n}_1 = \tilde{\varrho}_g \, \beta_{g,ov} \, (\tilde{y}_{Ph,s} - \tilde{y}) \tag{1.223}$$

und der Gleichgewichtsbeziehung für die scheinbare Zusammensetzung der Gasphase an der Phasengrenzfläche

$$\tilde{y}_{Ph,s} = \tilde{y}^* (\tilde{x}) \tag{1.224}$$

erhält man für die Kolonnenhöhe

$$H = \frac{\dot{N}_g}{\tilde{\varrho}_g \, \beta_{g,ov} \, af} \int_{\tilde{y}=\tilde{x}_w}^{\tilde{y}=\tilde{x}_p} \frac{d\tilde{y}}{\tilde{y}^* (x) - \tilde{y}} \cdot \tag{1.225}$$

Mit

$$\boxed{\mathrm{NTU}_{g,ov} = \int_{\tilde{y}=\tilde{x}_w}^{\tilde{y}=\tilde{x}_p} \frac{d\tilde{y}}{\tilde{y}^* (x) - \tilde{y}}} \tag{1.226}$$

und

$$\boxed{\mathrm{HTU}_{g,ov} = \frac{\dot{N}_g}{\tilde{\varrho}_g \, \beta_{g,ov} \, af}} \tag{1.227}$$

folgt daraus

$$H = \text{HTU}_{g,ov} \cdot \text{NTU}_{g,ov}.$$

(1.228)

Analog erhält man bei Bezug auf die Flüssigphase

$$H = \text{HTU}_{l,ov} \cdot \text{NTU}_{l,ov}$$

(1.229)

mit

$$\text{NTU}_{l,ov} = \int_{\tilde{x}=\tilde{x}_w}^{\tilde{x}=\tilde{x}_p} \frac{d\tilde{x}}{\tilde{x} - \tilde{x}^*(\tilde{y})}$$

(1.230)

und

$$\text{HTU}_{l,ov} = \frac{\dot{N}_l}{\tilde{\varrho}_l \, \beta_{l,ov} \, a f}.$$

(1.231)

Die Ermittlung der Anzahl der scheinbaren Übertragungseinheiten kann wiederum graphisch erfolgen. Dies ist für $\text{NTU}_{g,ov}$ in Abb. 1.70 veranschaulicht.

Die Höhe einer scheinbaren Übertragungseinheit $\text{HTU}_{g,ov}$ bzw. $\text{HTU}_{l,ov}$ läßt sich aus der Zahl der wahren Übertragungseinheiten HTU_g und HTU_l berechnen, wenn diese bekannt sind. Nach Abb. 1.71 gilt

$$\tilde{y}^* - \tilde{y} = (\tilde{y}^* - \tilde{y}_{Ph}) + (\tilde{y}_{Ph} - \tilde{y}).$$

(1.232)

Mit

$$\tilde{y}^* - \tilde{y}_{Ph} = m \, (\tilde{x}^* - \tilde{x}_{Ph})$$

(1.233)

und den kinetischen Ansätzen für die Stoffübertragung folgt daraus

$$\frac{\dot{n}_1}{\tilde{\varrho}_g \, \beta_{g,ov}} = m \, \frac{\dot{n}_1}{\tilde{\varrho}_l \, \beta_l} + \frac{\dot{n}_1}{\tilde{\varrho}_g \, \beta_g}.$$

(1.234)

Multipliziert man diese Gleichung mit $\dot{N}_g/(\dot{n}_1 \, a f)$, so ergibt sich der gesuchte Zusammenhang

$$\text{HTU}_{g,ov} = m \, \frac{\dot{N}_g}{\dot{N}_l} \, \text{HTU}_l + \text{HTU}_g.$$

(1.235)

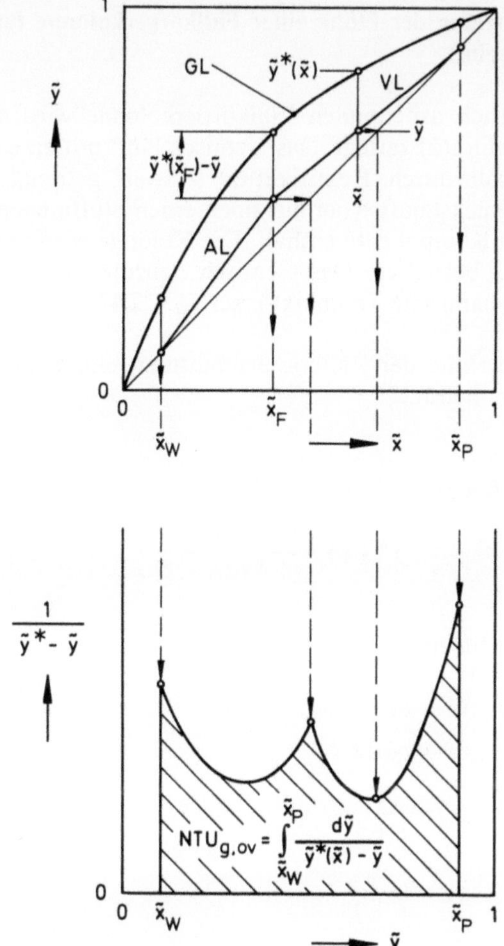

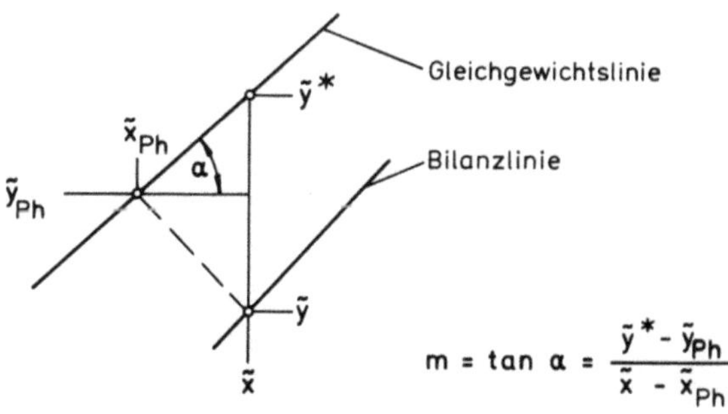

Abb. 1.70 Graphische Ermittlung von $NTU_{g,ov}$

Abb. 1.71 Zur Herleitung des Zusammenhangs zwischen $HTU_{g,ov}$ und HTU_g bzw. HTU_l

Beispiel 1.18. Ermittlung der Höhe einer Füllkörperkolonne für die Rektifikation eines binären Gemisches

In einer kontinuierlich arbeitenden Füllkörperkolonne wird das Flüssigkeitsgemisch Benzol(1)-Toluol(2) zerlegt. Das Gemisch läuft mit einem Benzolanteil von $\tilde{x}_F = 0{,}50$ zu. Es soll durch Rektifikation so weit getrennt werden, daß der Produkt- und der Rückstandsstrom nur noch einen Stoffmengengehalt von 2 mol der jeweils anderen Komponente enthält. Die Kolonne wird mit einem Rücklaufverhältnis von $v = 3$ betrieben. Das Gemisch Benzol-Toluol verhält sich nahezu ideal; der thermodynamische Trennfaktor sei $\alpha_{12} = 2{,}42$.

Wie hoch muß die Höhe der Füllkörperschüttung sein, wenn der $\mathrm{HTU}_{g,ov}$-Wert der Füllkörper 0,5 m beträgt?

Gleichung der Gleichgewichtslinie

$$\tilde{y}^*(\tilde{x}) = \frac{\alpha_{12}\,\tilde{x}}{1 + (\alpha_{12} - \tilde{x})\,\tilde{x}}$$

Gleichung der Bilanzlinien

a) Verstärkungsteil: $\tilde{y} = p_V\,\tilde{x} + q_V,$

$$\mathrm{d}\tilde{y} = p_V\,\mathrm{d}\tilde{x}.$$

Hierin sind $p_V = \dfrac{v}{v+1}$

und $q_V = \dfrac{\tilde{x}_p}{v+1}\;.$

b) Abtriebsteil: $\tilde{y} = p_A\,\tilde{x} + q_A,$

$$\mathrm{d}\tilde{y} = p_A\,\mathrm{d}\tilde{x}.$$

Hierin sind $p_A = \dfrac{\tilde{y}_F - \tilde{x}_w}{\tilde{x}_F - \tilde{x}_w},$

$$q_A = \tilde{y}_F - p_A\,\tilde{x}_F$$

und $\tilde{y}_F = p_V\,\tilde{x}_F + q_V.$

Anzahl der Übertragungseinheiten

a) Verstärkungsteil

$$\mathrm{NTU}_{g,ov,V} = \int_{\tilde{x}_F}^{\tilde{x}_p} \frac{p_V\,\mathrm{d}\tilde{x}}{\dfrac{\alpha_{12}\,\tilde{x}}{1 + (\alpha_{12} - 1)\,\tilde{x}} - (p_V\,\tilde{x} + q_V)}$$

b) Abtriebsteil

$$\text{NTU}_{g,ov,A} = \int_{\tilde{x}_W}^{\tilde{x}_F} \frac{p_A \, d\tilde{x}}{\dfrac{\alpha_{12}\,\tilde{x}}{1+(\alpha_{12}-1)\,\tilde{x}} - (p_A\,\tilde{x} + q_A)}$$

Die beiden Integrale lassen sich analytisch lösen.

Zahlenwerte

a) Verstärkungsteil

$$p_V = 0{,}75$$
$$q_V = 0{,}245$$
$$\text{NTU}_{g,ov,V} = 7{,}08$$
$$H_V = 3{,}54 \text{ m}$$

b) Abtriebsteil

$$p_A = 1{,}25$$
$$q_A = -\,0{,}005$$
$$\text{NTU}_{g,ov,A} = 5{,}92$$
$$H_A = 2{,}96 \text{ m} \,.$$

Somit ergibt sich für die Höhe der Füllkörperschüttung

$$H = H_V + H_A = \mathbf{6{,}50 \ m} \,.$$

1.5.4 Hydraulische Auslegung von Boden- und Füllkörperkolonnen

In den vorhergehenden Abschnitten wurde die Bestimmung der theoretischen Stufenzahl bzw. Anzahl der Übertragungseinheiten von Rektifikationskolonnen erläutert. In diesem Abschnitt soll auf die Ermittlung des Kolonnendurchmessers und der Kolonnenhöhe eingegangen werden.

Eine Kolonne arbeitet nur in einem bestimmten **Belastungsbereich** einwandfrei. Die obere und untere Grenze des Belastungsbereiches ist durch einen starken Abfall der Trennwirkung (Abnahme des Stufenwirkungsgrades bzw. Zunahme des HETS-Wertes) gekennzeichnet. Ein Maß für die Belastung durch den Dampf ist die auf den freien Kolonnenquerschnitt bezogene Dampfgeschwindigkeit. Die Trennwirkung hängt von der Dampfgeschwindigkeit ab, sie wird in Form von Belastungskurven dargestellt (s. Abschn. 1.7.3). Die Belastungskurve ist eine der wichtigsten Grundlagen für die Auswahl geeigneter Kolonneneinbauten für ein bestimmtes Trennproblem.

Der **Kolonnendurchmesser** d einer **Bodenkolonne** läßt sich ausgehend von folgender Gleichung berechnen

$$\dot{N}_g = \dot{V}_g\,\tilde{\varrho}_g = \frac{\pi}{4}\,d^2\,w_g\,\frac{p}{\tilde{R}T}\,. \tag{1.236}$$

Daraus folgt

$$d = \sqrt{\frac{4\,\dot{N}_g\,\tilde{R}T}{\pi\,w_g\,p}}\,. \tag{1.237}$$

Hierin sind $\dot{N}_g$ der aufsteigende Dampfstrom, w_g die auf den freien Kolonnenquerschnitt bezogene zulässige Dampfgeschwindigkeit, p der Betriebsdruck, T die Betriebstemperatur und $\tilde{R}$ die allgemeine Gaskonstante. Da sich der Betriebsdruck und die Betriebstemperatur über die Kolonnenhöhe ändern, verwendet man Mittelwerte. Weiterhin ist zu beachten, daß die aufsteigenden Dampfströme im Abtriebs- und Verstärkungsteil meist verschieden sind. Die zulässige **Dampfgeschwindigkeit** w_g in Gl. (1.237) hängt von der Art und den Abmessungen des Bodens, von der Belastung mit Flüssigkeit und den Stoffeigenschaften des Gemisches ab. Für die Ermittlung der maximalen Dampfgeschwindigkeit $w_{g,max}$ betrachten wir einen Flüssigkeitstropfen mit dem Durchmesser d_T, der zwischen zwei Böden in der Schwebe gehalten wird. Dies ist der Fall, wenn die durch das Gas auf den Tropfen ausgeübte Reibungskraft gleich seiner um die Auftriebskraft verminderten Gewichtskraft ist

$$\frac{\pi}{4} d_T^2 \, c_w \, \frac{\varrho_g}{2} \, w_{g,max}^2 = \frac{\pi}{6} \, d_T^3 \, (\varrho_l - \varrho_g) \, g \, . \tag{1.238}$$

$w_{g,max}$ ist hierbei die auf den freien Kolonnenquerschnitt bezogene maximale Gas- oder Dampfgeschwindigkeit und c_w der Widerstandsbeiwert. Führt man den **Belastungsfaktor** F

$$F = w_g \, \sqrt{\varrho_g} \tag{1.239}$$

ein, so erhält man für den maximalen Belastungsfaktor F_{max}

$$F_{max} = \sqrt{\frac{4 \, d_T \, g}{3 \, c_w}} \, \sqrt{\varrho_l - \varrho_g} \, . \tag{1.240}$$

Sounders und Brown[17] faßten den ersten Wurzelausdruck zum Belastungswert k_v zusammen

$$\boxed{F_{max} = k_v \, \sqrt{\varrho_l - \varrho_g} \, .} \tag{1.241}$$

Der Belastungswert hängt von der Art und Abmessung des Bodens, vom Bodenabstand, vom Strömungszustand der Phasen und von den Stoffeigenschaften des Gemisches, insbesondere von der die Tropfengröße beeinflussenden Oberflächenspannung σ ab. Der Belastungswert muß experimentell bestimmt werden. Werte für den Belastungswert werden in vielen Veröffentlichungen und Prospekten von Boden- und Kolonnenherstellern mitgeteilt. Eine Abschätzung von k_v erlaubt die Abb. 1.72 für Sieb- und Glockenböden[17]. Bei Ventilböden kann k_v bis zu 30% höher angesetzt werden, da der Mitreißgrad wegen des waagerechten Gaseintritts in die Flüssigkeit kleiner ist als bei anderen Böden. Neigt das Flüssigkeitsgemisch stark zum Schäumen, so ist der Belastungswert kleiner zu wählen.

Bei der Ermittlung des Belastungswertes mit Hilfe der Abb. 1.72 muß der **Bodenabstand** vorgegeben werden. Die in der Praxis verwendeten Bodenabstände liegen

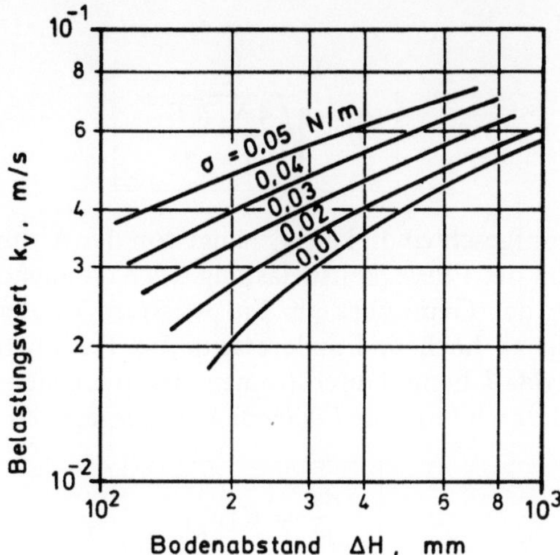

Abb. 1.72 Belastungswert in Abhängigkeit vom Bodenabstand für Sieb- und Glockenböden[17]

zwischen 0,1 und 1 m. Als mittlerer Bodenabstand gilt $\Delta H = 0,35$ m. Bei der Aufstellung in Gebäuden wählt man Bodenabstände, die darunter liegen; bei der Aufstellung im Freien finden größere Bodenabstände Anwendung.

Der Kolonnendurchmesser läßt sich mit Gl. (1.237) berechnen, nachdem $w_{g,max}$ über F_{max} nach Gl. (1.241) ermittelt wurde. Als zulässige Dampfgeschwindigkeit wählt man in der Praxis

$$w_g = (0,7 \dots 0,85)\, w_{g,max}.$$

(1.242)

Kennt man den Bodenabstand und die erforderliche Bodenzahl, so ergibt sich die **Kolonnenhöhe** zu

$$H = (n_{\text{Boden}} + 1)\, \Delta H.$$

(1.243)

Bei der praktischen Ausführung der Kolonne ist es üblich, den Abstand zwischen dem Abschlußtopf und dem untersten Boden um etwa 0,15 m größer als den normalen Bodenabstand auszuführen. Dadurch soll das Fluten der Kolonne im Falle einer kurzzeitigen Erhöhung des Flüssigkeitsstandes im Sumpf infolge von Schwankungen des Rücklaufs verhindert werden.

Der **Kolonnendurchmesser einer Füllkörperkolonne** läßt sich ähnlich wie der einer Bodenkolonne ermitteln

$$\dot{N}_g = \frac{\pi}{4}\, d^2\, w_g\, \frac{p}{\tilde{R}T}.$$

(1.244)

Daraus folgt

$$d = \sqrt{\frac{4\,\dot{N}_g\,\tilde{R}\,T}{\pi\,w_g\,p}} \; .$$

(1.245)

Die zulässige Dampfgeschwindigkeit w_g hängt von der Art und den Abmessungen der Füllkörper, von der Flüssigkeitsbelastung des Kolonnenquerschnittes und den Stoffeigenschaften des Gemisches ab. Sie ist so zu wählen, daß einerseits der Druckverlust nicht zu hoch und andererseits die Trennwirkung möglichst groß wird. Der **Druckabfall** beim Durchströmen der trockenen Füllkörperschüttung kann befriedigend durch folgende Gleichung wiedergegeben werden

$$\frac{\Delta p}{H} = K\,(w_g)^n \, .$$

(1.246)

Für die berieselte Schüttung ist der Druckverlust höher (s. Abb. 1.73). Mit zunehmender Dampfgeschwindigkeit beginnt der aufsteigende Dampf die herabfließende Flüssigkeit aufzustauen. Damit werden die ihm zur Verfügung stehenden freien Strömungsquerschnitte enger und der Druckverlust steigt stärker an. Infolge der zunehmenden Turbulenz verbessert sich der Stoffübergang und damit auch die Trennwirkung. Kurz nach Erreichen der oberen Belastungsgrenze (oB) wird schließlich der Flutpunkt F erreicht. Jetzt ist die Kolonne mit einer zusammenhängenden Flüssigkeitssäule angefüllt, durch die der Dampf in Form von einzelnen Blasen hindurchperlt. Die zugehörige Gasgeschwindigkeit wird Flutgeschwindigkeit w_F genannt. Bei noch höherer Gasgeschwindigkeit steigt der Druckverlust sehr stark an und die Trennwirkung verschlechtert sich wieder.

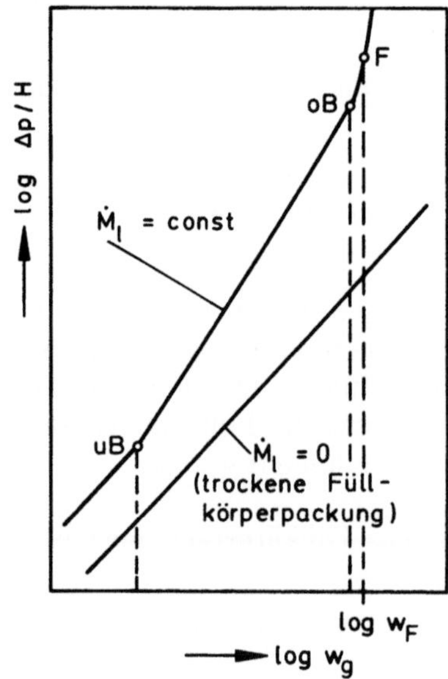

Abb. 1.73
Spezifischer Druckverlust $\Delta p / H$ einer Füllkörperschüttung als Funktion der auf den freien Kolonnenquerschnitt bezogenen Dampfgeschwindigkeit

Die beste Trennwirkung in einer Füllkörperkolonne wird kurz unterhalb des Flutpunktes erreicht. Hierbei bildet sich eine stark turbulente Sprüh- und Sprudelschicht aus, durch welche der Stoffaustausch stark begünstigt wird. Die gute Trennwirkung muß jedoch mit einem großen Druckverlust erkauft werden. In der Praxis wird deshalb als zulässige Gasgeschwindigkeit 60 bis 70% der Flutgeschwindigkeit gewählt

$$w_g = (0{,}6 \ldots 0{,}7)\, w_F. \tag{1.247}$$

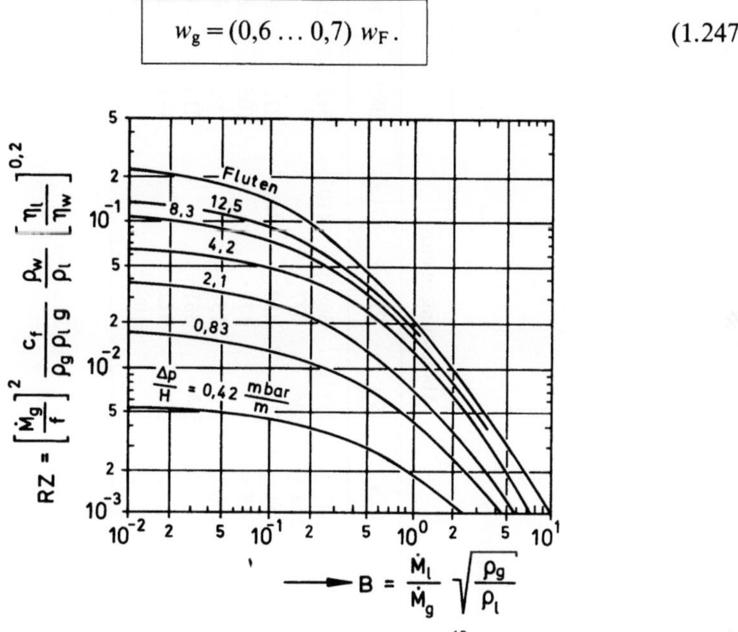

Abb. 1.74 Flutpunkt und Druckverlust bei Füllkörperschüttungen [18]

Bisher ist es nicht gelungen, eine theoretische Beziehung für den Druckverlust in Füllkörperschüttungen aufzustellen, die die Versuchsergebnisse für alle Gemische und in allen Strömungsbereichen befriedigend wiedergibt. Die Abb. 1.74 stellt jedoch eine gute empirische Arbeitsgrundlage für die Ermittlung des Druckverlustes und des Flutpunktes einer Füllkörperschüttung dar [18]. In ihr ist die Rektifizierzahl RZ

$$RZ = \left(\frac{\dot{M}_g}{f}\right)^2 \frac{c_f}{\varrho_g\, \varrho_l\, g} \frac{\varrho_w}{\varrho_l} \left(\frac{\eta_l}{\eta_w}\right)^{0{,}2} \tag{1.248}$$

als Funktion des Belastungsverhältnisses B

$$B = \frac{\dot{M}_l}{\dot{M}_g} \sqrt{\frac{\varrho_g}{\varrho_l}} \tag{1.249}$$

für jeweils konstanten spezifischen Druckabfall dargestellt. In obigen Gleichungen ist $\dot{M}_g$ der Dampfmassenstrom, $\dot{M}_l$ der Flüssigkeitsmassenstrom, ϱ_g die

Tab. 1.7 Formfaktoren c_f für ungeordnete Füllkörperschüttungen in m^{-1} [19]

Füllkörperart	Material	Abmessung in mm										
		6,4	9,5	12,7	15,9	19,1	25,4	31,8	38,1	50,8	76,2	88,9
Raschig-Ring	Steinzeug	5249[2]	3281[2]	1903[3]	1247[3]	837[3]	508[4]	410[5]	312[5]	213[6]	121[7]	
Raschig-Ring	Metall[1]	2297	1280	984	558	508	377					
Raschig-Ring	Metall[2]			1345	951	722	450	361	272	187	105	
Pall-Ring	Kunststoff				318		171		105	82		53
Pall-Ring	Metall				230		158		92	66		
Berl-Sattel	Steinzeug	2953		787		558	361		213	148		
Intalox-Sattel	Steinzeug	2379	1083	656		476	322		171	131	72	
Intalox-Sattel	Kunststoff						108			69	53	

Wandstärke in mm   [1] 0,8   [2] 1,6   [3] 2,4   [4] 3,2   [5] 4,8   [6] 6,4   [7] 9,5

Dichte des Dampfes, ϱ_l die Dichte der Flüssigkeit, ϱ_w die Dichte von Wasser bei 20 °C, η_l die Viskosität der Flüssigkeit und η_w die Viskosität von Wasser bei 20 °C und $g = 9{,}81$ m/s^2 die Erdbeschleunigung.

Der Formfaktor c_f kann überschlägig berechnet werden nach der Formel

$$c_f = \frac{a}{\varepsilon^3}. \tag{1.250}$$

Hierbei ist a die auf die Volumeneinheit bezogene Austauschfläche der Füllkörper und ε die Porosität oder das Lückenvolumen. Die Formfaktoren für verschiedene Füllkörperarten und -abmessungen sind in der Tab. 1.7 angegeben[19].

Die oberste Kurve in Abb. 1.74 stellt die Flutgrenze dar. Mit ihrer Hilfe kann die Flutgeschwindigkeit w_f und damit auch der Kolonnendurchmesser berechnet werden. Nach den dem Diagramm zugrundeliegenden Erfahrungen beginnt bei vielen technischen Füllkörperkolonnen bei einem Druckabfall von etwa 4 mbar/m der Staubereich. Der Flutpunkt liegt bei etwa 17 bis 25 mbar/m.

Die Flüssigkeitsbelastungen bei Füllkörperkolonnen liegen zwischen 1 bis $15 \cdot 10^{-3}$ m^3/(m^2 s). Bei kleineren Flüssigkeitsbelastungen wird es schwierig, die Flüssigkeit gleichmäßig über den Kolonnenquerschnitt zu verteilen. In solchen Fällen sind Bodenkolonnen den Füllkörperkolonnen vorzuziehen. Die Höhe der Füllkörperschüttung berechnet sich nach Abschn. 1.5.3 zu

$$H = \text{HETS} \cdot n_{th} \tag{1.251}$$

bzw.

$$H = \text{HTU} \cdot \text{NTU}. \tag{1.252}$$

Bei der Festlegung der **Kolonnenhöhe** sind zur Höhe der Füllkörperschüttung noch die erforderlichen Höhen für den Einbau von Flüssigkeitsverteiler und -sammler dazuzuzählen.

1.6 Trennung azeotroper Gemische

Azeotrope Gemische lassen sich durch einfache Destillation und Rektifikation nicht trennen, da Flüssigkeit und Dampf dieselbe Zusammensetzung haben (s. Abschn. 1.2.2). Es ist deshalb notwendig, die Lage des azeotropen Punktes zu beeinflussen, um eine Gemischzerlegung zu ermöglichen. Der azeotrope Punkt kann durch die im folgenden beschriebenen Maßnahmen verschoben oder ganz zum Verschwinden gebracht werden.

1.6.1 Zweidruck-Rektifikation

Bei der **Zweidruck-Rektifikation** wird von der Tatsache Gebrauch gemacht, daß die Lage des azeotropen Punktes im allgemeinen druckabhängig ist. Eine entsprechende Anlage besteht aus zwei bei unterschiedlichem Druck betriebenen Kolonnen (s. Abb. 1.75). Das zu trennende binäre Flüssigkeitsgemisch F mit der Ausgangszusammensetzung $\tilde{x}_{F1}$ wird in der bei dem Druck p_1 betriebenen Kolonne 1 in die schwererflüchtige Komponente A_2 als Rückstand und das Azeotrop Az_1 als Kopfprodukt aufgetrennt. Dieses Azeotrop Az_1 wird dann in der beim Druck p_2 betriebenen Kolonne 2 in die Komponente A_1 als Rückstand und das Azeotrop Az_2 als Kopfprodukt zerlegt. Das am Kopf der Kolonne 2 abgezogene Azeotrop Az_2 wird in die Kolonne 1 zurückgeführt. Es läuft an entsprechender Stelle als Seitenstrom zu oder wird mit dem Zulauf zur Kolonne 1 gemischt. Auf diese Weise kann ein kontinuierlich zufließendes Gemisch trotz der Anwesenheit eines azeotropen Punktes in die reinen Komponenten aufgetrennt werden.

Beispiele: Ethanol- und Acetonitril-Wasser

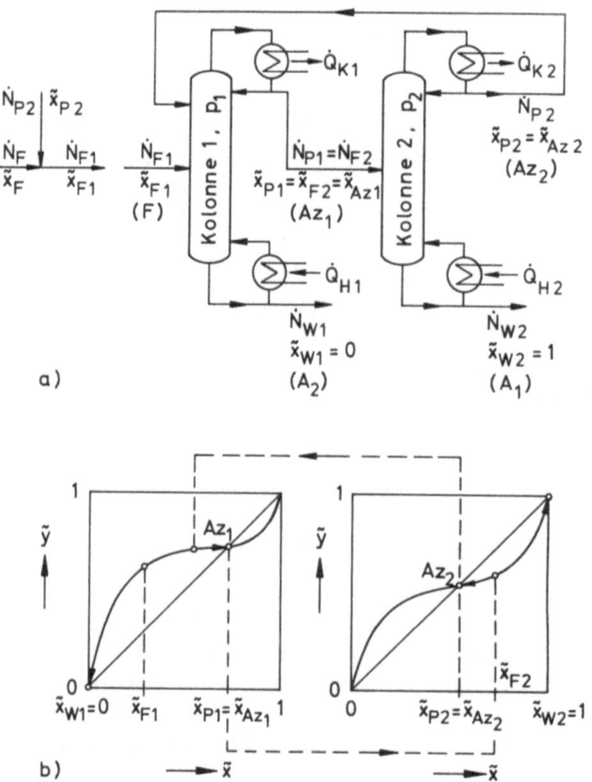

Abb. 1.75 Zweidruck-Rektifikation
a) Schema der Anlage
b) Darstellung im Zusammensetzungsdiagramm

Beispiel 1.19. Zweidruck-Rektifikation eines binären Gemisches

Das Gemisch Acetonitril(1)-Wasser(2) soll durch Zweidruck-Rektifikation in seine Bestandteile zerlegt werden. Als Kolonnen werden zwei bei unterschiedlichem Druck betriebene Füllkörperkolonnen eingesetzt. Der Zulaufstrom $\dot{N}_F$ wird zunächst mit dem Produktstrom $\dot{N}_{P2}$ der Kolonne 2 (Normaldruckkolonne: $p_2 = 1$ bar) gemischt und als Zulaufstrom $\dot{N}_{F1}$ mit $\tilde{x}_{F1} = 0,30$ der Kolonne 1 (Vakuumkolonne: $p_1 = 0,2$ bar) zugeführt. Dieser Zulaufstrom $\dot{N}_{F1}$ wird in der Kolonne 1 in fast reines Wasser als Rückstand, $\tilde{x}_{W1} = 0,005$, und ein Produkt mit $\tilde{x}_{P1} = 0,80$ zerlegt. Dieser Produktstrom wird dann in der Kolonne 2 in fast reines Acetonitril als Rückstand, $\tilde{x}_{W2} = 0,98$, und ein Produkt mit $\tilde{x}_{P2} = 0,725$ aufgespalten.

a) Berechnen Sie die Anzahl der Übertragungseinheiten beider Kolonnen für ein Rücklaufverhältnis von $v_1 = 2,5$ in der Vakuumkolonne und $v_2 = 2,0$ in der Normaldruckkolonne.
b) Wie hoch müssen die Füllkörperschüttungen sein?
c) Berechnen Sie alle unbekannten Mengenströme sowie den Molenbruch im Zulaufstrom $\tilde{x}_F$ auf der Basis $\dot{N}_{F1} = 1$ kmol/s.

Gleichgewichtsdaten für Acetonitril-Wasser

$p_1 = 0,2$ bar

$\tilde{x}_1$	0,003	0,052	0,168	0,513	0,772	0,900	0,955	0,980
$\tilde{y}_1$	0,064	0,507	0,732	0,810	0,835	0,860	0,910	0,955

$p_2 = 1$ bar

$\tilde{x}_1$	0,031	0,054	0,103	0,105	0,192	0,443	0,622	0,633
$\tilde{y}_1$	0,285	0,458	0,549	0,554	0,598	0,669	0,672	0,684
$\tilde{x}_1$	0,685	0,725	0,802	0,903	0,964			
$\tilde{y}_1$	0,691	0,697	0,733	0,825	0,903			

$HTU_{g,ov}$-Werte

	Abtriebs- teil	Verstärkungs- teil
Kolonne 1 ($p_1 = 0,2$ bar)	0,8 m	0,7 m
Kolonne 2 ($p_2 = 1$ bar)	0,5 m	0,4 m

Ergebnis

a) Anzahl der Übertragungseinheiten

Wertetabelle

Vakuumkolonne			Normaldruckkolonne		
$\tilde{x}$	$\tilde{y}$	$\dfrac{1}{\tilde{y}^* - \tilde{y}}$	$\tilde{x}$	$\tilde{y}$	$\dfrac{1}{\tilde{y}^* - \tilde{y}}$
$\tilde{x}_{W1} = 0{,}005$	0,005	9,09	$\tilde{x}_{P2} = 0{,}725$	0,725	40
0,050	0,075	2,38	0,750	0,740	28,6
0,100	0,150	1,98	0,775	0,760	25
0,200	0,295	2,22	$\tilde{x}_{F2} = 0{,}800$	0,775	22,2
$\tilde{x}_{F1} = 0{,}300$	0,445	3,03	0,850	0,830	16
0,400	0,515	3,57	0,900	0,890	15,4
0,500	0,585	4,44	0,950	0,945	16,7
0,600	0,660	6,25	$\tilde{x}_{W2} = 0{,}980$	0,980	28,6
0,700	0,730	10,0			
$\tilde{x}_{P1} = 0{,}800$	0,800	25,0			

Die Anzahl der Übertragungseinheiten wird graphisch ermittelt (s. Abschn. 1.5.3)

$$\mathrm{NTU}_{g,ov} = \int\limits_{\tilde{y}=\tilde{x}_W}^{\tilde{y}=\tilde{x}_P} \frac{d\tilde{y}}{\tilde{y}^* - \tilde{y}} \, .$$

Aus den Abb. 1.76 und 1.77 entnimmt man

Vakuumkolonne

$$\mathrm{NTU}_{g,ov,A} = \mathbf{1{,}11}; \quad \mathrm{NTU}_{g,ov,V} = \mathbf{2{,}50}$$

Normaldruckkolonne

$$\mathrm{NTU}_{g,ov,A} = \mathbf{3{,}48}; \quad \mathrm{NTU}_{g,ov,V} = \mathbf{1{,}58} \, .$$

b) Höhe der Füllkörperschüttung

Die Höhe der Füllkörperschüttung ergibt sich zu

$$H = \mathrm{HTU}_{g,ov,A} \cdot \mathrm{NTU}_{g,ov,A} + \mathrm{HTU}_{g,ov,V} \cdot \mathrm{NTU}_{g,ov,V} \, .$$

Vakuumkolonne

$$H = 1{,}11 \cdot 0{,}8 \ \mathrm{m} + 2{,}50 \cdot 0{,}7 \ \mathrm{m} = \mathbf{2{,}64 \ m}$$

Normaldruckkolonne

$$H = 3{,}48 \cdot 0{,}5 \ \mathrm{m} + 1{,}58 \cdot 0{,}4 \ \mathrm{m} = \mathbf{2{,}37 \ m}$$

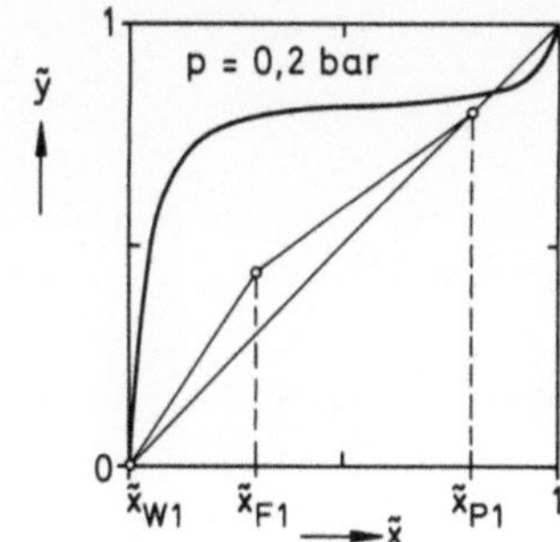

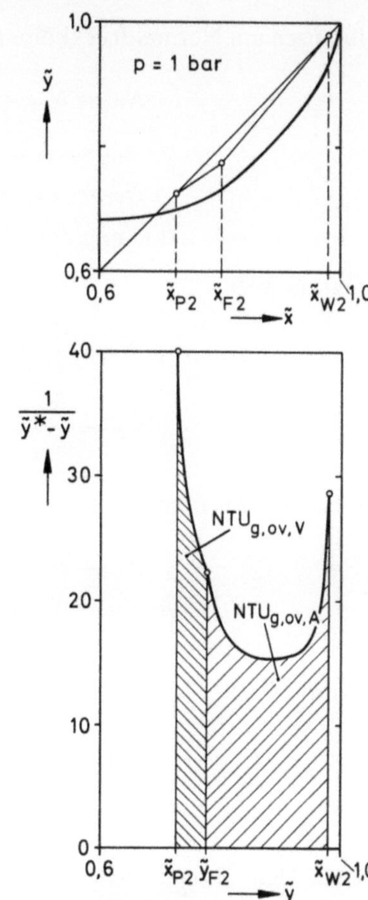

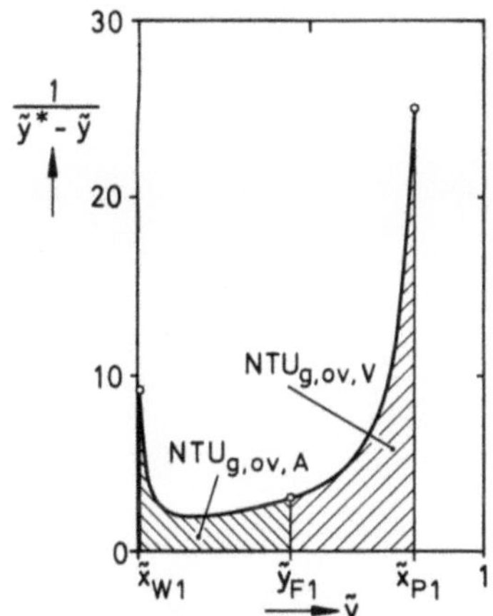

Abb. 1.76
Ermittlung der Anzahl der
Übertragungseinheiten für
die Vakuumkolonne

Abb. 1.77
Ermittlung der Anzahl der
Übertragungseinheiten für
die Normaldruckkolonne

c) **Mengenströme und Zusammensetzungen**

Bilanzen um Vakuumkolonne

$$\dot{N}_{F1} = 1 \ \text{kmol/s}$$

$$\tilde{x}_{F1} = 0,30; \quad \tilde{x}_{W1} = 0,005; \quad \tilde{x}_{P1} = 0,800$$

$$\dot{N}_{F1} = \dot{N}_{W1} + \dot{N}_{P1}$$

$$\dot{N}_{F1}\,\tilde{x}_{F1} = \dot{N}_{W1}\,\tilde{x}_{W1} + \dot{N}_{P1}\,\tilde{x}_{P1}$$

Daraus folgt

$$\dot{N}_{P1} = \frac{\tilde{x}_{F1} - \tilde{x}_{W1}}{\tilde{x}_{P1} - \tilde{x}_{W1}}\, \dot{N}_{F1} = \mathbf{0{,}37}\ \frac{\textbf{kmol}}{\textbf{s}}$$

$$\dot{N}_{W1} = \frac{\tilde{x}_{P1} - \tilde{x}_{F1}}{\tilde{x}_{P1} - \tilde{x}_{W1}}\, \dot{N}_{F1} = \mathbf{0{,}63}\ \frac{\textbf{kmol}}{\textbf{s}}$$

Bilanzen um Normaldruckkolonne

$$\dot{N}_{F2} = \dot{N}_{P1} = 0,37\ \frac{kmol}{s}$$

$$\tilde{x}_{F2} = \tilde{x}_{P1} = 0,800;\quad \tilde{x}_{W2} = 0,980;\quad \tilde{x}_{P2} = 0,725$$

$$\dot{N}_{F2} = \dot{N}_{W2} + \dot{N}_{P2}$$

$$\dot{N}_{F2}\,\tilde{x}_{F2} = \dot{N}_{W2}\,\tilde{x}_{W2} + \dot{N}_{P2}\,\tilde{x}_{P2}$$

Daraus folgt

$$\dot{N}_{P2} = \frac{\tilde{x}_{F2} - \tilde{x}_{W2}}{\tilde{x}_{P2} - \tilde{x}_{W2}}\ \dot{N}_{F2} = \mathbf{0{,}26}\ \frac{\mathbf{kmol}}{\mathbf{s}}$$

$$\dot{N}_{W2} = \frac{\tilde{x}_{P2} - \tilde{x}_{F2}}{\tilde{x}_{P2} - \tilde{x}_{W2}}\ \dot{N}_{F2} = \mathbf{0{,}11}\ \frac{\mathbf{kmol}}{\mathbf{s}}$$

Bilanz um Mischpunkt

$$\dot{N}_{F1} = \dot{N}_{F} + \dot{N}_{P2}$$

$$\dot{N}_{F1}\,\tilde{x}_{F1} = \dot{N}_{F}\,\tilde{x}_{F} + \dot{N}_{P2}\,\tilde{x}_{P2}$$

Daraus folgt

$$\tilde{x}_{F} = \frac{\dot{N}_{F1}\,\tilde{x}_{F1} - \dot{N}_{P2}\,\tilde{x}_{P2}}{\dot{N}_{F1} - \dot{N}_{P2}} = \mathbf{0{,}15}\ .$$

1.6.2 Heteroazeotrop-Rektifikation

Gemische, deren Azeotrop durch eine mehr oder weniger breite Mischungslücke zustande kommt, können durch **Heteroazeotrop-Rektifikation** getrennt werden.

Das Schema einer entsprechenden Anlage, bestehend aus zwei bei gleichem Druck betriebenen Kolonnen sowie die Darstellung im Zusammensetzungsdiagramm ist der Abb. 1.78 zu entnehmen. In der Kolonne 1 wird das zu trennende Gemisch in die fast reine schwererflüchtige Komponente A_2 als Sumpfprodukt und ein Gemisch nahezu azeotroper Zusammensetzung Az als Kopfprodukt aufgespalten. Beim Kondensieren im Rücklaufkondensator zerfällt das Kopfprodukt entsprechend den Begrenzungen der Mischungslücke in die beiden Phasen Ph_1 und Ph_2, die im Phasentrennbehälter getrennt werden. Phase Ph_1 mit der Zusammensetzung $\tilde{x}_{Ph1}$ wird als Rücklauf der Kolonne 1 zugeleitet; Phase Ph_2 mit der Zusammensetzung $\tilde{x}_{Ph2}$ gelangt in die als reine Abtriebssäule geschaltete Kolonne 2. In dieser Kolonne fällt als Sumpfprodukt die nahezu reine leichterflüchtige Komponente A_1 an. Das am Kopf abgezogene Azeotrop Az wird nach erfolgter Kondensation ebenfalls dem Phasentrennbehälter zugeführt.

Beispiele: Butanol-, Anilin- und Furfural-Wasser.

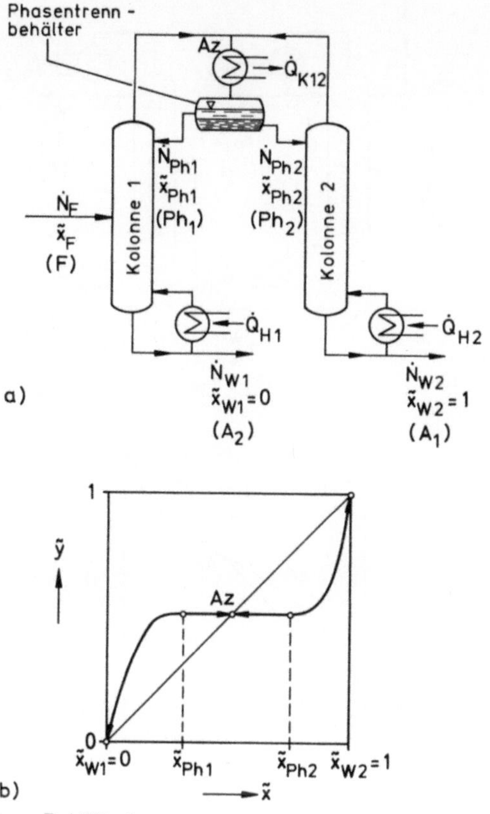

Abb. 1.78 Heteroazeotrop-Rektifikation
a) Schema der Anlage
b) Darstellung im Zusammensetzungsdiagramm

1.6.3 Extraktiv-Rektifikation

Bei der **Extraktiv-Rektifikation** handelt es sich um eine Trennung azeotroper Gemische unter Zuhilfenahme eines schwererflüchtigen Hilfsstoffes (Schleppmittel). Der Siedepunkt dieses Hilfsstoffes soll wesentlich höher liegen als die Siedepunkte der Gemischkomponenten und soll mit keiner der beiden Komponenten ein Azeotrop bilden. Der Hilfsstoff bindet durch selektive Wechselwirkungen eine der beiden Gemischkomponenten an sich, wodurch die relative Flüchtigkeit des Gemisches derart verändert wird, daß der azeotrope Punkt zum Verschwinden gebracht wird.

In Abb. 1.79 ist das Anlagenschema sowie das Zusammensetzungsdiagramm für die Extraktiv-Rektifikation dargestellt. Die Anlage besteht aus zwei bei gleichem Druck betriebenen Kolonnen. Das zu trennende Flüssigkeitsgemisch mit der Zusammensetzung $\tilde{x}_F$ wird der Kolonne 1 zugeführt. Der Hilfsstoff A$_3$ wird am Kopf dieser Kolonne aufgegeben und zusammen mit der schwererflüchtigen

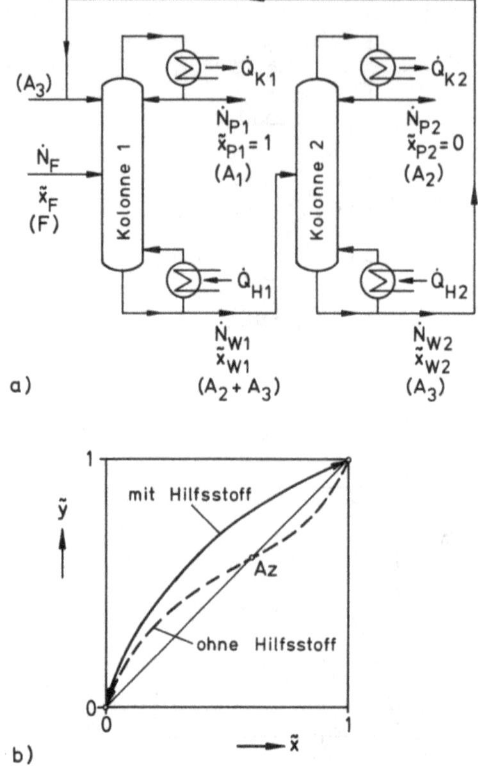

Abb. 1.79 Extraktiv-Rektifikation
a) Schema der Anlage
b) Darstellung im Zusammensetzungsdiagramm

Komponente A_2 als Rückstand abgezogen. Als Kopfprodukt wird die leichterflüchtige Komponente A_1 erhalten. In der Kolonne 2 erfolgt dann die Zerlegung des Rückstandes der Kolonne 1 in die schwererflüchtige Komponente A_2 und den Hilfsstoff A_3, der in die Kolonne 1 zurückgeführt wird. Der Hilfsstoff wandert hierbei wie das Lösungsmittel in einer Extraktionsanlage im Kreise. Hiervon rührt der Name Extraktiv-Rektifikation her. An Hilfsstoff wird, abgesehen von Verlusten, nur die anfangs erforderlich Menge benötigt.

Beispiele: Benzol-Cyclohexan/Anilin, Salzsäure-Wasser/Schwefelsäure, Salpetersäure-Wasser/Schwefelsäure, Butadien-Buten/N-Methylpyrrolidon.

1.6.4 Azeotrop-Rektifikation

Bei der **Azeotrop-Rektifikation** wird das lösliche azeotrope Zweistoffgemisch durch Zugabe eines Hilfsstoffes in ein nur teilweise lösliches azeotropes Dreistoffgemisch umgewandelt. Der Hilfsstoff wirkt somit als Azeotropwandler. Das neu gebildete Azeotrop soll ein tiefsiedendes Azeotrop sein, damit es sich leicht als Kopfprodukt abziehen läßt. Die Siedetemperatur des Hilfsstoffes soll sich im Gegensatz zur Extraktiv-Rektifikation kaum von denen der Gemischkomponenten unterscheiden.

Das Schema einer entsprechenden Anlage samt Dreiecksdiagramm ist in der Abb. 1.80 dargestellt. Das zu trennende Flüssigkeitsgemisch $F = Az_1$ azeotroper Zusammensetzung wird der Kolonne 1 zugeführt. In der Kolonne 1 erhält man als Sumpfprodukt die leichterflüchtige Komponente A_1 und als Kopfprodukt im Grenzfall das azeotrope Dreistoffgemisch Az. Nach erfolgter Kondensation zerfällt dieses Dreistoffgemisch in die beiden Phasen Ph_1 und Ph_2. Die an Hilfsstoff reiche Phase Ph_1 wird als Rücklauf in die Kolonne 1 zurückgeführt. Der Rücklauf muß dabei so groß sein, daß der Mischpunkt M auf der Verbindungsgeraden von A_1 und Az liegt. Die an Hilfsstoff arme Phase Ph_2 wird in der Kolonne 2 in das ternäre Azeotrop Az als Kopfprodukt und das binäre Gemisch B als Sumpfprodukt zerlegt. Dieses Gemisch B wird in der Kolonne 3 schließlich in die schwererflüchtige Komponente A_2 als Sumpfprodukt und das binäre Azeotrop Az_1 als Kopfpro-

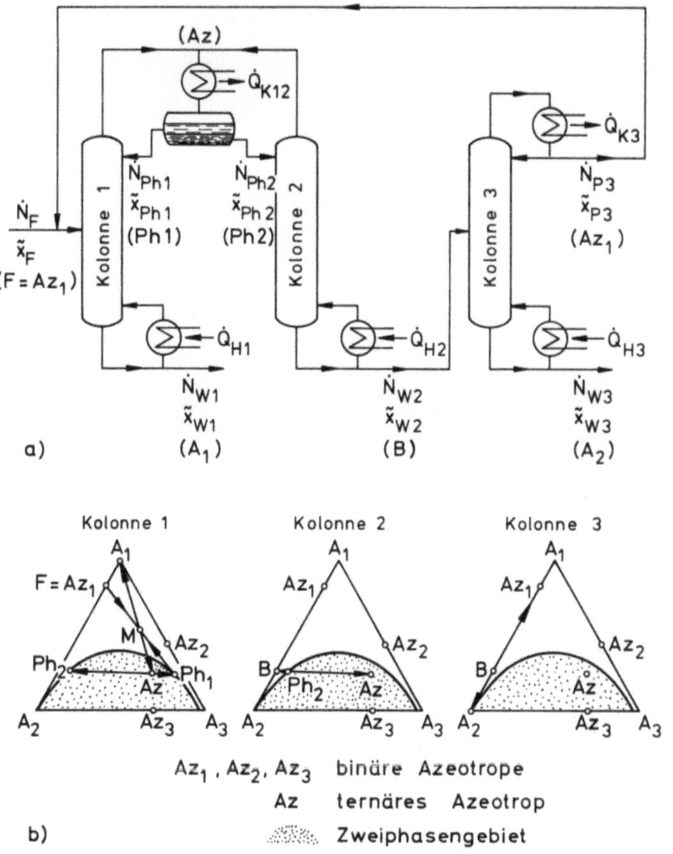

Abb. 1.80 Azeotrop-Rektifikation
a) Schema der Anlage
b) Darstellung im Dreiecksdiagramm

dukt aufgetrennt. Das Kopfprodukt Az_1 wird in die Kolonne 1 zurückgeführt und mit dem Zulauf zugeführt.

Beispiele: Ethanol-Wasser/Benzol, Ethanol-Wasser/Trichlorethylen, Aceton-Methanol/Methylenchlorid.

1.7 Praktische Ausführung von Rektifizierkolonnen

1.7.1 Bodenkolonnen

Eine Bodenkolonne besteht aus einzelnen übereinander angeordneten Böden (s. Abb. 1.37). Die herabfließende Flüssigkeit wird dem einzelnen Boden über den Zulaufschacht zugeführt (s. Abb. 1.81). Sie überströmt diesen als zusammen-

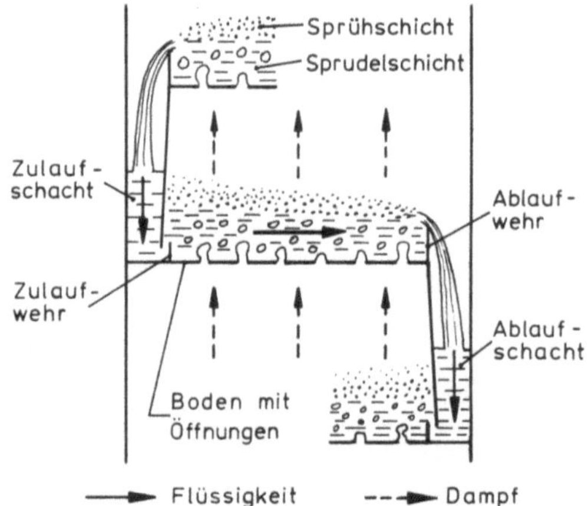

Abb. 1.81 Bodenkolonne

hängende Phase und fließt angereichert mit der schwererflüchtigen Komponente dem darunterliegenden Boden zu. Durch das Ablaufwehr wird eine bestimmte Flüssigkeitshöhe auf dem Boden gewährleistet. Der vom darunterliegenden Boden aufsteigende Dampf tritt durch die Bodenöffnungen (Glocken, Ventile, Löcher) in die auf dem Boden aufgestaute Flüssigkeit ein und wird dort dispergiert. Dadurch wird die Flüssigkeit aufgewirbelt und es entsteht eine Sprudelschicht. Über der Sprudelschicht schließt sich je nach Dampfbelastung eine mehr oder weniger ausgeprägte Sprühschicht an. In der Sprudel- und Sprühschicht finden die Wärme- und Stoffaustauschvorgänge statt. Der mit der leichterflüchtigen Komponente angereicherte Dampf steigt dann zum darüberliegenden Boden auf.

Für die in der Praxis auftretenden Rektifikationsprobleme wurden eine Vielzahl von Bodenarten entwickelt, die den jeweiligen Anforderungen in besonderer Weise gerecht werden. Die wichtigsten Bodenarten sind der

- Glockenboden,
- Ventilboden und
- Siebboden.

Beim **Glockenboden** strömt der aufsteigende Dampf zunächst durch den in den Boden eingesetzten Kamin, wird dann in der darübergestülpten Glocke umgelenkt und tritt parallel zum Boden in die aufgestaute Flüssigkeit ein (s. Abb. 1.82). Die hierbei entstehenden Dampfblasen rektifizieren beim Aufsteigen durch die über der Glocke befindlichen Sprudel- und Sprühschicht.

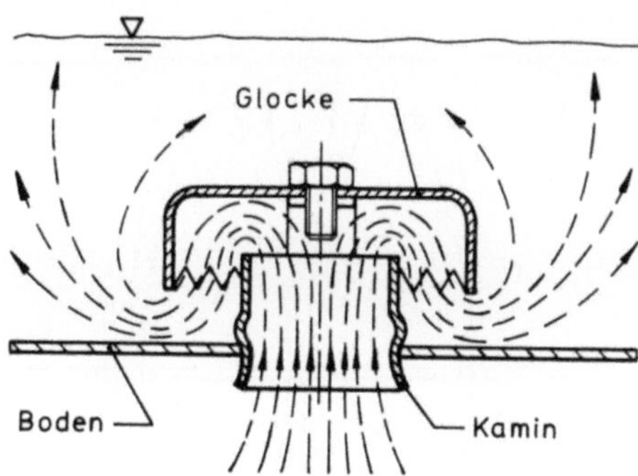

Abb. 1.82 Glockenboden

Der Hauptvorteil des Glockenbodens ist, daß er vollkommen flüssigkeitsdicht ist und dadurch ein Leerlaufen des Bodens bei niedriger Belastung verhindert wird. Der Stufenwirkungsgrad ist relativ hoch und der Belastungsbereich von allen Bodenarten am größten. Von Nachteil ist sein relativ hoher Druckverlust. Mit Spezialglockenböden lassen sich jedoch Druckverluste von etwa 2 mbar pro Boden erreichen. Auch eventuell erforderliche Reinigungen sind schwierig. Auf Grund seiner hohen Herstellungskosten wird er heutzutage nur noch in Ausnahmefällen eingesetzt; vornehmlich dort, wo bei sehr kleinen Flüssigkeitsmengen lange Aufenthaltszeiten der Flüssigkeit auf dem Boden erforderlich sind (z. B. bei chemischen Reaktionen).

Beim **Ventilboden** sind die Bodenöffnungen von geführten beweglichen Ballast-, Teller- oder Hebeventilen überdeckt (s. Abb. 1.83). Der Dampf wird beim Austritt unter dem Ventilteller abgelenkt und tritt parallel zum Boden in die aufgestaute Flüssigkeit ein. Im Betrieb passen sich der Ventilhub und damit die Dampfaustrittsöffnung selbständig der Kolonnenbelastung an.

Ventilböden werden dort eingesetzt, wo man auf einen großen Belastungsbereich bei möglichst konstantem Stufenwirkungsgrad Wert legt. Die im Vakuumbetrieb erzielbaren niedrigsten Druckverluste liegen beim Einsatz von Spezialventilböden bei etwa 2 bis 3 mbar pro Boden. Da der Ventilboden bewegliche Teile enthält, ist er dem mechanischen Verschleiß unterworfen.

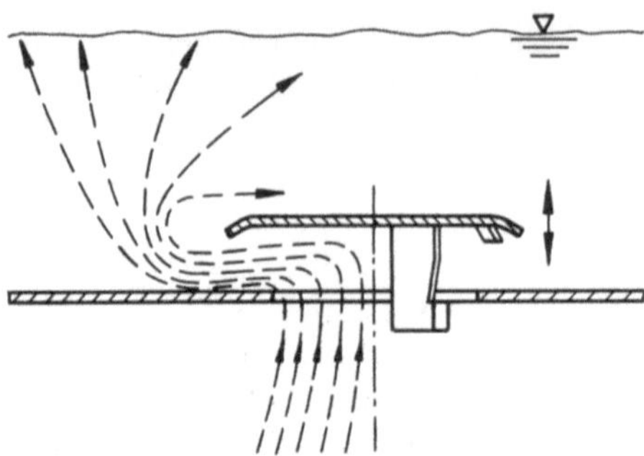

Abb. 1.83 Ventilboden

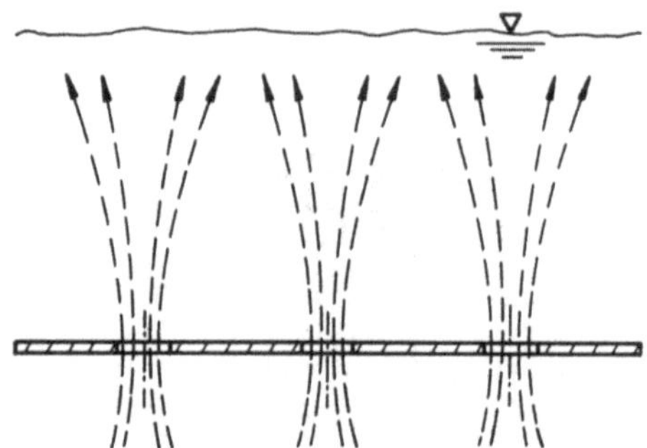

Abb. 1.84 Siebboden

Beim **Siebboden** tritt der Dampf durch Bohrungen in der Bodenplatte geradewegs in die auf dem Boden aufgestaute Flüssigkeit ein und wird dort dispergiert (s. Abb. 1.84). Die Dampfblasen steigen ohne Umlenkung in der Flüssigkeit auf.

Siebböden zeichnen sich durch ihre einfache und preisgünstige Konstruktion aus. Bei entsprechendem Betrieb lassen sich Stufenwirkungsgrade ähnlich denen von Glocken- und Ventilböden erzielen. Ein weiterer Vorteil ist, daß sie leicht zu reinigen sind. Siebböden sind sehr anfällig gegenüber Belastungsschwankungen. Bei zu hohen Dampfbelastungen tritt Fluten und bei zu geringen Dampfbelastungen Durchregnen auf. Deshalb ist ihr Einsatz auf Prozesse beschränkt, die keinen großen Belastungsschwankungen unterworfen sind.

1.7.2 Füllkörperkolonnen

Im Gegensatz zu dem stufenweise erfolgenden Wärme- und Stoffaustausch in einer Bodenkolonne wird bei der Füllkörperkolonne ein stetiger Austausch erreicht. Die Füllkörperkolonne besitzt eine Füllkörperschüttung, die auf einem Tragrost ruht, der im untersten Kolonnenteil angebracht ist (s. Abb. 1.65). Der Kopfteil der Kolonne wird nicht vollständig gefüllt, damit eine gewisse Beruhigungszone entsteht und vom Dampf mitgerissene Flüssigkeitströpfchen wieder in die Kolonne zurückgelangen können.

Im Innern der Füllkörperkolonne werden die herabfließende Flüssigkeit und der aufsteigende Dampf in dauerndem Kontakt gehalten. Beide Phasen bleiben dabei in zusammenhängender Form bestehen. Der Wärme- und Stoffaustausch findet an der Oberfläche des die Füllkörper innen und außen benetzenden Flüssigkeitsfilms statt. Die Austauschfläche entspricht der Filmoberfläche. Um eine gute Phasenverteilung und eine möglichst große Austauschfläche für den Wärme- und Stoffaustausch zu erhalten, werden verschieden gestaltete **Füllkörper** eingesetzt. Die am häufigsten angewandten Füllkörper sind Kugeln, Ringe mit glatten und profilierten Oberflächen, Ringe mit Innenstegen, Ringe mit Wanddurchbrüchen, Sattelkörper, Drahtnetzringe, Drahtwendeln und Drahtgewebepackungen (s. Abb. 1.85). Je nach den gestellten Anforderungen können die Füllkörper aus verschiedenen Materialien wie Metall, Kunststoff, Porzellan, Glas und Graphit hergestellt werden.

Abb. 1.85 Füllkörper

a) Kugel   e) Intalox-Sattel
b) Raschig-Ring   f) Berl-Sattel
c) Prym-Ring   g) Super-Sattel
d) Pall-Ring

Füllkörperkolonnen werden eingesetzt, wenn es auf niedrige Druckverluste ankommt. Dies ist der Fall bei der Vakuumrektifikation und bei der Rektifikation temperaturempfindlicher Stoffgemische. Der Druckverlust von Füllkörperkolonnen kann bis auf ein Zehntel des Druckverlustes von konventionellen Böden herabgesetzt werden. Da sich die Füllkörper aus unterschiedlichen Materialien herstellen lassen, ist die Füllkörperkolonne auch für die Rektifikation stark korrodierender Stoffgemische geeignet. Von Nachteil bei der Füllkörperkolonne ist die **Randgängigkeit.** Hierunter versteht man die Tatsache, daß die durch die Füllkörperschüttung herabfließende Flüssigkeit dazu neigt, sich der Kolonnenwand zu nähern. Soll der Einfluß dieser Ungleichverteilung nicht zu groß werden, so muß die Füllkörperschüttung etwa alle 1,5 bis 2 m unterbrochen und die Flüssigkeit neu verteilt werden. Außerdem sind Füllkörperkolonnen empfindlich gegenüber Verschmutzungen und Verkrustungen.

1.7.3 Anhaltspunkte für die Kolonnenauswahl

Die Vielfalt der auf dem Markt befindlichen Boden- und Füllkörpertypen läßt es ratsam erscheinen, dem Verfahrens- und Projektingenieur Anhaltspunkte für die Auswahl an die Hand zu geben. Die Auswahl sollte so erfolgen, daß mit den geeignetsten Elementen höchstmögliche Leistungen bei niedrigsten Investitions- und Betriebskosten erzielt werden.

Ein Maß für die **Trennwirkung** von Bodenkolonnen ist der Stufenwirkungsgrad
(Gl. (1.198)). Er soll hoch und in einem weiten Belastungsbereich möglichst
konstant sein. Der Stufenwirkungsgrad ist von der Bodenart, den Eigenschaften
des zu trennenden Stoffgemisches, der Gas- und Flüssigkeitsbelastung und den
Betriebsbedingungen abhängig. Er wird günstig beeinflußt durch große Phasengrenzfläche und gute Stoffübergangskoeffizienten. Die Stufenwirkungsgrade der
auf dem Markt befindlichen Böden liegen zwischen 40 und 100 % (s. Abb. 1.86).

Die Trennwirkung von Füllkörperkolonnen wird an Hand des HETS-Wertes
(s. Abschn. 1.5.3) oder ihres Reziprokwertes, der Wertungszahl n_t, die gleich der
Anzahl der theoretischen Trennstufen je Meter Schüttungshöhe ist, beurteilt.
HETS-Wert und Wertungszahl hängen von der Füllkörperart, den Eigenschaften
des zu trennenden Stoffgemisches, der Kolonnenbelastung und den Betriebsbedingungen ab. Die Wertungszahlen für Packungen aus Füllkörpern mit einer
Abmessung von 25 bis 50 mm liegen in der Größenordnung von 1 bis 4 theoretischen Trennstufen je Meter Schüttungshöhe (s. Abb. 1.87). Mit kleinen Drahtwendeln und Gewebepackungen lassen sich bis zu 50 theoretische Trennstufen je
Meter Schüttungshöhe erreichen.

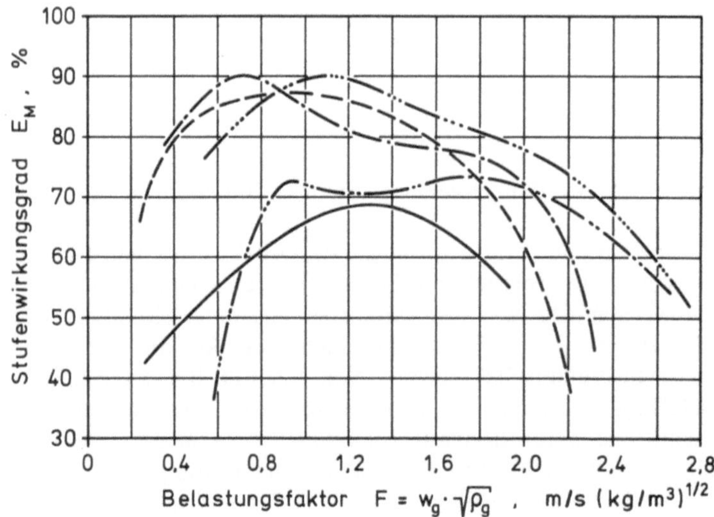

Abb. 1.86 Trennwirkung verschiedener Böden als Funktion des Belastungsfaktors [14]

Kolonnendurchmesser   800 mm
Bodenabstand   500 mm
System   Ethylbenzol-Styrol
Betriebsdruck   133 mbar
Rücklaufverhältnis $v \to \infty$
——— Glockenboden
– – – Tunnelboden
–·– Ventilboden, Typ V1
–··– Siebboden, Lochdurchmesser 12,5 mm, Ablaufwehrhöhe 38 mm
–···– Siebventilboden, Lochdurchmesser 9,3 mm, Ventildurchmesser 36,5 mm, Ablaufwehr-
      höhe 38 mm

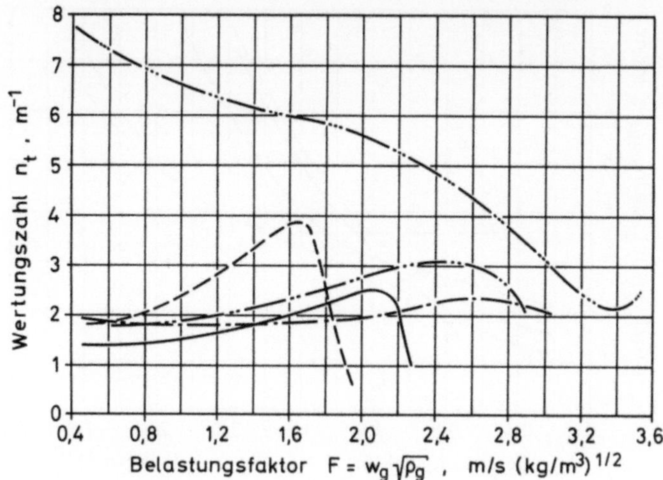

Abb. 1.87 Trennwirkung verschiedener Füllkörper als Funktion des Belastungsfaktors [14]

Kolonnendurchmesser	500 mm	——	Metall-Raschig-Ring 50 × 50 mm
Schüttungshöhe	2000 mm	– – –	Metall-Raschig-Ring 25 × 25 mm
System	Ethylbenzol-Styrol	– · –	Metall-Pall-Ring 50 × 50 × 1 mm
Betriebsdruck	133 mbar	– ·· –	Metall-Pall-Ring 25 × 25 × 0,6 mm
Rücklaufverhältnis	$v \rightarrow \infty$	– ··· –	Gewebe-Packung

Der **Druckverlust** soll bei der Rektifikation möglichst klein sein. Der Druckverlust eines Bodens setzt sich zusammen aus dem

– Druckverlust, den das Gas beim Durchströmen des trockenen, nicht flüssigkeitsbeaufschlagten Boden erleidet,
– Druckverlust, der aus der Zerteilung des Gases auf der auf dem Boden aufgestauten Flüssigkeit resultiert und aus
– statischen Druckabfall beim Durchtritt des Gases durch die auf dem Boden aufgestaute Flüssigkeit.

Der Druckverlust nimmt mit steigender Dampfgeschwindigkeit, zunehmender Flüssigkeitshöhe und wachsendem Absolutdruck zu. Die Druckverluste von Kolonnenböden liegen in der Größenordnung von 1 bis 8 mbar pro Boden (s. Abb. 1.88).

Füllkörperkolonnen zeichnen sich durch sehr geringe Druckverluste aus und werden deshalb häufig für die Vakuumrektifikation eingesetzt. Mit Gewebepackungen lassen sich beispielsweise Druckverluste von 0,1 bis 1 mbar pro HETS erzielen (s. Abb. 1.89).

Unter dem **Belastungsbereich** eines Bodens versteht man den Bereich zwischen der unteren und oberen Belastung mit Dampf und Flüssigkeit. Beim Überschreiten der Grenzen des Belastungsbereiches fällt die Trennwirkung stark ab.

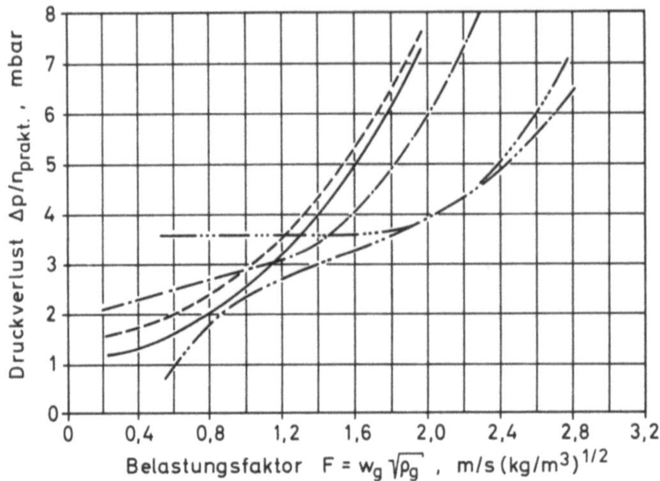

Abb. 1.88 Druckverlust verschiedener Böden als Funktion des Belastungsfaktors[14]

Kolonnendurchmesser	800 mm
Bodenabstand	500 mm
System	Ethylbenzol-Styrol
Betriebsdruck	133 mbar
Rücklaufverhältnis	$v \to \infty$

—— Glockenboden
———— Tunnelboden
—·— Ventilboden, Typ V1
—··— Siebboden, Lochdurchmesser 12,5 mm, Ablaufwehrhöhe 38 mm
—···— Siebventilboden, Lochdurchmesser 9,3 mm, Ventildurchmesser 36,5 mm, Ablaufwehr-
höhe 38 mm

Bei einer niedrigen Dampfbelastung und gleichzeitig hoher Flüssigkeitsbelastung besteht die Gefahr des Durchregnens. Eine zu hohe Dampfbelastung führt in diesem Fall zum Mitreißen von Flüssigkeit. Andererseits bewirkt eine zu geringe Flüssigkeitsbelastung je nach Dampfbelastung ein Freiblasen der Bodenöffnungen oder ein pulsierendes Arbeiten des Bodens. Beim pulsierenden Arbeiten tritt der Dampf periodisch aus den Bodenöffnungen. Bei einer zu hohen Flüssigkeitsbelastung kommt es zur Überflutung des Bodens.

In Füllkörperkolonnen gibt es ebenfalls eine untere und obere Belastungsgrenze. Bevor die untere Belastungsgrenze erreicht ist, strömen Dampf und Flüssigkeit nahezu ungehindert aneinander vorbei. Beim Erreichen der oberen Belastungsgrenze ist die Kolonne mit einer zusammenhängenden Flüssigkeitssäule gefüllt, durch welche der Dampf in Form einzelner Blasen hindurchperlt (Flutpunkt). Die Trennwirkung ist in der Nähe der oberen Belastungsgrenze am größten.

Verschmutzungsneigung. Unempfindlichkeit der Böden bzw. Füllkörper gegen Verschmutzungen ist eine häufig gestellte Forderung, und zwar besonders in Raffinerien und petrochemischen Anlagen.

Der **Korrosionsbeständigkeit** wird Rechnung getragen durch den Einsatz geeigne-

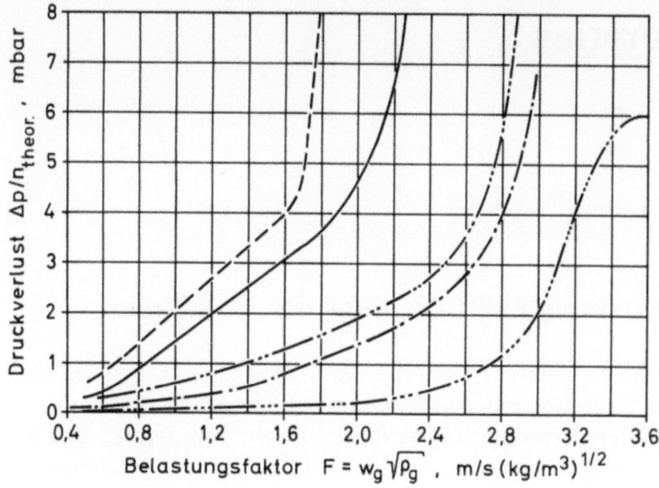

Abb. 1.89 Druckverlust verschiedener Füllkörper als Funktion des Belastungsfaktors [14]

Kolonnendurchmesser   500 mm
Schüttungshöhe   2000 mm
System   Ethylbenzol-Styrol
Betriebsdruck   133 mbar
Rücklaufverhältnis $v \to \infty$

———— Metall-Raschig-Ring 50 × 50 mm
– – – – Metall-Raschig-Ring 25 × 25 mm
–·– Metall-Pall-Ring 50 × 50 × 1 mm
–··– Metall-Pall-Ring 25 × 25 × 0,6 mm
–···– Gewebepackung

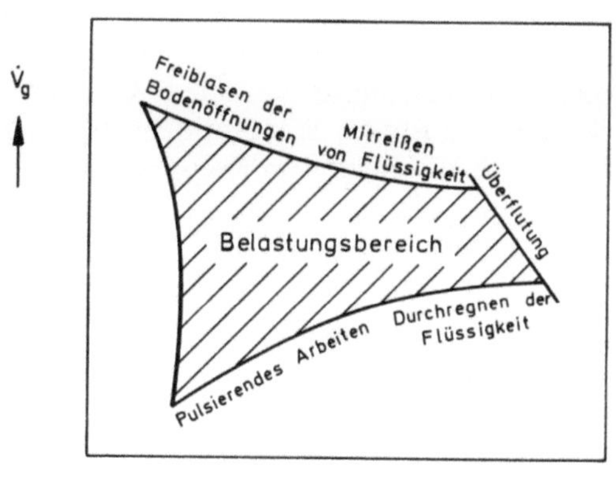

Abb. 1.90 Belastungsbereich eines Bodens

ter Materialien (Edelstahl, Kunststoff, Keramik) sowie durch ausgereifte Konstruktion.

Beim Bau von Kolonnen müssen **kostengünstige Lösungen** angestrebt werden. Dies gebietet den Einsatz preiswerter Materialien, Minimierung des Materialaufwandes und einfache Herstellung.

2. Absorption

2.1 Beschreibung und Bedeutung des Verfahrens

Unter **Absorption** versteht man die Auflösung eines Gases in einer Flüssigkeit. Die das Gas aufnehmende Flüssigkeit wird Waschmittel genannt. Die Auflösung des Gases in dem Waschmittel wird durch tiefe Temperatur und erhöhten Druck begünstigt. Handelt es sich bei dem Gas um ein Gemisch aus mehreren Komponenten und lösen sich bestimmte Komponenten selektiv in dem Waschmittel, so kann die Absorption zur Reinigung oder auch zur Trennung des Gasgemisches angewandt werden. Bei der Reinigung von Gasgemischen werden unerwünschte Schadstoffe aus dem Rohgas abgetrennt, z. B. Entfernung von SO_2 aus Rauchgasen. Bei der Trennung von Gasgemischen stellen die gelösten Gase Wertstoffe dar, z. B. Abtrennung von Butadien aus Kohlenwasserstoffgemischen.

Das beladene Waschmittel wird in der Regel durch Austreiben des gelösten Gases regeneriert und dem Absorber wieder zugeführt. Dieser Vorgang wird als **Desorption** bezeichnet. Die Desorption des gelösten Gases wird durch erhöhte Temperatur und niedrigen Druck begünstigt.

Die wesentlichen Elemente einer **Absorptionsanlage** sind in Abb. 2.1 dargestellt. Im Absorber belädt sich das Waschmittel mit dem Gas. Im nachgeschalteten Desorber wird das gelöste Gas aus dem Waschmittel ausgetrieben. Das regenerierte Waschmittel wird − nach Kühlung − im Kreislauf zum Absorber zurückgeführt.

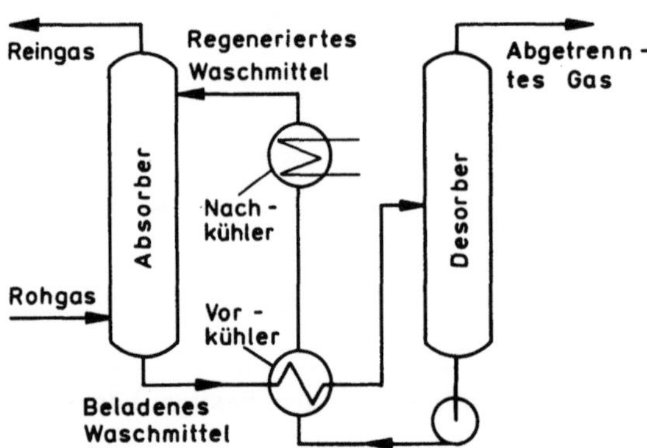

Abb. 2.1 Schema einer Absorptionsanlage mit nachgeschalteter Waschmittelregeneration

Je nach Art des Lösungsvorganges bei der Auflösung des Gases in dem Waschmittel unterscheidet man zwischen physikalischer und chemischer Absorption. Bei der **physikalischen Absorption** ist das Waschmittel eine reine Flüssigkeit. Maßgeblich sind vorwiegend die zwischenmolekularen Wechselwirkungen (van der Waalsche Kräfte), z. B. Auflösung von O_2 in Wasser. Bei der **chemischen Absorption** ist im Waschmittel ein dritter Stoff, eine sog. chemische Senke, gelöst. Mit diesem geht das zu absorbierende Gas eine chemische Bindung ein, z. B. Auflösen von CO_2 in wäßriger Natronlauge.

Die **Bedeutung der Absorption** soll an Hand einiger Anwendungsbeispiele veranschaulicht werden

- Entfernung von CO_2 aus Rauch- und Synthesegasen mittels Druckwasserwäsche
- Entfernung von CO_2 aus Synthesegasen mittels wässeriger Karbonatlösungen
- Entfernung von SO_2 aus Rauchgasen mittels Kalkmilch
- Entfernung von H_2S aus Synthesegasen mittels Alkanolaminlösungen
- Abtrennung von NH_3 aus einem NH_3-Luftgemisch durch Wasser
- Abtrennung von Butadien aus Olefingas mittels N-Methylpyrrolidon
- Absorption nitroser Gase in Wasser bei der Herstellung von Salpetersäure
- Absorption von Chlor bzw. Ozon in Wasser zur Desinfektion.

Die Absorption und die Desorption lassen sich sowohl in Boden- als auch in Füllkörperkolonnen durchführen. Die **Auslegung** dieser Kolonnen basiert − genau wie bei der Rektifikation − auf folgenden Gesetzen

- Mengenbilanzen
- Energiebilanzen
- Gleichgewichtsbeziehungen und
- Ansätzen für die Stoffübertragung.

Von diesen Gesetzmäßigkeiten sollen die Gleichgewichtsbeziehungen im folgenden Abschnitt näher erläutert werden.

2.2 Physikalische Grundlagen

Bilden bei der **physikalischen Absorption** das gelöste Gas und das Waschmittel ein ideales Gemisch, so gilt für das gelöste Gas das **Raoultsche Gesetz**

$$p_i = \tilde{x}_i\, p_i^*\, (T) \,. \tag{2.1}$$

Ersetzen wir den Partialdruck p_i der Komponente i durch den Molenbruch in der Gasphase $\tilde{y}_i$ und den Gesamtdruck p

$$p_i = \tilde{y}_i\, p \,, \tag{2.2}$$

so ergibt sich

$$\tilde{y}_i = \frac{p_i^* \,(T)}{p}\, \tilde{x}_i . \tag{2.3}$$

Für eine konstante Temperatur T und einen konstanten Druck ist die Gleichgewichtslinie im $\tilde{y}_i = \tilde{y}_i\,(\tilde{x}_i)$-Diagramm eine Gerade. Ideales Lösungsverhalten findet man bei niedrigen Partialdrucken p_i und auch bei chemisch verwandten Stoffen, wie Gliedern einer homologen Reihe.

Verhält sich die Lösung infolge unterschiedlicher Wechselwirkungen zwischen den gleichartigen und den ungleichartigen Molekülen nicht ideal, so wird die Abweichung vom Idealverhalten durch Hinzufügen eines Aktivitätskoeffizienten γ_i berücksichtigt

$$p_i = \gamma_i\, \tilde{x}_i\, p_i^* \,(T) . \tag{2.4}$$

Hieraus folgt

$$\tilde{y}_i = \frac{\gamma_i\, p_i^* \,(T)}{p}\, \tilde{x}_i . \tag{2.5}$$

Der Aktivitätskoeffizient γ_i ist hierbei sowohl von der Konzentration des gelösten Stoffes als auch von der Temperatur abhängig. Die bei Absorptionsvorgängen mit physikalisch wirkenden Waschmitteln häufig vorliegenden niedrigen Konzentrationen an gelöstem Stoff i erlauben es jedoch in den meisten Fällen, den Ausdruck $\gamma_i\, p_i^* \,(T)$ zu einer Konstanten zusammenzufassen

$$\boxed{p_i = H_i\, \tilde{x}_i} \tag{2.6}$$

oder

$$\tilde{y}_i = \frac{H_i}{p}\, \tilde{x}_i . \tag{2.7}$$

Der Zusammenhang nach Gl. (2.6) ist als **Henrysches Gesetz** bekannt; H_i in bar wird **Henryscher Absorptionskoeffizient** genannt.

In der Literatur wird für die Beurteilung der Löslichkeit eines Gases in einem Waschmittel neben dem Henryschen Absorptionskoeffizienten auch der **Bunsensche Absorptionskoeffizient** α_i verwendet. Er stellt das von einer Volumeneinheit des Lösungsmittels bei der betrachteten Temperatur gelöste Normvolumen des Gases i dar, wenn der Partialdruck p_i gleich 1 bar ist. Seine Dimension ist

$$[\alpha_i] = \frac{\mathrm{m}_N^3}{\mathrm{m}^3\,\mathrm{bar}} .$$

Er hängt mit dem Henryschen Absorptionskoeffizienten wie folgt zusammen

$$\alpha_i = \frac{1}{H_i}\, \tilde{V} \frac{\varrho_l}{\tilde{M}_l} . \tag{2.8}$$

Tab. 2.1 Bunsenscher Absorptionskoeffizient für in Wasser lösliche Gase in $m_N^3/(m^3\ bar)$

Temperatur (°C)	H_2	O_2	CO_2	Luft	H_2S	CO	NO	CH_4	C_2H_6	C_2H_4	C_2H_2
0	0,02120	0,04825	1,691	0,02847	4,609	0,07284	0,03491	0,05490	0,09744	0,223	1,71
30	0,01677	0,02574	0,656	0,01586	2,010	0,03951	0,01972	0,02726	0,03576	0,097	0,83
60	0,01579	0,01920	0,354	0,01200	1,174	0,02915	0,01468	0,01928	0,02148	–	–
100	0,0158	0,0170	–	0,0110	0,80	0,0260	0,0139	0,0168	0,0170	–	–

Hierin sind $\tilde{V} = 22{,}4\ \mathrm{m_N^3/kmol}$ das Avogadrovolumen, ϱ_l die Dichte und $\tilde{M}_l$ die Molmasse des Waschmittels. In Tab. 3.1 sind einige Zahlenwerte für die Löslichkeit verschiedener Stoffe in Wasser in Form des Bunsenschen Absorptionskoeffizienten angegeben.

Bei den Stoffen CO_2, H_2S und C_2H_2 liegt eine schwache chemische Bindung mit dem Waschmittel vor, was bewirkt, daß der Bunsensche Absorptionskoeffizient wesentlich größer ist als bei den übrigen Stoffen.

Das Raoultsche und das Henrysche Gesetz stellen Grenzgesetze dar, wie aus der Abb. 2.2 ersichtlich ist. Das Raoultsche Gesetz liefert im Druckdiagramm die Asymptote an die reale Partialdruckkurve $p_i(\tilde{x}_i)$ für $\tilde{x}_i \rightarrow 1$. Das Henrysche Gesetz beschreibt das Grenzverhalten für $\tilde{x}_i \rightarrow 0$.

Handelt es sich bei den Kräften zwischen dem gelösten Stoff und dem Waschmittel um chemische Bindungen, so spricht man von **chemischer Absorption.**

Beispiel: Absorption von CO_2 in wäßriger Na_2CO_3-Lösung

$$Na_2CO_3 + CO_2 + H_2O \leftrightarrows 2\,NaHCO_3.$$

Das Phasengleichgewicht wird durch das chemische Gleichgewicht beschrieben. Die Gleichgewichtskonstanten erhält man durch Anwendung des Massenwirkungsgesetzes. Während bei der physikalischen Absorption der Gasdruck über dem Waschmittel proportional der Konzentration des gelösten Stoffes in der flüssigen Phase ist, zeigen chemische Waschmittel, insbesondere bei geringen Konzentrationen, eine starke Partialdruckabsenkung (s. Abb. 2.3). Dies kommt daher, daß das Waschmittel eine „chemische Senke" darstellt, und die physika-

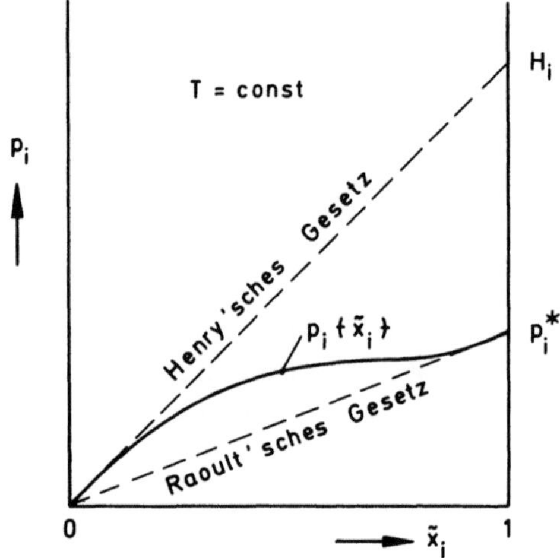

Abb. 2.2 Zur Erläuterung des Henryschen und Raoultschen Gesetzes

lische Konzentration des gelösten Stoffes (CO_2) durch Umsetzung in einen anderen, nicht flüchtigen Stoff ($NaHCO_3$) verringert wird. Die maximale Aufnahmefähigkeit eines chemischen Waschmittels ist durch die Zahl der Mole des reagierenden Mittels (Na_2CO_3) in einer Raumeinheit der Lösung gegeben, die bei vollem Umsatz entsprechend den stöchiometrischen Verhältnissen Gasmole (CO_2) binden.

Zur graphischen **Darstellung des Phasengleichgewichtes** bei der Absorption werden neben dem Druckdiagramm $p_i\,\tilde{x}_i$ das Zusammensetzungsdiagramm $\tilde{y}_i\,\tilde{x}_i$ und das Beladungsdiagramm $\tilde{Y}_i\,\tilde{X}_i$ benutzt (s. Abb. 2.3). Beim **Druckdiagramm** ist der Partialdruck des zu absorbierenden Gases p_i über dem Molenbruch des gelösten Gases in der flüssigen Phase $\tilde{x}_i$ für konstante Temperatur aufgetragen. Beim **Zusammensetzungsdiagramm** wird anstatt des Partialdruckes des zu absorbierenden Gases p_i der Molenbruch in der Gasphase $\tilde{y}_i$ über dem Molenbruch in der flüssigen Phase aufgetragen. Die Anwendung des **Beladungsdiagramms** empfiehlt sich für die Auslegung von Absorptionskolonnen, in denen der Waschmittelstrom und der Trägergasstrom konstant sind.

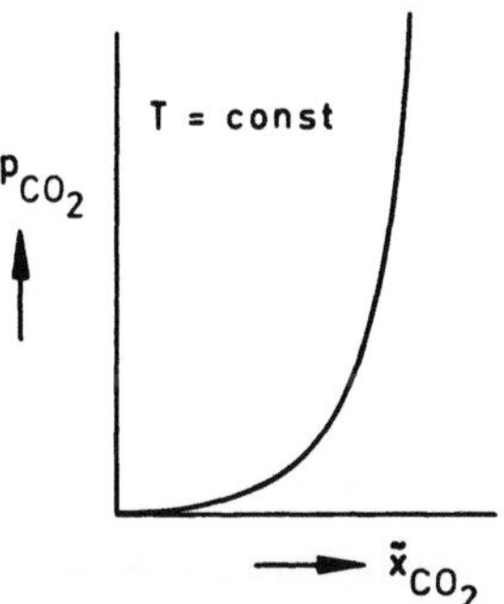

Abb. 2.3
Phasengleichgewicht bei der Absorption von CO_2 in wäßriger Na_2CO_3-Lösung

Die molaren Beladungen der flüssigen und der gasförmigen Phase sind folgendermaßen definiert

$$\tilde{X}_i = \frac{N_i}{N_l}, \quad \tilde{Y}_i = \frac{N_i}{N_g}. \tag{2.9 a, b}$$

Hierbei sind N_i die molare Stoffmenge der zu absorbierenden Komponente i, N_l die molare Stoffmenge des Waschmittels und N_g die molare Stoffmenge an Inertgas. Für die Umrechnung der Molenbrüche in die Molbeladungen gilt

$$\tilde{X}_i = \frac{\tilde{x}_i}{1 - \tilde{x}_i}, \quad \tilde{Y}_i = \frac{\tilde{y}_i}{1 - \tilde{y}_i}. \tag{2.10 a, b}$$

Die **Temperatur- und Druckabhängigkeit** des Absorptionsgleichgewichtes ist in Abb. 2.5 dargestellt. Aus der Gl. (2.3) bzw. (2.5) folgt, daß die Löslichkeit des

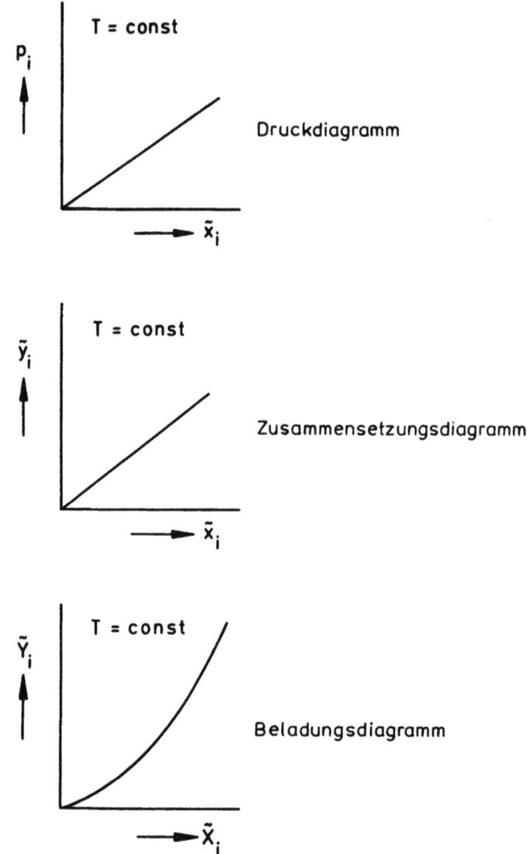

Abb. 2.4 Darstellung des Phasengleichgewichtes bei der physikalischen Absorption

Gases im Waschmittel mit abnehmender Temperatur und steigendem Druck zunimmt.

Die Absorption eines Gases in einem Waschmittel ist ein exothermer Vorgang. Die dabei freiwerdende Wärme wird **Absorptionswärme** genannt. Wird der Absorptionsvorgang unter konstantem Druck durchgeführt, so wird die je kmol absorbierten Gases *i* freigesetzte Absorptionswärme gleich Absorptionsenthalpie genannt. Sie ist vom System, der Temperatur und von der Konzentration des gelösten Gases im Waschmittel abhängig.

Bildet bei der physikalischen Absorption das Waschmittel mit der zu absorbierenden Komponente ein ideales Gemisch, so ist die Absorptionsenthalpie gleich der Kondensationsenthalpie des zu absorbierenden Gases bei Absorptionsbedingungen. Verhält sich das Gemisch nicht ideal, so ist zusätzlich zur Kondensationsenthalpie die Mischungsenthalpie zu berücksichtigen.

Bei der chemischen Absorption entspricht die Absorptionsenthalpie gleich der

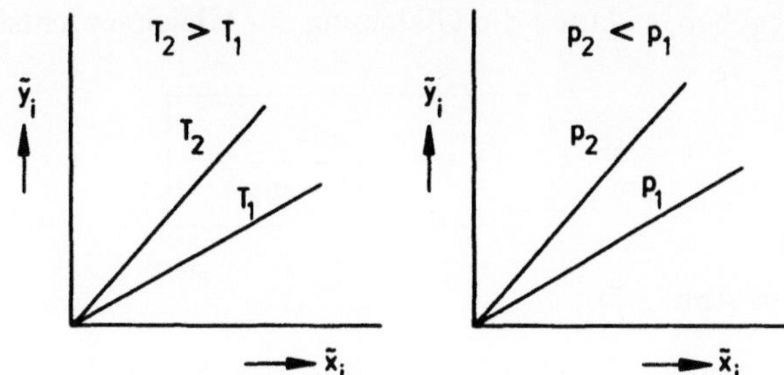

Abb. 2.5 Temperatur- und Druckabhängigkeit des Absorptionsgleichgewichtes

Reaktionsenthalpie. Sie kann ein Mehrfaches der Kondensationsenthalpie ausmachen.

2.3 Absorption in Bodenkolonnen

Die Absorption kann wie die Rektifikation in Bodenkolonnen durchgeführt werden (s. Abb. 2.6).

Die einzelnen Böden haben die Aufgabe, das von unten aufsteigende Gas und die von oben herabfließende Flüssigkeit innig miteinander in Kontakt zu bringen. Hierbei geht die zu absorbierende Komponente von der Gasphase in die flüssige Phase über. Die Beladung des Gases nimmt von $\tilde{Y}_{ein}$ auf $\tilde{Y}_{aus}$ ab und die Beladung der Flüssigkeit von $\tilde{X}_{ein}$ auf $\tilde{X}_{aus}$ zu.

Im folgenden soll die Ermittlung der theoretischen Stufenzahl im Beladungsdiagramm erläutert werden. Ist das Gleichgewicht beispielsweise durch das Henry-

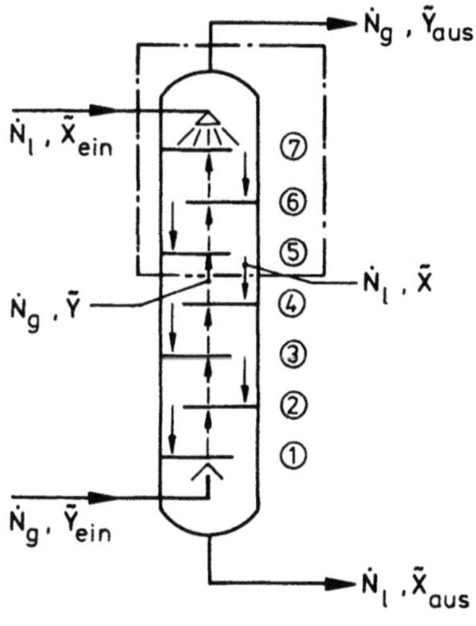

Abb. 2.6
Absorption in einer Bodenkolonne

sche Gesetz gegeben, so lautet die Gleichung der **Gleichgewichtslinie**

$$\tilde{Y}^* = \frac{m\,\tilde{X}}{1 + (1 - m)\,\tilde{X}}$$

(2.11)

mit $m = H/p$ *(s. Abb. 2.7)*.

Aus der Mengenbilanz um den Kopf der Kolonne

$$\dot{N}_l\,\tilde{X}_{\text{ein}} + \dot{N}_g\,\tilde{Y} = \dot{N}_l\,\tilde{X} + \dot{N}_g\,\tilde{Y}_{\text{aus}}$$

(2.12)

folgt die Gleichung der **Bilanzlinie** im Beladungsdiagramm

$$\tilde{Y} = \frac{\dot{N}_l}{\dot{N}_g}\,\tilde{X} + \left(\tilde{Y}_{\text{aus}} - \frac{\dot{N}_l}{\dot{N}_g}\,\tilde{X}_{\text{ein}}\right).$$

(2.13)

Die Bilanzlinie stellt für konstante Mengenströme $\dot{N}_l$ und $\dot{N}_g$ eine Gerade im Beladungsdiagramm dar (s. Abb. 2.7). Ihre Steigung ist $\tan\alpha = \dot{N}_l/\dot{N}_g$. Sind die Gleichgewichts- und die Bilanzlinie bekannt, so kann die für ein bestimmtes Absorptionsproblem erforderliche **Zahl an theoretischen Trennstufen** mit Hilfe eines zwischen Gleichgewichts- und Bilanzlinie eingezeichneten Treppenzuges bestimmt werden (s. Abb. 2.7).

Die Zahl der theoretischen Trennstufen hängt von der Größe des Waschmittelstromes $\dot{N}_l$ ab. Je weniger Waschmittel dem Absorber zugeführt wird, desto flacher verläuft die Bilanzgerade und desto mehr Trennstufen werden für eine vorgegebene Trennaufgabe benötigt. Falls sich Bilanz- und Gleichgewichtslinie schneiden, wird die erforderliche Trennstufenzahl unendlich groß (s. Abb. 2.8).

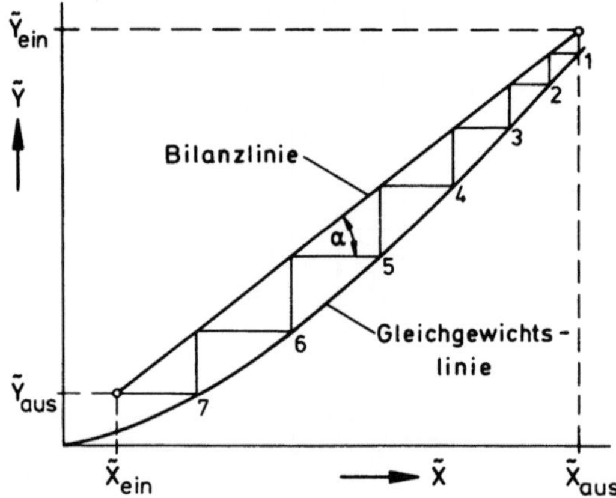

Abb. 2.7 Ermittlung der theoretischen Trennstufenzahl im Beladungsdiagramm

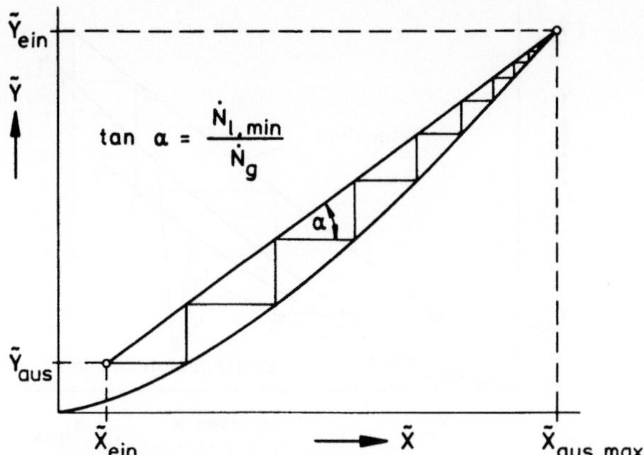

Abb. 2.8 Ermittlung des Mindestwaschmittelstromes

Den zugehörigen Waschmittelstrom bezeichnet man als **Mindestwaschmittel-strom** $\dot{N}_{l,min}$.

Wie im vorhergenden Abschnitt gezeigt wurde, ist die Lage der Gleichgewichts-linie temperaturabhängig. Verläuft die Absorption stark exotherm, so steigt die Temperatur des Waschmittels von Stufe zu Stufe an. Man spricht in diesem Fall von **nichtisothermer Absorption.** Wird die Wärmekapazität des Gasstroms ver-nachlässigt, so ergibt sich die Temperaturerhöhung pro Stufe aus einer Energie-bilanz um den Waschmittelstrom

$$\dot{N}_l \, \tilde{c}_l \, \Delta T_{\text{Stufe}} = \dot{N}_l \, \Delta \tilde{X}_{\text{Stufe}} \, \Delta \tilde{h}_A \tag{2.14}$$

zu

$$\Delta T_{\text{Stufe}} = \Delta \tilde{X}_{\text{Stufe}} \, \frac{\Delta \tilde{h}_A}{\tilde{c}_l} \, . \tag{2.15}$$

Hierbei sind $\tilde{c}_l$ die molare spezifische Wärmekapazität des Waschmittels und $\Delta \tilde{h}_A$ die molare differentielle Absorptionswärme. Durch die Temperaturerhöhung wird das Absorptionsvermögen des Waschmittels verringert, was eine Erhöhung der erforderlichen Trennstufenzahl zur Folge hat. Die Ermittlung der theoreti-schen Stufenzahl erfolgt dann gemäß Abb. 2.9, wobei $\Delta \tilde{X}_{\text{Stufe}}$ und ΔT_{Stufe} iterativ bestimmt werden müssen. Falls die Temperaturerhöhungen zu groß sind, muß gegebenenfalls eine Zwischenkühlung der Waschflüssigkeit vorgesehen werden.

Kennt man die Zahl der theoretischen Trennstufen, so muß diese noch mit Hilfe des Stufenwirkungsgrades auf die praktische Trennstufenzahl umgerechnet wer-den. Die Definition des **Stufenwirkungsgrades** lautet

$$E_{M,\lambda} = \frac{\tilde{Y}_{\lambda-1} - \tilde{Y}_{\lambda}}{\tilde{Y}_{\lambda-1} - \tilde{Y}_{\lambda}^*} \, . \tag{2.16}$$

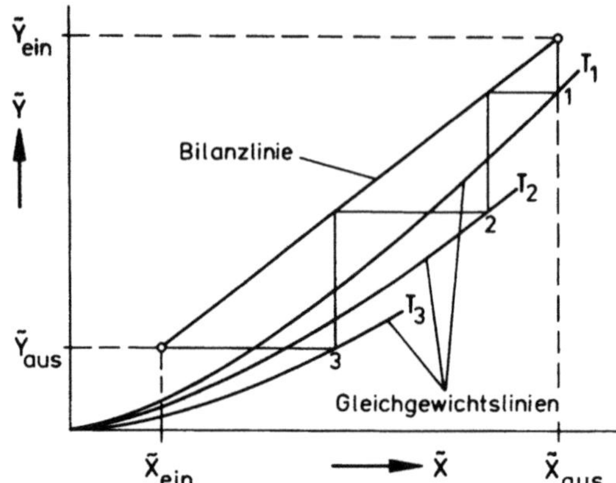

Abb. 2.9 Nichtisotherme Absorption

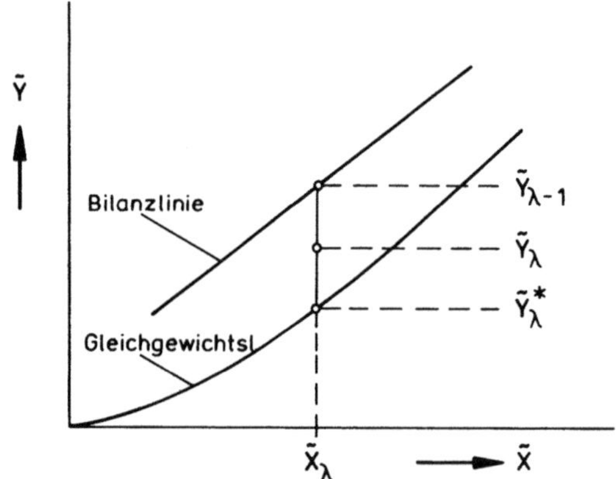

Abb. 2.10 Zur Definition des Stufenwirkungsgrades

Er ist gleich dem Verhältnis der Beladungsänderung einer praktischen Trennstufe zu der maximal erreichbaren Beladungsänderung einer theoretischen Trennstufe (s. Abb. 2.10).

Während der Stufenwirkungsgrad bei der Destillation und Rektifikation in der Größenordnung von 0,7 bis 1,0 liegt, ist er bei der Absorption meist niedriger. Dies liegt an der bisweilen geringen Löslichkeit der zu absorbierenden Gase, wodurch der flüssigseitige Stoffübergangswiderstand stärker zum Tragen kommt als bei der Rektifikation. Insbesondere bei der physikalischen Absorption sind die Stufenwirkungsgrade sehr niedrig (Absorption von CO_2 in Wasser: $E_M = 0,01$ bis 0,05). Bei der chemischen Absorption erhält man höhere Werte (Absorption von NH_3 in Wasser: $E_M = 0,3$ bis 0,7).

Beispiel 2.1. Darstellung der Absorption im Beladungsdiagramm

Aus einem Kohlegas sollen mit Waschöl die Leichtölbestandteile zu 90% ausgewaschen werden. Das Kohlegas fällt bei 1,066 bar und 25 °C mit einem Volumenstrom von 850 m³/h an und enthält 1,5% Leichtöl (Volumengehalt). Es darf angenommen werden, daß das Leichtöl vollständig aus Benzol besteht. Das Waschöl tritt mit 25 °C in den Absorber ein und hat einen Benzolmolanteil von $\tilde{x}_{ein} = 0,005$. Für die Berechnung des Absorptionsgleichgewichtes darf angenommen werden, daß sich das Gemisch Waschöl/Benzol praktisch ideal verhält. Die Temperatur im Absorber sei konstant 25 °C.

a) Wie verläuft die Gleichgewichtslinie im Beladungsdiagramm?
b) Wie groß ist der Mindestwaschmittelstrom $\dot{N}_{l,\,min}$?
c) Wieviel theoretische Trennstufen werden für das 1,5fache des Mindestwaschmittelstromes benötigt?

Stoffdaten

Dampfdruckkurve von Benzol (p^* in bar, T in °C): $\lg p^* = 4,0306 - \dfrac{1211,033}{220,79 + T}$

Allgemeine Gaskonstante: $\tilde{R} = 8,3143\,\dfrac{\text{kJ}}{\text{kmol K}}$.

Umrechnungen

$$\dot{N}_{g.ges} = \tilde{\varrho}_g\,\dot{V}_g = \frac{p}{\tilde{R}\,T}\,\dot{V}_g = 36,55\,\frac{\text{kmol}}{\text{h}}$$

$$\dot{N}_g = (1 - \tilde{y}_{ein})\,\dot{N}_{g,ges} = 36,00\,\frac{\text{kmol}}{\text{h}}$$

$$\tilde{Y}_{ein} = \frac{\tilde{y}_{ein}}{1 - \tilde{y}_{ein}} = 0,01523$$

$$\tilde{Y}_{aus} = 0,1\,\tilde{Y}_{ein} = 0,001523$$

$$\tilde{X}_{ein} = \frac{\tilde{x}_{ein}}{1 - \tilde{x}_{ein}} = 0,00503\,.$$

a) Berechnung der Gleichgewichtslinie

Für ideale Gemische ist das Gleichgewicht durch Gl. (2.3) gegeben. Ersetzt man in dieser Gleichung die Molenbrüche durch die Beladungen (Gl. (2.10a, b)) und löst nach $\tilde{Y}$ auf, so ergibt sich für die Gleichung der Gleichgewichtslinie

$$\tilde{Y}^* = \frac{m\,\tilde{X}}{1 + (1 - m)\,\tilde{X}}$$

mit $m = p^*\,(T)/p$.

Wertetabelle $m = p^*\,(25\,°C)/p = 0,11905$

$\tilde{X}\cdot 10^2$	2	4	6	8	10	12	14	16
$\tilde{Y}^*\cdot 10^3$	2,34	4,60	6,79	8,90	10,94	12,92	14,84	16,70

b) Ermittlung des Mindestwaschmittelstromes $\dot{N}_{l,\text{min}}$

Für den Mindestwaschmittelstrom wird die Trennstufenzahl unendlich groß. Dies ist der Fall, falls sich die Bilanz- und die Gleichgewichtslinie schneiden oder berühren. Die Beladung des Waschmittels ist dann maximal. Aus dem Beladungsdiagramm (s. Abb. 2.11) entnimmt man

$$\tilde{X}_{\text{aus,max}} \approx 0,1422 \,.$$

Aus der Bilanz um die gesamte Kolonne folgt

$$\dot{N}_{l,\text{min}} = \frac{\tilde{Y}_{\text{ein}} - \tilde{Y}_{\text{aus}}}{\tilde{X}_{\text{aus,max}} - \tilde{X}_{\text{ein}}} \, \dot{N}_g = 3{,}60 \, \frac{\text{kmol}}{\text{h}} \,.$$

c) Ermittlung der theoretischen Trennstufenzahl für $\dot{N}_l = 1{,}5 \, \dot{N}_{l,\text{min}}$

Der Waschmittelstrom ergibt sich zu

$$\dot{N}_l = 1{,}5 \, \dot{N}_{l,\text{min}} = 5{,}40 \, \frac{\text{kmol}}{\text{h}} \,.$$

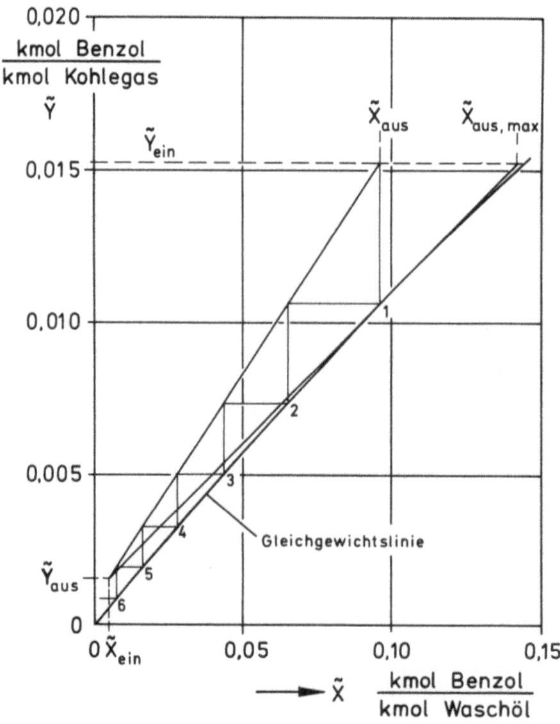

Abb. 2.11 Darstellung der Absorption im Beladungsdiagramm (Beispiel 2.1)

Aus der Mengenbilanz um den gesamten Absorber folgt

$$\tilde{X}_{\text{aus}} = \tilde{X}_{\text{ein}} + \frac{\dot{N}_g}{\dot{N}_l} \, (\tilde{Y}_{\text{ein}} - \tilde{Y}_{\text{aus}}) = 0{,}09641 \,.$$

Damit läßt sich die Bilanzlinie im Beladungsdiagramm zeichnen und die theoretischen Trennstufen ermitteln (s. Abb. 2.11). Es ergibt sich

$$n_{\text{th}} = \mathbf{5{,}4} \,.$$

2.4 Absorption in Füllkörperkolonnen

Die Absorption kann – wie die Rektifikation – in einer Füllkörperkolonne durchgeführt werden (s. Abb. 2.12).

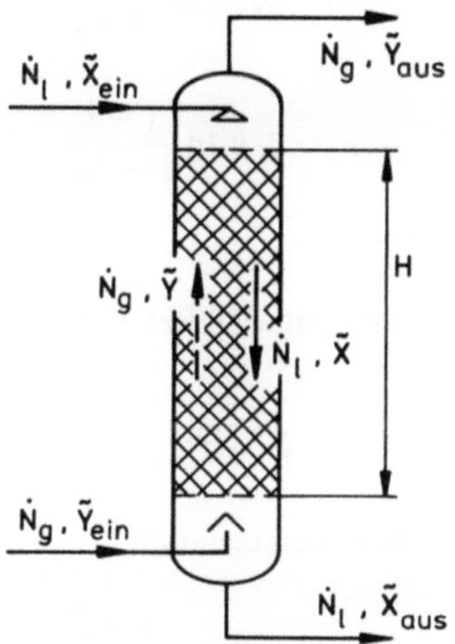

Abb. 2.12 Absorption in einer Füllkörperkolonne

Für die Ermittlung der erforderlichen Kolonnenhöhe H zur Erzielung eines bestimmten Trenneffektes wird – wie bei der Rektifikation – die kinetische Theorie der Gegenstromtrennung angewandt. Hierzu betrachten wir ein differentielles Element der Füllkörperkolonne, in dem Gas und Flüssigkeit miteinander in Kontakt gebracht werden (s. Abb. 2.13).

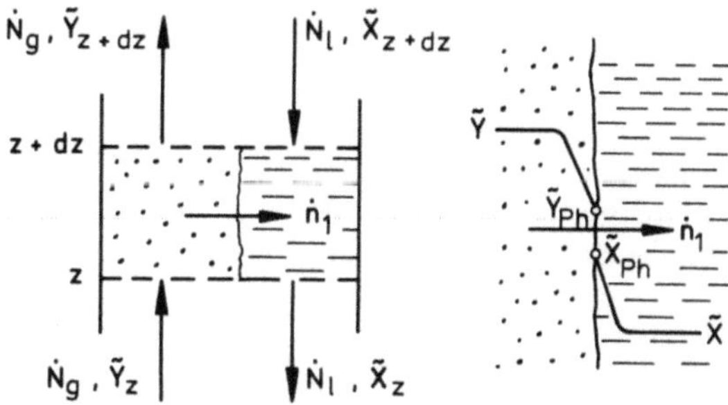

Abb. 2.13 Differentielles Element einer Füllkörperkolonne

Bei der Ermittlung der Kolonnenhöhe geht man von der Mengenbilanz für die zu absorbierende Komponente aus. Sie lautet

$$\dot{N}_g \, d\tilde{Y} = -\dot{n}_1 \, dA \tag{2.17a}$$

für die Gasphase und

$$\dot{N}_l \, d\tilde{X} = -\dot{n}_1 \, dA \tag{2.17b}$$

für die Flüssigphase.

Die Stoffstromdichte kann bei geringen Beladungen durch die linearen Ansätze beschrieben werden. Im Falle größerer Beladungen muß beachtet werden, daß bei der Absorption und Desorption die Stoffübertragung nicht äquimolar ist. Für die Stoffstromdichte ist demnach der allgemeinere Ansatz[11]

$$\dot{n}_1 = \tilde{\varrho}_g \, \beta_g \ln \frac{1 - \tilde{y}_{Ph}}{1 - \tilde{y}} \tag{2.18a}$$

für die Gasphase und

$$\dot{n}_1 = \tilde{\varrho}_l \, \beta_l \ln \frac{1 - \tilde{x}}{1 - \tilde{x}_{Ph}} \tag{2.18b}$$

für die Flüssigphase zu verwenden.

Da zwischen den Molenbrüchen und den Beladungen folgende Zusammenhänge

$$\tilde{y} = \frac{\tilde{Y}}{1 + \tilde{Y}} \quad \text{und} \quad \tilde{x} = \frac{\tilde{X}}{1 + \tilde{X}} \tag{2.19a, b}$$

bestehen, lauten die kinetischen Ansätze auch

$$\dot{n}_1 = \tilde{\varrho}_g \, \beta_g \ln \frac{1 + \tilde{Y}}{1 + \tilde{Y}_{Ph}} \tag{2.20a}$$

$$\dot{n}_1 = \tilde{\varrho}_l \, \beta_l \ln \frac{1 + \tilde{X}_{Ph}}{1 + \tilde{X}} \ . \tag{2.20b}$$

Zwecks Vereinfachung werden die kinetischen Ansätze auch bei nicht verschwindendem Nettostrom mit dem linearen Abstand vom Gleichgewicht formuliert

$$\dot{n}_1 = \tilde{\varrho}_g \beta_g^0 \, (\tilde{Y} - \tilde{Y}_{Ph}) \tag{2.21a}$$

$$\dot{n}_1 = \tilde{\varrho}_l \beta_l^0 \, (\tilde{X}_{Ph} - \tilde{X}) \ . \tag{2.21b}$$

Dabei muß man allerdings bedenken, daß die β^0-Werte konzentrationsabhängig sind. Aus dem Vergleich der Gln. (2.20) u. (2.21) folgt

$$\beta_g^0 = \frac{\ln \dfrac{1 + \tilde{Y}}{1 + \tilde{Y}_{Ph}}}{\tilde{Y} - \tilde{Y}_{Ph}} \tag{2.22a}$$

$$\beta_l^0 = \frac{\ln \dfrac{1 + \tilde{X}_{Ph}}{1 + \tilde{X}}}{\tilde{X}_{Ph} - \tilde{X}} \cdot \qquad (2.22\,\text{b})$$

Für kleine Beladungen gehen die Korrekturfaktoren gegen eins. Ferner wird angenommen, daß an der Phasengrenzfläche thermodynamisches Gleichgewicht herrscht, d. h.

$$\tilde{Y}_{Ph} = \tilde{Y}^* (\tilde{X}_{Ph}) \,. \qquad (2.23)$$

Die Kombination der Mengenbilanzen (Gl. (2.17)) mit den kinetischen Ansätzen (Gln. (2.21)) und der Gleichgewichtsbeziehung (Gl. (2.23)) führt nach Trennung der Variablen und Integration auf die gesuchte Kolonnenhöhe

$$H = \frac{\dot{N}_g}{\tilde{\varrho}_g \, \beta_g^0 \, a f} \int_{\tilde{Y}_{aus}}^{\tilde{Y}_{ein}} \frac{\mathrm{d}\tilde{Y}}{\tilde{Y} - \tilde{Y}^* (\tilde{X}_{Ph})} \qquad (2.24\,\text{a})$$

$$H = \frac{\dot{N}_l}{\tilde{\varrho}_l \, \beta_l^0 \, a f} \int_{\tilde{X}_{ein}}^{\tilde{X}_{aus}} \frac{\mathrm{d}\tilde{X}}{\tilde{X}^* (\tilde{Y}_{Ph}) - \tilde{X}} \,, \qquad (2.24\,\text{b})$$

oder mit den Abkürzungen

$$\frac{\dot{N}_g}{\tilde{\varrho}_g \, \beta_g^0 \, a f} = \mathrm{HTU}_g^0$$

und

$$\int_{\tilde{Y}_{aus}}^{\tilde{Y}_{ein}} \frac{\mathrm{d}\tilde{Y}}{\tilde{Y} - \tilde{Y}(\tilde{X}_{Ph})} = \mathrm{NTU}_g^0$$

ergibt sich

$$H = \mathrm{HTU}_g^0 \cdot \mathrm{NTU}_g^0 \qquad (2.25\,\text{a})$$

$$H = \mathrm{HTU}_l^0 \cdot \mathrm{NTU}_l^0 \,. \qquad (2.25\,\text{b})$$

Hierin ist a die auf die Volumeneinheit bezogene Austauschfläche und f der Kolonnenquerschnitt. Die Ermittlung der Anzahl der Übertragungseinheiten NTU_g kann numerisch oder graphisch erfolgen. Für die Auswertung des Integrals ist die Beladung an der Phasengrenzfläche erforderlich. Sie läßt sich ermitteln, falls das Verhältnis der Stoffübergangskoeffizienten auf der Gas- und Flüssigkeitsseite bekannt ist. Aus Gl. (2.20) folgt

$$-\frac{\tilde{\varrho}_g \, \beta_g}{\tilde{\varrho}_l \, \beta_l} = \frac{\ln \dfrac{1 + \tilde{X}_{Ph}}{1 + \tilde{X}}}{\ln \dfrac{1 + \tilde{Y}_{Ph}}{1 + \tilde{Y}}} \cdot \qquad (2.26)$$

Für kleine Beladung ergibt sich daraus

$$-\frac{\tilde{\varrho}_g\,\beta_g}{\tilde{\varrho}_l\,\beta_l} \approx \frac{\tilde{X}_{Ph}-\tilde{X}}{\tilde{Y}_{Ph}-\tilde{Y}} = -\frac{\tilde{\varrho}_g\,\beta_g^0}{\tilde{\varrho}_l\,\beta_l^0}\,. \tag{2.27}$$

In der Abb. 2.14 ist die graphische Ermittlung von NTU_g^0 dargestellt. Hierbei wird $1/(\tilde{Y}-\tilde{Y}_{Ph})$ über $\tilde{Y}$ aufgetragen; die Fläche unter der Kurve entspricht sodann dem NTU_g^0-Wert.

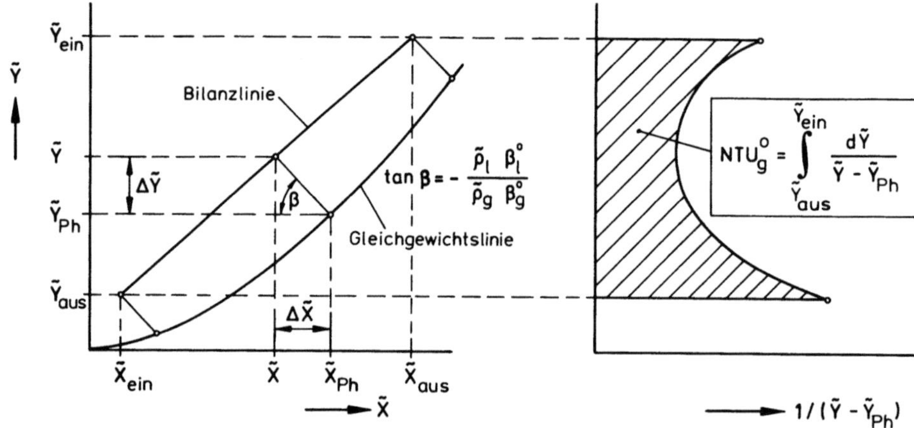

Abb. 2.14 Graphische Ermittlung von NTU_g^0

In der Praxis ist nun meist das Verhältnis $\tilde{\varrho}_l\,\beta_l^0/(\tilde{\varrho}_g\,\beta_g^0)$ nicht mit hinreichender Sicherheit bekannt. Es werden daher oft scheinbare NTU-Werte angegeben, die so ermittelt werden, als ob der gesamte Stoffübergangswiderstand entweder auf der Gas- oder auf der Flüssigkeitsseite liegen würde (s. Abschn. 1.5.3). Man bildet dazu

$$\mathrm{NTU}_{g,\,ov}^0 = \int_{\tilde{Y}_{aus}}^{\tilde{Y}_{ein}} \frac{d\tilde{Y}}{\tilde{Y}-\tilde{Y}^*\{\tilde{X}\}} \tag{2.28\,a}$$

$$\mathrm{NTU}_{l,\,ov}^0 = \int_{\tilde{X}_{ein}}^{\tilde{X}_{aus}} \frac{d\tilde{X}}{\tilde{X}^*\{\tilde{Y}\}-\tilde{X}}\,. \tag{2.28\,b}$$

Der Index „g, ov" bedeutet „gas over all" und „l, ov" entsprechend „liquid over all". Bei der Ermittlung dieser NTU-Werte ist der Integrand gemäß Abb. 2.15 zu bestimmen. Da die scheinbaren NTU-Werte den wahren Sachverhalt nur in grober Annäherung wiedergeben können, verzichtet man bei ihrer Bildung auf die Anwendung des logarithmischen Konzentrationsgefälles und begnügt sich mit dem linearen Abstand vom Gleichgewicht als dem treibenden Gefälle.

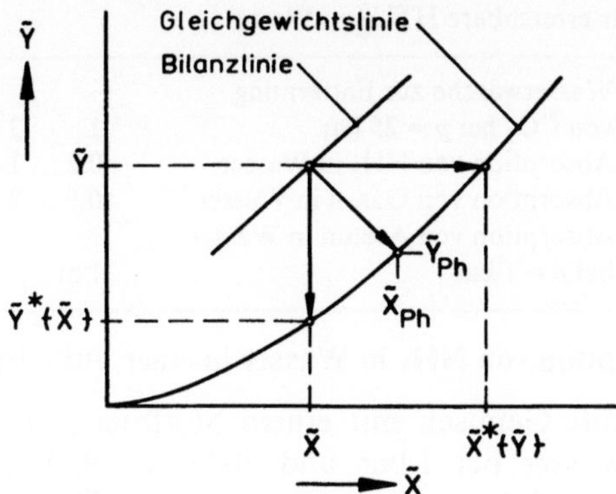

Abb. 2.15 Zur Definition der scheinbaren NTU-Werte

Für die Kolonnenhöhe ergibt sich dann

$$H = \frac{\dot{N}_g}{\tilde{\varrho}_g\,\beta^0_{g,\,ov}\,a\,f} \int\limits_{\tilde{Y}_{aus}}^{\tilde{Y}_{ein}} \frac{d\tilde{Y}}{\tilde{Y} - \tilde{Y}*\{\tilde{X}\}} \qquad (2.29\,a)$$

$$H = \frac{\dot{N}_l}{\tilde{\varrho}_l\,\beta^0_{l,\,ov}\,a\,f} \int\limits_{\tilde{X}_{ein}}^{\tilde{X}_{aus}} \frac{d\tilde{X}}{\tilde{X}*\{\tilde{Y}\} - \tilde{X}} \qquad (2.29\,b)$$

oder

$$H = \mathrm{HTU}^0_{g,\,ov} \cdot \mathrm{NTU}^0_{g,\,ov} \qquad (2.30\,a)$$

$$H = \mathrm{HTU}^0_{l,\,ov} \cdot \mathrm{NTU}^0_{l,\,ov}. \qquad (2.30\,b)$$

Die Höhe einer scheinbaren Übertragungseinheit $\mathrm{HTU}^0_{g,\,ov}$ läßt sich auch berechnen, wenn die wahren Höhen HTU^0_g und HTU^0_l bekannt sind. Analog zu Abschn. 1.5.3 ergibt sich

$$\mathrm{HTU}^0_{g,\,ov} = S\,\mathrm{HTU}^0_l + \mathrm{HTU}^0_g \qquad (2.31)$$

mit dem **Abstreiffaktor** S

$$S = \frac{d\tilde{X}*}{d\tilde{X}} \bigg/ \left(\frac{\dot{N}_l}{\dot{N}_g}\right). \qquad (2.32)$$

Die HTU-Werte werden in der Regel für verschiedene Stoffsysteme und unterschiedliche Füllkörperarten experimentell bestimmt. In der Tab. 2.2 sind einige Richtwerte angegeben.

Tab. 2.2 Richtwerte für erreichbare $\text{HTU}^0_{\text{g, ov}}$-Werte

Wasserwäsche zur Entfernung	
von CO_2 bei $p = 25$ bar	1 ... 2 m
Absorption von NH_3 in Wasser	0,2 ... 1 m
Absorption von Gasen in Wasser	0,5 ... 2 m
Absorption von Aceton in Wasser	
bei $p = 1$ bar	1 m

Beispiel 2.2. Absorption von NH_3 in Wasser in einer Füllkörperkolonne

Aus einem NH_3-Luft Gemisch mit einem Stoffmengengehalt von 2% NH_3 soll das NH_3 durch Wasser bei 1 bar und 30 °C zu 95% absorbiert werden. Als Absorber ist eine Füllkörperkolonne vorgesehen. Die auf den Kolonnenquerschnitt bezogenen Massenstromdichten von Gas und Flüssigkeit am Eintritt betragen jeweils 6000 kg/(m² h). Der gasseitige volumetrische Stoffübergangskoeffizient ($\varrho_g\,\beta_g\,a$) ist gleich 400 kmol/(m³ h). Das Gleichgewicht ist gegeben durch $\tilde{Y}^* = m\,\tilde{X}$ mit $m = 1{,}2$.

a) Wie groß ist die Kolonnenhöhe für den Fall, daß das Verhältnis der Stoffübergangswiderstände $\varrho_l\,\beta_l/(\varrho_g\,\beta_g) = 5$ ist?
b) Wie groß ist $\text{HTU}^0_{\text{g,ov}}$ unter der Annahme, daß für kleine Beladungen die Gleichgewichtslinie linearisiert werden kann?
c) Welchen Wert erhält man für $\text{NTU}^0_{\text{g,ov}}$ auf analytischem Wege unter der Annahme, daß die Gleichgewichtslinie linearisiert werden kann?

Stoffdaten

$$\tilde{M}_{NH_3} = 17\,\frac{\text{kg}}{\text{kmol}}\,, \quad \tilde{M}_{\text{Luft}} = 29\,\frac{\text{kg}}{\text{kmol}}\,, \quad \tilde{M}_{H_2O} = 18\,\frac{\text{kg}}{\text{kmol}}\,.$$

Umrechnungen

$$\dot{m}_{\text{g, ges}} = 6000\,\frac{\text{kg}}{\text{m}^2\,\text{h}}$$

$$\dot{n}_{\text{g, ges}} = \frac{\dot{m}_{\text{g, ges}}}{\tilde{y}_{\text{ein}}\,\tilde{M}_{NH_3} + (1 - \tilde{y}_{\text{ein}})\,\tilde{M}_{\text{Luft}}} = 208{,}62\,\frac{\text{kmol}}{\text{m}^2\,\text{h}}$$

$$\dot{n}_{\text{g}} = (1 - \tilde{y}_{\text{ein}})\,\dot{n}_{\text{g, ges}} = 204{,}45\,\frac{\text{kmol}}{\text{m}^2\,\text{h}}$$

$$\dot{m}_l = 6000\,\frac{\text{kg}}{\text{m}^2\,\text{h}}$$

$$\dot{n}_l = \frac{\dot{m}_l}{\tilde{M}_{H_2O}} = 333{,}33\,\frac{\text{kmol}}{\text{m}^2\,\text{h}}$$

$$\tilde{Y}_{\text{ein}} = \frac{\tilde{y}_{\text{ein}}}{1 - \tilde{y}_{\text{ein}}} = 0{,}02041$$

$$\tilde{Y}_{\text{aus}} = 0{,}05\,\tilde{Y}_{\text{ein}} = 0{,}00102$$

$$\tilde{X}_{\text{ein}} = 0$$

$$\tilde{X}_{\text{aus}} = \tilde{X}_{\text{ein}} + \frac{\dot{n}_{\text{g}}}{\dot{n}_l}\,(\tilde{Y}_{\text{ein}} - \tilde{Y}_{\text{aus}}) = 0{,}01189\,.$$

Ergebnis

a) **Ermittlung von $\mathrm{HTU_g}$, $\mathrm{NTU_g}$ und H**

Aus der Mengenbilanz nach Gl. (2.17a), dem kinetischen Ansatz nach Gl. (2.18a) und der Gleichgewichtsbeziehung nach Gl. (2.23) folgt

$$H = \frac{\dot{n}_g}{\varrho_g \, \beta_g \, a} \int_{\tilde{Y}_{\mathrm{aus}}}^{\tilde{Y}_{\mathrm{ein}}} \frac{\mathrm{d}\tilde{Y}}{\ln \dfrac{1 + \tilde{Y}}{1 + \tilde{Y}^* \cancel{(X_{\mathrm{Ph}})}}} \cdot \tag{2.33}$$

Bestimmung von $\mathrm{HTU_g}$:

$$\mathrm{HTU_g} = \frac{\dot{n}_g}{\varrho_g \, \beta_g \, a} = \textbf{0,511 m} \,.$$

Bestimmung von $\mathrm{NTU_g}$ durch numerische Integration (Simpson-Regel)

$$\mathrm{NTU_g} = \int_{\tilde{Y}_{\mathrm{aus}}}^{\tilde{Y}_{\mathrm{ein}}} \frac{\mathrm{d}\tilde{Y}}{\ln \dfrac{1 + \tilde{Y}}{1 + \tilde{Y}^*}}$$

Wertetabelle $\Delta\tilde{Y} = \frac{1}{4}(\tilde{Y}_{\mathrm{ein}} - \tilde{Y}_{\mathrm{aus}}) = 0,0048475$

	0	1	2	3	4
$\tilde{Y}_i$	0,00102	0,00587	0,01072	0,01556	0,02041
$\tilde{Y}_i^*$ aus Abb. 2.16	0,00020	0,00401	0,00783	0,01164	0,01546
$f_i = \dfrac{1}{\ln\dfrac{1 + \tilde{Y}_i}{1 + \tilde{Y}_i^*}}$	1220,3	540,3	349,2	258,6	205,6
a_i	1	4	2	4	1

$$\mathrm{NTU_g} = \frac{\Delta\tilde{Y}}{3} \sum_{i=0}^{4} a_i f_i = \textbf{8,60}$$

Kolonnenhöhe

$$H = \mathrm{HTU_g} \cdot \mathrm{NTU_g} = \textbf{4,40 m} \,.$$

b) **Bestimmung von $\mathrm{HTU_{g,ov}^0}$**

Für kleine Beladungen gilt

$$\mathrm{HTU_g^0} = \mathrm{HTU_g} = 0,511 \; \mathrm{m}.$$

Aus Gl. (2.31) folgt

$$\mathrm{HTU_{g,ov}^0} = \left[\frac{\mathrm{d}\tilde{Y}^*/\mathrm{d}\tilde{X}}{\varrho_l \, \beta_l / (\varrho_g \, \beta_g)} + 1 \right] \mathrm{HTU_g^0} = \textbf{0,634 m} \,.$$

c) **Ermittlung von NTU$^0_{g,ov}$ und _H_**

Sind die Bilanz- und die Gleichgewichtslinie Geraden, dann besteht zwischen der Änderung des treibenden Gefälles und der Beladung der Gasphase folgender Zusammenhang

$$\frac{d\tilde{Y}}{d(\tilde{Y} - \tilde{Y}^*)} = \frac{\tilde{Y}_{ein} - \tilde{Y}_{aus}}{(\tilde{Y} - \tilde{Y}^*)_{ein} - (\tilde{Y} - \tilde{Y}^*)_{aus}}.$$

Damit läßt sich NTU$^0_{g,ov}$ folgendermaßen berechnen

$$\begin{aligned}
\text{NTU}^0_{g,ov} &= \int\limits_{\tilde{Y}_{aus}}^{\tilde{Y}_{ein}} \frac{d\tilde{Y}}{\tilde{Y} - \tilde{Y}^*} = \int\limits_{\tilde{Y}_{aus}}^{\tilde{Y}_{ein}} \frac{d\tilde{Y}}{d(\tilde{Y} - \tilde{Y}^*)} \frac{d(\tilde{Y} - \tilde{Y}^*)}{(Y - Y^*)} \\
&= \frac{\tilde{Y}_{ein} - \tilde{Y}_{aus}}{(\tilde{Y} - \tilde{Y}^*)_{ein} - (\tilde{Y} - \tilde{Y}^*)_{aus}} \ln \frac{(\tilde{Y} - Y^*)_{ein}}{(\tilde{Y} - \tilde{Y}^*)_{aus}}
\end{aligned}$$

oder

$$\text{NTU}^0_{g,ov} = \frac{\tilde{Y}_{ein} - \tilde{Y}_{aus}}{(\tilde{Y} - \tilde{Y}^*)_{log}}$$

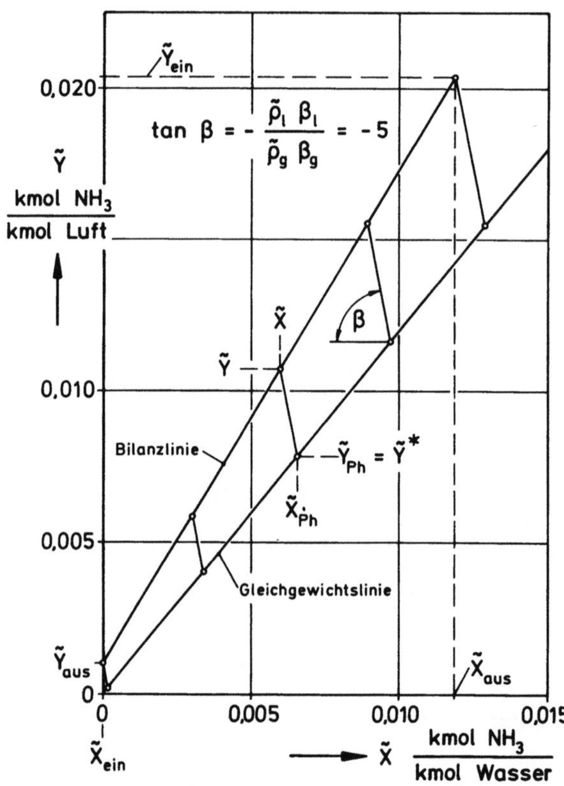

Abb. 2.16 Absorption von NH$_3$ in Wasser in einer Füllkörperkolonne (Beispiel 2.2)

mit

$$(\tilde{Y} - \tilde{Y}^*)_{\log} = \frac{(\tilde{Y} - \tilde{Y}^*)_{\text{ein}} - (\tilde{Y} - \tilde{Y}^*)_{\text{aus}}}{\ln \dfrac{(\tilde{Y} - \tilde{Y}^*)_{\text{ein}}}{(\tilde{Y} - \tilde{Y}^*)_{\text{aus}}}} \cdot$$

Somit ergibt sich für die Kolonnenhöhe

$$H = \frac{\dot{n}_g}{\varrho_g\, \beta^0_{g,\text{ov}}\, a}\, \frac{\tilde{Y}_{\text{ein}} - \tilde{Y}_{\text{aus}}}{(\tilde{Y} - \tilde{Y}^*)_{\log}} \cdot \qquad (2.34)$$

Zahlenwerte

$$\tilde{Y}_{\text{ein}} = 0{,}02041, \qquad \tilde{Y}_{\text{aus}} = 0{,}00102$$
$$\tilde{Y}^*_{\text{ein}} = \tilde{Y}^*(\tilde{X}_{\text{aus}}) = 0{,}014268, \qquad \tilde{Y}^*_{\text{aus}} = \tilde{Y}^*(\tilde{X}_{\text{ein}}) = 0$$
$$(\tilde{Y} - Y^*)_{\log} = 0{,}002853$$
$$\text{NTU}^0_{g,\text{ov}} = \mathbf{6{,}80}$$
$$H = \text{HTU}^0_{g,\text{ov}} \cdot \text{NTU}^0_{g,\text{ov}} = \mathbf{4{,}31\ m}\,.$$

2.5 Regeneration des Waschmittels

Bei der Regeneration werden die gelösten Stoffe aus dem Waschmittel entfernt, um einerseits die zuvor absorbierten Gase in reiner Form zu gewinnen, andererseits das Waschmittel vor seiner Wiederverwendung davon zu befreien.

Folgende Regenerationsmöglichkeiten werden allein oder kombiniert angewandt. Austreiben des gelösten Stoffes durch

- **Auskochen** des Waschmittels bei erhöhter Temperatur
- **Entspannen** des Waschmittels bei Absorptionstemperatur
- **Desorption** in ein Inertgas.

Die Regenerierung erfolgt wie die Absorption in Boden- oder Füllkörperkolonnen. Das beladene Waschmittel wird am Kopf der Kolonne und das Inertgas am Sumpf derselben zugeführt. Bei der Regeneration sind in der Regel die Waschmittelbeladungen $\tilde{X}_{\text{ein}}$ und $\tilde{X}_{\text{aus}}$ sowie die Eingangsladung $\tilde{Y}_{\text{ein}}$ des Inertgases vorgegeben.

Bei der graphischen Bestimmung der **theoretischen Trennstufenzahl** ist zu beachten, daß die Bilanzlinie infolge der umgekehrten Stofftransportrichtung unterhalb der Gleichgewichtslinie liegt (s. Abb. 2.17). Die Steigung der Bilanzlinie ist $\tan \alpha = \dot{N}_l / \dot{N}_g$.

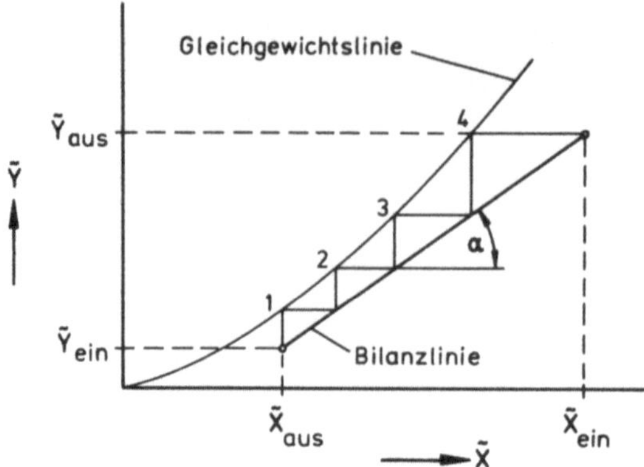

Abb. 2.17 Ermittlung der theoretischen Trennstufenzahl bei der Desorption im Beladungsdiagramm

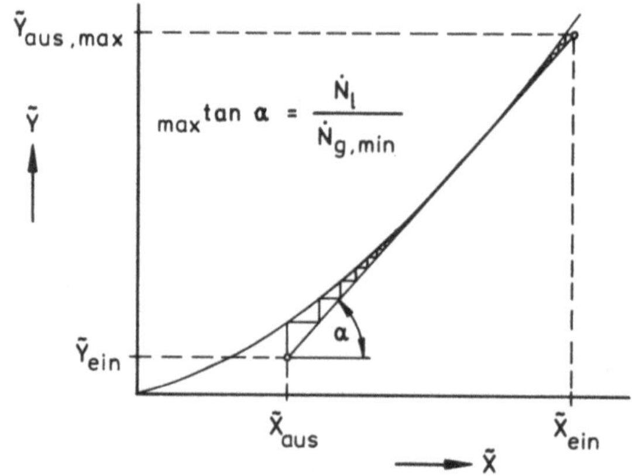

Abb. 2.18 Ermittlung des Mindestinertgasstromes

Die Zahl der theoretischen Trennstufen hängt von der Größe des Inertgasstromes $\dot{N}_g$ ab. Je weniger Inertgas dem Regenerator zugeführt wird, desto steiler verläuft die Bilanzlinie und desto mehr Trennstufen werden für die Regeneration des Waschmittels benötigt. In dem in der Abb. 2.18 dargestellten Grenzfall wird die erforderliche Trennstufenzahl unendlich groß. Den zugehörigen Inertgasstrom bezeichnet man als **Mindestinertgasstrom** $\dot{N}_{g,min}$.

Beispiel 2.3. Darstellung der Regeneration im Beladungsdiagramm

Im Beispiel 2.1 wurden aus einem Kohlegas durch Absorption mit Waschöl die Leichtölbestandteile (Benzol) ausgewaschen. Aus dem dabei anfallenden Waschölstrom von $\dot{N}_l = 5{,}40$ kmol/h mit einer Beladung von $\tilde{X}_{ein} = 0{,}09641$ soll das Benzol durch Einblasen von Wasserdampf bis auf eine Restbeladung von $\tilde{X}_{aus} = 0{,}00503$ ausgetrieben werden. Hierzu wird das Waschöl auf 125 °C erhitzt und dann dem Regenerator bei 1 bar zugeführt. Der eingeblasene Wasserdampf hat einen Druck von 1 bar und ist bis auf 125 °C überhitzt. Die Temperatur im Regenerator sei konstant 125 °C. Für die Berechnung darf angenommen werden, daß sich das Gemisch Waschöl/Benzol praktisch ideal verhält.

a) Wie verläuft die Gleichgewichtslinie bei 125 °C im Beladungsdiagramm?
b) Wie groß ist der minimal erforderliche Dampfstrom $\dot{N}_{\mathrm{g,min}}$?
c) Wieviel theoretische Trennstufen werden benötigt, wenn der Dampfstrom das 1,5fache des erforderlichen Mindestdampfstroms beträgt?

Stoffdaten

Dampfdruckkurve von Benzol (p^* in bar, T in °C)

$$\lg(p^*) = 4,0306 - \frac{1211,033}{220,79 + T}.$$

Allgemeine Gaskonstante

$$\tilde{R} = 8,3143\,\frac{\mathrm{kJ}}{\mathrm{kmol\ K}}.$$

Ergebnis

a) **Berechnung der Gleichgewichtslinie bei 125 °C**

Für ideale Gemische lautet die Gleichung der Gleichgewichtslinie

$$\tilde{Y}^* = \frac{m\,\tilde{X}}{1 + (1 - m)\,\tilde{X}}$$

mit $m = p^*\{T\}/p$ (s. Beispiel 2.1).

Wertetabelle $m = p^*\{125\,°C\}/p = 3{,}37582$

$\tilde{X}\cdot 10^2$	1	2	3	4	5	6	7	8	9	10
$\tilde{Y}^*\cdot 10^2$	3,46	7,09	10,91	14,92	19,15	23,62	28,35	33,34	38,65	44,28

b) **Ermittlung des minimal erforderlichen Dampfstromes $\dot{N}_{\mathrm{g,min}}$**

Für den minimal erforderlichen Dampfstrom wird die Trennstufenzahl unendlich groß. Dies ist der Fall, falls sich die Bilanz- und die Gleichgewichtslinie schneiden oder berühren. Die Beladung des Dampfstromes wird dann maximal. Aus dem Beladungsdiagramm (s. Abb. 2.19) entnimmt man

$$\tilde{Y}_{\mathrm{aus,max}} = 0{,}3882.$$

Aus der Bilanz um die gesamte Kolonne folgt

$$\dot{N}_{\mathrm{g,min}} = \frac{\tilde{X}_{\mathrm{ein}} - \tilde{X}_{\mathrm{aus}}}{\tilde{Y}_{\mathrm{aus,max}} - \tilde{Y}_{\mathrm{ein}}}\,\dot{N}_l = 1{,}27\,\frac{\mathrm{kmol}}{\mathrm{h}}$$

c) Ermittlung der theoretischen Trennstufenzahl für $\dot{N}_g = 1{,}5\,\dot{N}_{g,\min}$

Der Dampfstrom ergibt sich zu

$$\dot{N}_g = 1{,}5\,\dot{N}_{g,\min} = 1{,}905\,\frac{\text{kmol}}{\text{h}}\,.$$

Aus der Mengenbilanz um den gesamten Desorber folgt

$$\tilde{Y}_{\text{aus}} = \tilde{Y}_{\text{ein}} + \frac{\dot{N}_l}{\dot{N}_g}\,(\tilde{X}_{\text{ein}} - \tilde{X}_{\text{aus}}) = 0{,}2590\,.$$

Damit läßt sich die Bilanzlinie im Beladungsdiagramm zeichnen und die theoretische Trennstufenzahl ermitteln (s. Abb. 2.19). Es ergibt sich

$$n_{\text{th}} = \mathbf{6{,}2}\,.$$

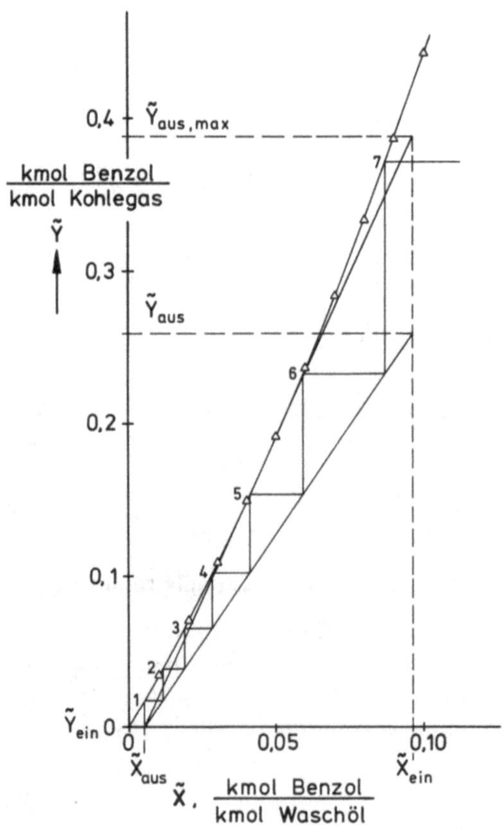

Abb. 2.19 Darstellung der Desorption im Beladungsdiagramm (Beispiel 2.3)

2.6 Auswahl des Waschmittels

Das Waschmittel muß bestimmten Anforderungen genügen, wenn eine wirtschaftliche, betriebssichere und umweltfreundliche Absorption gewährleistet werden soll. Diese Anforderungen, die gleichzeitig auch Gesichtspunkte für die Auswahl des Waschmittels sind, sind im folgenden zusammengestellt:

- hohe Löslichkeit für die zu absorbierende Gaskomponente,
- selektives Lösungsvermögen bezüglich der zu absorbierenden Gaskomponente,
- einfache Regenerierbarkeit,
- niedriger Dampfdruck des Waschmittels zur Vermeidung von Waschmittelverlusten durch Verdunsten bei der Absorption und der Desorption,
- geringe Viskosität,
- geringe Korrosionsneigung im Hinblick auf die vorgesehenen Werkstoffe,
- ungiftig,
- niedriger Preis.

2.7 Praktische Ausführung von Absorptionsapparaten

Die Absorption wird in Apparaten durchgeführt, in denen das zu trennende Gasgemisch und das Waschmittel in einen intensiven Kontakt gebracht werden. Der Kontakt zwischen Gas und Waschmittel kann technisch auf dreierlei Arten verwirklicht werden:

- Gas und Waschmittel bilden jeweils eine zusammenhängende Phase, die miteinander in Kontakt stehen;
- Gas wird in Waschmittel hinein dispergiert, Waschmittel bildet eine zusammenhängende Phase;
- Waschmittel wird in die Flüssigkeit hinein dispergiert, Gas bildet eine zusammenhängende Phase.

Die entsprechenden Apparate können diskontinuierlich und kontinuierlich betrieben werden. Bei der kontinuierlichen Betriebsweise unterscheidet man zwischen Gleich- und Gegenstromführung.

2.7.1 Bauformen

Apparate mit zusammenhängender Gas- und Flüssigkeitsphase. Diese Apparate zeichnen sich durch ihre einfachen Bauweisen aus. Sie werden bei hohen Gaslöslichkeiten und stark korrodierenden Waschmitteln eingesetzt.

In **Oberflächenabsorbern** strömt das Gas über die Oberfläche des ruhenden oder langsam strömenden Waschmittels (s. Abb. 2.20). Die Austauschfläche für den Stoffaustausch ist bei diesen Apparaten verhältnismäßig klein. Die Absorptionswärme kann durch Rieselkühlung oder im Waschmittel befindliche Kühlschlangen abgeführt werden.

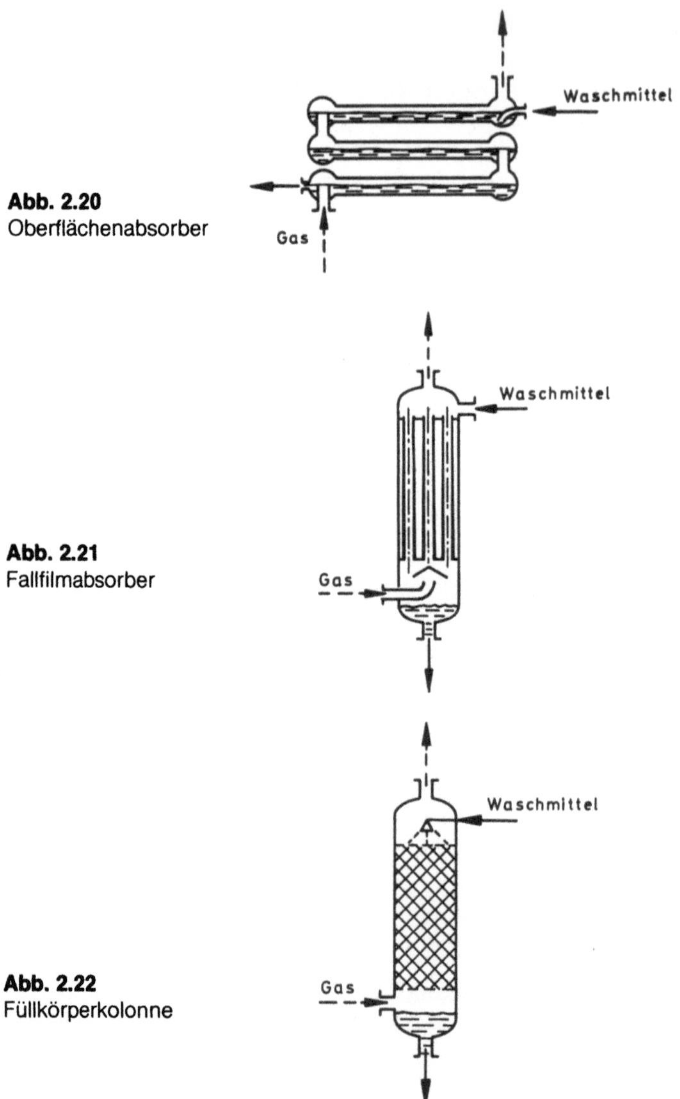

Abb. 2.20
Oberflächenabsorber

Abb. 2.21
Fallfilmabsorber

Abb. 2.22
Füllkörperkolonne

In **Fallfilmabsorbern** fließt das Waschmittel in dünnen Rieselfilmen unter dem Einfluß der Schwerkraft an senkrechten Wänden oder Rohren herab (s. Abb. 2.21). Das Gasgemisch strömt im Gleich- oder Gegenstrom über die Filmoberfläche, wobei es zum Stoffaustausch kommt. Die Absorptionswärme kann durch die Wand hindurch mittels Kühlwasser abgeführt werden.

In **Füllkörperkolonnen** wird das Waschmittel oben aufgegeben und rieselt unter dem Einfluß der Schwerkraft durch die Füllkörperpackung hindurch (s. Abb. 2.22). Das Gasgemisch strömt im Gegen- oder Gleichstrom zum Waschmittel durch die Kolonne. Infolge ihrer Einfachheit und den zufriedenstellenden Betriebseigenschaften werden Füllkörperkolonnen sehr häufig zur Durchführung von Absorptionsprozessen verwendet, vorausgesetzt, daß die Absorptionswärme nicht zu hoch ist. Eine zusätzliche Wärmeabfuhr gelänge nur mit zusätzlichen und zum Teil aufwendigen Einbauten. Im Vergleich zu Oberflächen- und den Fallfilmabsorbern wird ein besserer Stoffaustausch erreicht. Von Nachteil sind die Randgängigkeit der Flüssigkeit, die Anfälligkeit gegenüber Verschmutzungen und der eingeschränkte Belastungsbereich.

Apparate mit Dispergierung des Gasgemisches. Der Einsatz von Absorbern mit Dispergierung des Gases ist dann angebracht, wenn schwerlösliche Gase vom Waschmittel aufgenommen werden sollen und/oder der flüssigkeitsseitige Stofftransportwiderstand sehr groß ist.

In **Blasensäulen** wird das Gasgemisch über einen Verteiler in das Waschmittel eingeleitet und dispergiert (s. Abb. 2.23). Die Gasblasen steigen dann durch das ruhende oder langsam bewegte Waschmittel auf, wobei die zu absorbierende Komponente an das Waschmittel übergeht. Die freiwerdende Absorptionswärme kann vom Waschmittel aufgenommen oder durch zusätzliche Kühlschlangen abgeführt werden.

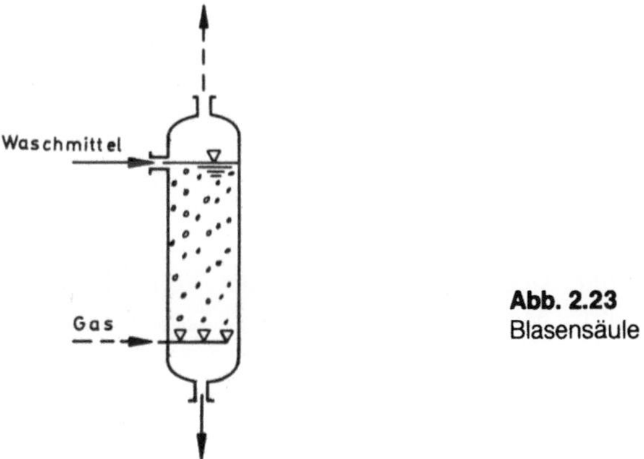

Abb. 2.23
Blasensäule

In **Bodenkolonnen** wird das Gasgemisch auf den einzelnen Böden im Waschmittel dispergiert (s. Abb. 2.24). Von Vorteil sind der intensive Kontakt zwischen den Phasen und der große Belastungsbereich. Eine Kühlung des Waschmittels ist auf oder zwischen den Böden möglich. Nachteilig sind die relativ aufwendige Herstellung und die damit verbundenen hohen Herstellungskosten sowie der im Vergleich zu Füllkörperkolonnen meist höhere Druckverlust.

Beim **Strahldüsenwäscher** wird das Waschmittel durch eine Düse in den Absorptionsraum als Treibstrahl mit hoher Geschwindigkeit eingeleitet (s. Abb. 2.25). Das Gas wird durch einen den Treibstrahl umgebenden Ringraum dem Absorber zugeführt. Der Treibstrahl saugt in dem kleinen über der Düse befindlichen Rohrmischraum Waschmittel aus der Umgebung an. Die Flüssigkeiten vermi-

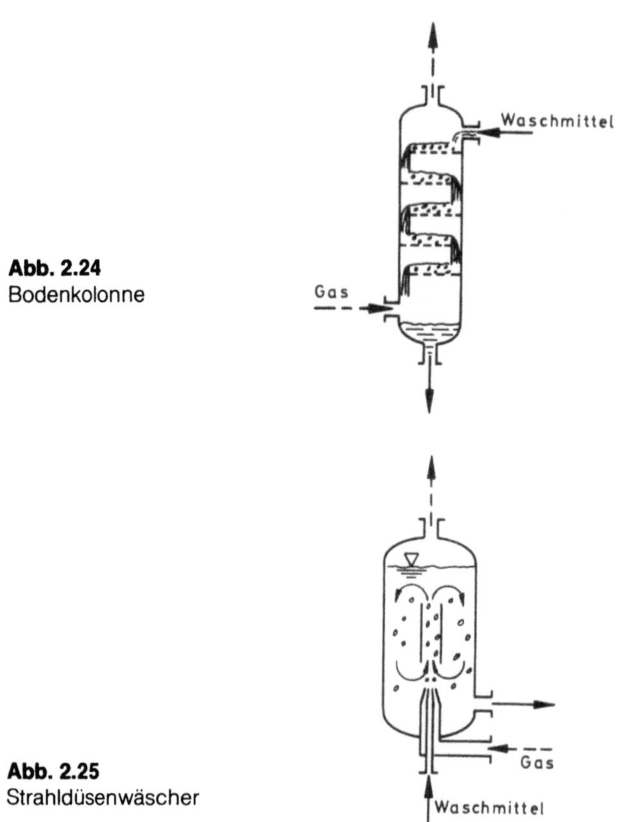

Abb. 2.24
Bodenkolonne

Abb. 2.25
Strahldüsenwäscher

schen sich unter weitgehender Vernichtung der Treibstrahlenergie innerhalb dieses Mischraumes, wobei das Gas an diesem Ort hoher Energiedissipationsdichte fein zerteilt wird. Strahldüsenwäscher zeichnen sich aus durch einen guten Stoffübergang und kompakte Bauweise. Sie eignen sich insbesondere für die Durchführung schnell ablaufender Absorptionsvorgänge (Kurzzeitwäschen).

Beim **begasten Rührkessel** wird das Gasgemisch über Bohrungen, die am Rührerblatt angebracht sind, oder Düsen am Absorberboden in das Waschmittel eingebracht und dispergiert (s. Abb. 2.26). Dies geschieht durch Überdruck oder durch die Ansaugwirkung des Rührers. Der begaste Rührkessel ist gut geeignet für die Durchführung von Absorptionsprozessen, bei welchen kleine Gasmengen mit großen Waschmittelmengen in Kontakt zu bringen sind.

Absorptionsapparate mit Dispergierung des Waschmittels eignen sich insbesondere für die Absorption von leicht löslichen Gasen bei kurzer Verweilzeit, bei denen der flüssigkeitsseitige Stofftransportwiderstand infolge der guten Löslichkeit praktisch keine Rolle spielt. Allerdings erfordern sie einen großen Energieaufwand und verursachen dadurch hohe Betriebskosten. Sie finden insbesondere Anwendung für die sogenannten Kurzzeitwäschen. Probleme kann bei diesen

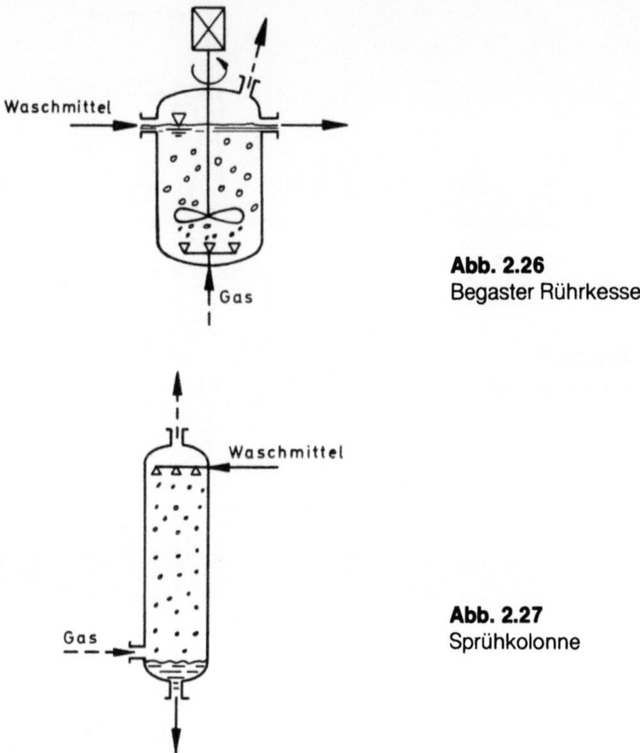

Abb. 2.26
Begaster Rührkessel

Abb. 2.27
Sprühkolonne

Absorbern die Trennung der beiden Phasen nach erfolgter Absorption bereiten, da leicht feine Flüssigkeitströpfchen vom Gasstrom mitgerissen werden.

In **Sprühkolonnen** wird das Waschmittel mittels Düsen oder rotierender Scheiben zerstäubt (s. Abb. 2.27). Das Gasgemisch strömt im Gegen- oder Gleichstrom zu den fallenden Tropfen. Sprühkolonnen werden eingesetzt, wenn eine kleine Waschmittelmenge mit einer großen Gasmenge in Kontakt gebracht werden soll.

Beim **Venturiwäscher** durchströmt das Gasgemisch eine Düse (s. Abb. 2.28). Hierbei wird die Druckenergie des Gases in Geschwindigkeitsenergie umgewandelt. An der engsten Stelle der Düse, wo die größte Geschwindigkeit und der niedrigste Druck herrschen, wird die Waschflüssigkeit zugegeben, welche von dem Schergefälle des Gases in Tröpfchen zerteilt wird.

2.7.2 Anhaltspunkte für die Auswahl

Eine Reihe der im vorhergehenden Abschnitt vorgestellten Absorptionsapparate wurden im Rahmen einer umfangreichen Forschungsarbeit vergleichend untersucht[26-28]. Ziel dieser Untersuchung war es, ein Auswahl- bzw. Bewertungskriterium für die verschiedenen Absorptionsapparate zu schaffen.

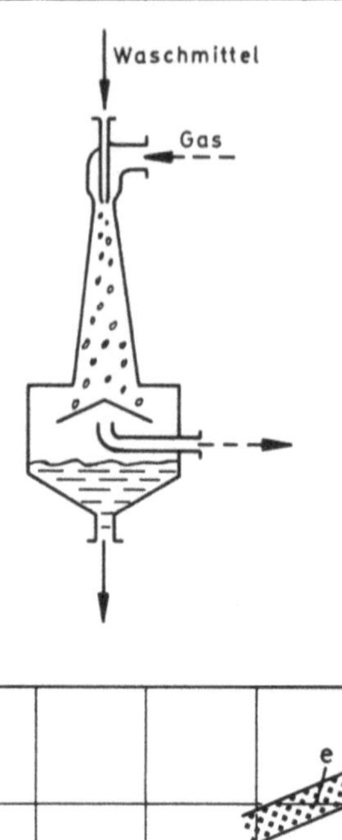

Abb. 2.28
Venturiwäscher

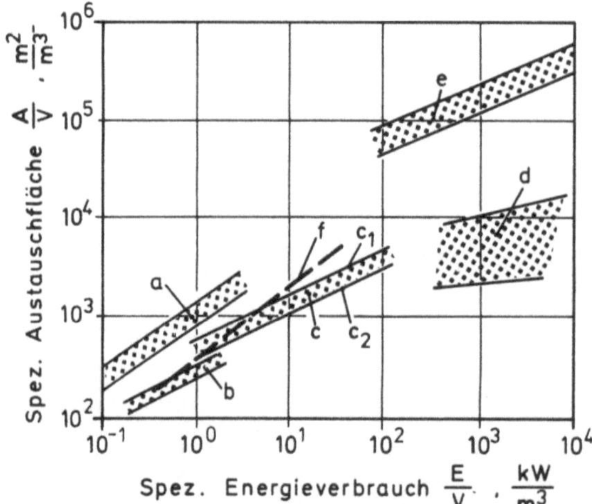

Abb. 2.29 Vergleich verschiedener Gas-Flüssigkeits-Kontaktapparate[26]

System: Luft/wässerige Na_2SO_3-Lösung

a) Strahldüsenwäscher
b) Blasensäule
c) Gleichstrom-Füllkörperkolonne
   c_1 Raschig-Ringe
   c_2 Kugeln
d) Venturiwäscher
e) Rohrreaktor-Strahldüse
f) begaster Rührkessel

Das Ergebnis dieser Untersuchung ist in der Abb. 2.29 dargestellt. In dieser Abbildung ist die spezifische Austauschfläche A/V über dem spezifischen Energieverbrauch E/V für die verschiedenen Apparate aufgetragen. Austauschfläche und Energieverbrauch werden hierbei auf das Apparatevolumen V, in welchem die Austauschfläche A erzeugt wird, bezogen. Es wird somit der Effekt (erreichte Austauschfläche) mit dem Aufwand (aufgewendete Energie) verglichen.

Aus diesem Diagramm ist zu erkennen, daß die pro Volumeneinheit des Apparates erzielte Austauschfläche wesentlich von der in derselben Volumeneinheit dissipierten Energie abhängt. Im technisch üblichen Bereich des spezifischen Energieverbrauchs von 0,5 bis $3\,\text{kW/m}^3$ hat im Hinblick auf die erzeugte spezifische Austauschfläche die Blasensäule die niedrigsten Werte. Es folgen der begaste Rührkessel und die Gleichstrom-Füllkörperkolonne. Die größten spezifischen Austauschflächen bei niedrigem spezifischem Energieverbrauch werden mit dem Strahldüsenwäscher erzielt. Im Bereich großer spezifischer Energieverbräuche hat der Strahldüsen-Rohrreaktor eine größere Austauschfläche als der Venturiwäscher. Dies liegt darin begründet, daß beim Strahldüsenwäscher bzw. Strahldüsen-Rohrreaktor die zugeführte Energie fast ausschließlich durch turbulente Vermischung dissipiert wird und daß das Gas diese so erzeugte hochturbulente Stoffaustauschzone passieren muß.

Abb. 2.29 erlaubt einen Vergleich der verschiedenen Absorptionsapparate unter dem Gesichtspunkt des zur Erzielung einer bestimmten Austauschfläche erforderlichen Energieaufwandes (Betriebskosten) und Reaktorvolumens (Investitionskosten), es geht aber nicht auf die von der Hydrodynamik her bestimmten Arbeitsbereiche und dort vor allem auf die Abhängigkeit der erreichbaren Austauschfläche vom Gasdurchsatz ein. Bezüglich der quantitativen Übertragbarkeit der Ergebnisse auf andere Stoffsysteme ist Vorsicht geboten.

3. Extraktion

3.1 Beschreibung und Bedeutung des Verfahrens

Unter **Extraktion** versteht man das selektive Herauslösen eines Wertstoffes aus einem Feststoff- oder Flüssigkeitsgemisch mit einem flüssigen Lösungsmittel. Das Lösungsmittel ist hierbei mit dem Feststoff oder der Flüssigkeit nicht oder nur teilweise mischbar. Bei der Extraktion wird der Feststoff oder die Flüssigkeit intensiv mit dem Lösungsmittel in Kontakt gebracht. Hierbei geht der Wertstoff vom Feststoff- oder Flüssigkeitsgemisch (Abgeber- oder Raffinatphase) in das Lösungsmittel (Aufnehmer- oder Extraktphase) über. Nach erfolgtem Stoffaustausch müssen beide Phasen im Schwerkraft- oder Zentrifugalfeld wieder getrennt werden. Deshalb ist es erforderlich, daß die Dichten der Phasen verschieden sind. Zur Reindarstellung des Wertstoffes und zur Rückgewinnung des Lösungsmittels muß das Extrakt einem weiteren Trennprozeß unterzogen werden.

Bei der **Fest-Flüssig-Extraktion** wird der Ausgangstoff zur Verbesserung des Stoffaustausches vielfach zerkleinert. Bei der absatzweisen Betriebsweise wird der zerkleinerte Ausgangstoff dann im Extraktor mit dem Lösungsmittel berieselt (s. Abb. 3.1). Hierbei geht ein Teil des Wertstoffes vom Ausgangsstoff in das Lösungsmittel über.

Das Lösungsmittel und der Wertstoff können anschließend durch Destillation oder Rektifikation des Extraktes voneinander getrennt werden. Nach erfolgter

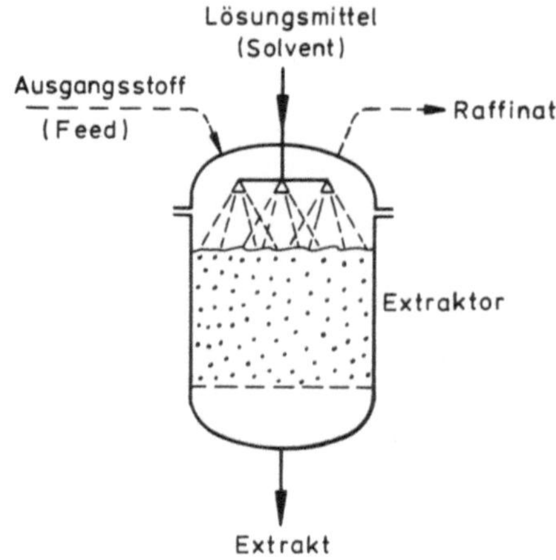

Abb. 3.1
Fest-Flüssig-Extraktion

Extraktion wird das an Wertstoff verarmte Raffinat aus dem Extraktor entnommen. Die Fest-Flüssig-Extraktion kann auch kontinuierlich durchgeführt werden. Die Fest-Flüssig-Extraktion dient zur

– Gewinnung von Speiseölen aus Ölsaaten und Ölfrüchten,
– Abtrennung ätherischer Öle aus Blüten und Blättern,
– Gewinnung von Genußmitteln und Gewürzen aus Gewächsen und Früchten,
– Abtrennung von Coffein aus Rohkaffee,
– Gewinnung von Zucker aus Zuckerrübenschnitzeln.

An der **Flüssig-Flüssig-Extraktion** sind zwei flüssige Phasen beteiligt. Das Ausgangsgemisch wird im Mischer intensiv mit dem Lösungsmittel in Kontakt gebracht, wobei der Wertstoff an das Lösungsmittel übergeht (s. Abb. 3.2). Nach erfolgtem Stoffaustausch werden die an Wertstoff verarmte (Raffinat) und die mit Wertstoff angereicherte Phase (Extrakt) im Abscheider auf Grund ihrer Dichteunterschiede getrennt. Beide Phasen werden anschließend in einer Rektifikationskolonne vom Lösungsmittel befreit, welches im Kreislauf zurückgeführt wird.

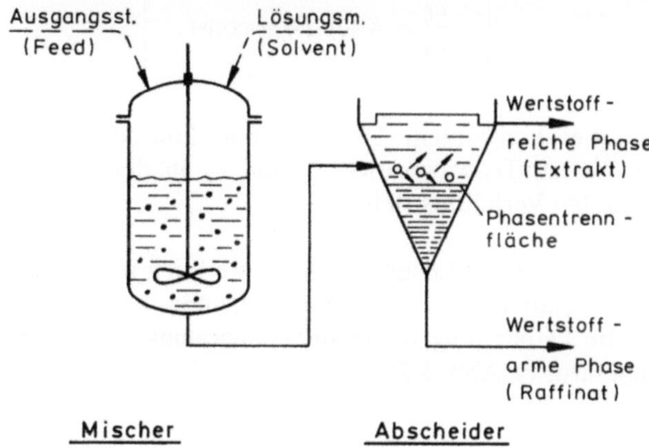

Abb. 3.2 Flüssig-Flüssig-Extraktion

Die Anwendung der Flüssig-Flüssig-Extraktion ist vorteilhaft, wenn

– ein anderes Trennverfahren aufwendig oder unmöglich ist, wie beispielsweise bei der Rektifikation engsiedender oder azeotroper Gemische,
– aus einem Flüssigkeitsgemisch gleichzeitig mehrere Komponenten mit sehr unterschiedlichen Siedepunkten abgetrennt werden sollen,
– der Anteil an höhersiedendem Wertstoff klein ist und die Destillation damit aufwendig wäre,
– bei der Erwärmung des Flüssigkeitsgemisches Zersetzung auftreten kann.

Typische Anwendungsbeispiele sind:

– Abtrennung der Aromaten aus Kohlenwasserstoff-Gemischen mittels *N*-Methylpyrrolidon

- Entfernung der Mercaptane aus Erdölfraktionen mittels Natronlauge
- Gewinnung von Caprolactam aus dem Caprolactam-Synthesegemisch mittels Benzol
- Abtrennung von Phenol aus Abwässern mittels Methylisobutylketon
- Abtrennung der Wirkstoffe von der Kulturtrübe mittels Methylisobutylketon bei der Herstellung von Antibiotika.

3.2 Physikalische Grundlagen

Die Auslegung eines Extraktionsapparates beruht in erster Linie auf der Kenntnis des thermodynamischen Gleichgewichts zwischen Raffinat- und Extraktphase. Die Raffinatphase besteht aus dem Abgeber B und dem verbleibenden Wertstoff A, die Extraktphase aus dem Lösungsmittel S und dem extrahierten Wertstoff A. Nach dem **Nernstschen Verteilungssatz** gilt für sehr verdünnte Lösungen

$$\frac{c_E}{c_R} = K\{p, T\} = \text{const}. \tag{3.1}$$

Er besagt, daß bei konstantem Druck p und konstanter Temperatur T das Verhältnis der Wertstoffkonzentration c_E und c_R in der Extrakt- und Raffinatphase in einem festen Verhältnis stehen.

Sind der Abgeber B und das Lösungsmittel S merklich ineinander löslich, so muß das Löslichkeitsverhalten aller drei Komponenten betrachtet werden. Hierzu empfiehlt sich die Darstellung im **Dreiecksdiagramm** für konstanten Druck und konstante Temperatur (s. Abb. 3.3).

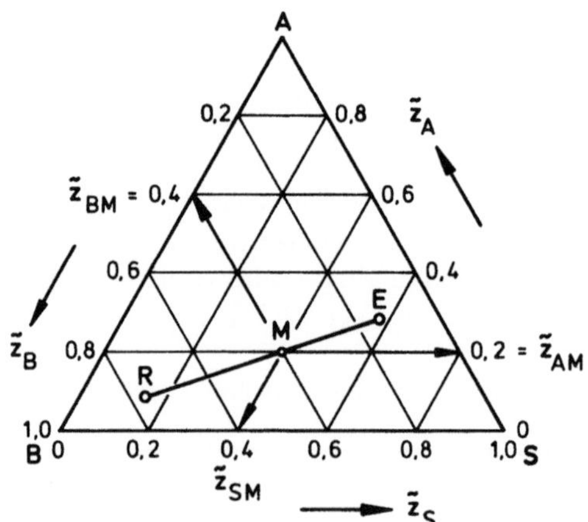

Abb. 3.3 Dreiecksdiagramm

Die Ecken des gleichseitigen Dreiecks stellen die reinen Komponenten A, B und S dar. Punkte auf den Dreiecksseiten repräsentieren die entsprechenden Zweistoffgemische AB, AS und BS. Punkte im Innern des Dreiecks sind Zustandspunkte ternärer Gemische, wie beispielsweise der Punkt M.

Mischt man die beiden Gemische R und E, deren Zusammensetzungen im Dreiecksdiagramm gegeben sind, so liegt die Zusammensetzung der resultierenden Mischung M auf der Verbindungsgeraden $\overline{RE}$. Sie läßt sich rechnerisch aus den Mengenbilanzen oder graphisch durch Anwendung des Hebelgesetzes ermitteln.

Rechnerische Lösung, Gesamtbilanz

$$N_R + N_E = N_M. \tag{3.2}$$

Mengenbilanz für die Komponente A

$$N_R\, \tilde{z}_{AR} + N_E\, \tilde{z}_{AE} = N_M\, \tilde{z}_{AM}. \tag{3.3}$$

Daraus folgt

$$\boxed{\tilde{z}_{AM} = \frac{N_R\, \tilde{z}_{AR} + N_E\, \tilde{z}_{AE}}{N_R + N_E}.} \tag{3.4}$$

$\tilde{z}_{AM}$, $\tilde{z}_{AR}$ und $\tilde{z}_{AE}$ sind hierbei die Molanteile des Wertstoffes A in der Mischung M sowie im Raffinat R und Extrakt E. In analoger Weise kann man $\tilde{z}_{BM}$ und $\tilde{z}_{SM}$ berechnen.

Graphische Lösung

Aus den Gln. (3.2) und (3.3) folgt

$$(\tilde{z}_{AM} - \tilde{z}_{AR})\, N_R = (\tilde{z}_{AE} - \tilde{z}_{AM})\, N_E. \tag{3.5}$$

Die Lage des Mischpunktes wird demnach durch das **Hebelgesetz** bestimmt, denn es gilt

$$\boxed{\overline{RM} \cdot N_R = \overline{ME} \cdot N_E.} \tag{3.6}$$

Bei der Extraktion wird das Lösungsmittel S so ausgewählt, daß der Wertstoff A in ihm wesentlich besser löslich ist als im Abgeber B. Außerdem soll der Abgeber B mit dem Lösungsmittel S möglichst nicht mischbar sein, damit eine Trennung der Raffinat- und Extraktphase möglich ist. Ein typisches Beispiel für ein solches System, das als 3/1-Typ bezeichnet wird, zeigt die Abb. 3.4. Mit zunehmendem Anteil an Wertstoff A nimmt die Löslichkeit zwischen dem Abgeber B und dem

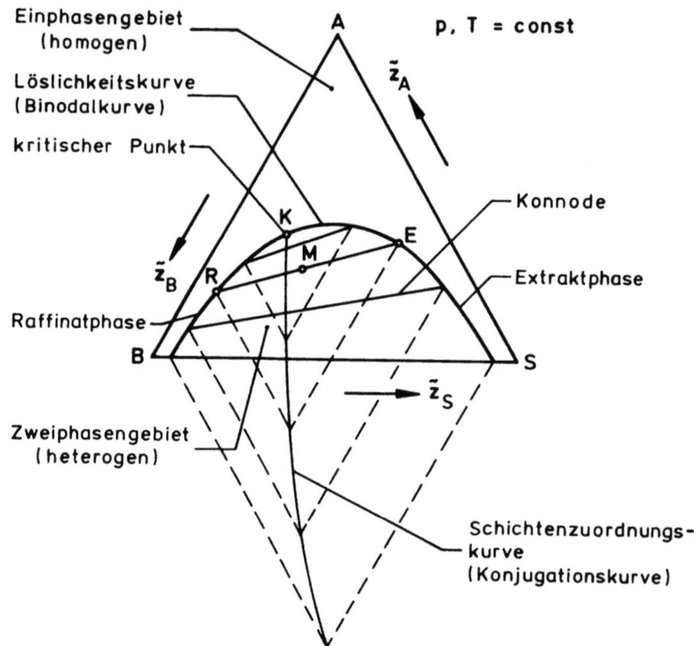

Abb. 3.4 Dreistoffgemisch mit einer Mischungslücke (3/1-Typ) im Dreiecksdiagramm

Lösungsmittel S zu, bis schließlich ein homogenes Dreistoffgemisch vorliegt. Das Einphasengebiet (homogen) ist vom Zweiphasengebiet (heterogen) durch die **Löslichkeitsgrenzkurve** oder **Binodalkurve** getrennt. Eine Mischung M im Zweiphasengebiet zerfällt in die beiden Gleichgewichtsphasen R und E. Die Zusammensetzungen von jeweils zwei miteinander im Gleichgewicht stehenden Mengen der Raffinat- und der Extraktphase sind durch eine **Konnode** miteinander verbunden. Je mehr Wertstoff in den beiden koexistierenden Mengen enthalten ist, desto kürzer werden die Konnoden und um so mehr rücken die Zustandspunkte R und E zusammen, bis sie schließlich im **kritischen Punkt** K zusammenfallen. Durch den kritischen Punkt wird die Löslichkeitsgrenzkurve in zwei Äste unterteilt: Zustandspunkte auf dem linken Ast repräsentieren die lösungsmittelarme Raffinatphase R, solche auf dem rechten Ast die lösungsmittelreiche Extraktphase E. Die Lage der Konnoden läßt sich mit Hilfe der **Schichtenzuordnungskurve** oder **Konjugationskurve** bestimmen. Sie ist die Verbindungslinie der Schnittpunkte zwischen den durch die Konnodenendpunkte gelegten Parallelen zu den Dreiecksseiten AB und AS.

Wenn, was seltener vorkommt, sowohl B und S als auch A und S eine Mischungslücke aufweisen, so spricht man von einem 3/2-Typ (s. Abb. 3.5).

Neben der Darstellung des Flüssig-Flüssig-Gleichgewichtes im Dreiecksdiagramm ist bei der Extraktion die Darstellung in rechtwinkligen Koordinaten

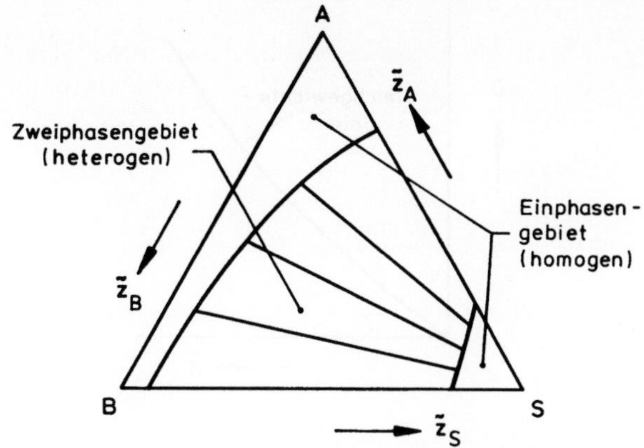

Abb. 3.5 Dreistoffgemisch mit zwei Mischungslücken (3/2-Typ) im Dreiecksdiagramm

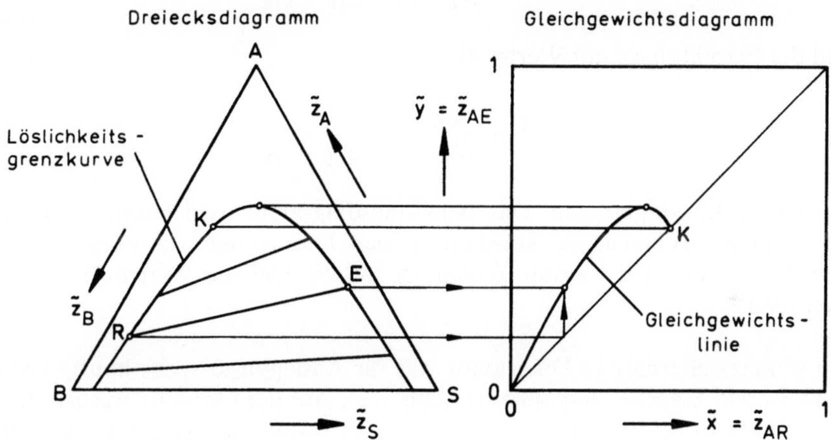

Abb. 3.6 Gleichgewichtsdiagramm

gebräuchlich. Eine Möglichkeit, das Gleichgewicht auf diese Weise darzustellen, stellt das **Gleichgewichtsdiagramm** dar (s. Abb. 3.6).

In ihm sind die Molanteile des Wertstoffes im Raffinat $\tilde{x} = \tilde{z}_{AR}$ und Extrakt $\tilde{y} = \tilde{z}_{AE}$ gegeneinander aufgetragen. Die Gleichgewichtslinie läßt sich bei bekanntem Dreiecksdiagramm konstruieren, indem man miteinander im Gleichgewicht stehende Punkte der Löslichkeitsgrenzkurve, R und E, ins Gleichgewichtsdiagramm transformiert. Der kritische Punkt liegt bei gleichen Achsenmaßstäben auf der 45°-Diagonalen.

Eine weitere Möglichkeit der Darstellung des Gleichgewichtes in rechtwinkligen Koordinaten ist das **Beladungsdiagramm** (s. Abb. 3.7). In ihm werden die

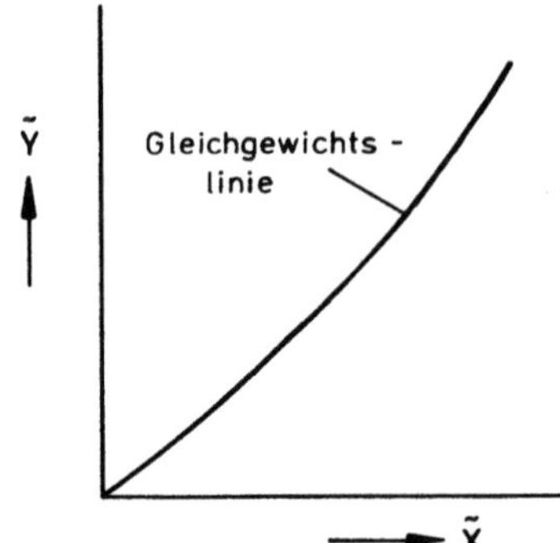

Abb. 3.7
Beladungsdiagramm

Beladungen der Raffinatphase mit Wertstoff

$$\tilde{X} = \frac{N_{A,R}}{N_B} = \frac{\tilde{z}_{AR}}{1 - \tilde{z}_{AR} - \tilde{z}_{SR}} \qquad (3.7\,a)$$

und der Extraktphase mit Wertstoff

$$\tilde{Y} = \frac{N_{A,E}}{N_S} = \frac{\tilde{z}_{AE}}{1 - \tilde{z}_{AE} - \tilde{z}_{BE}} \qquad (3.7\,b)$$

gegeneinander aufgetragen. Das Beladungsdiagramm wird häufig dann verwendet, wenn die Trägerströme konstant bleiben. Dies ist der Fall, wenn der Abgeber und das Lösungsmittel kaum ineinander löslich oder die Wertstoffkonzentration klein sind.

Ein weiteres alternatives Diagramm, das für Auslegungszwecke häufig verwendet wird, ist das **Jänecke-Diagramm** (s. Abb. 3.8). Auf der Ordinate werden dabei die Beladungen des Raffinates und Extraktes mit Lösungsmittel aufgetragen, die wie folgt definiert sind

$$\tilde{V} = \frac{N_{SR}}{N_{AR} + N_{BR}} = \frac{\tilde{z}_{SR}}{\tilde{z}_{AR} + \tilde{z}_{BR}} \quad 0 < \tilde{V} < \infty \qquad (3.8\,a)$$

$$\tilde{W} = \frac{N_{SE}}{N_{AE} + N_{BE}} = \frac{\tilde{z}_{SE}}{\tilde{z}_{AE} + \tilde{z}_{BE}} \quad 0 < \tilde{W} < \infty. \qquad (3.8\,b)$$

Auf der Abszisse werden die entsprechenden Beladungen des Raffinates und Extraktes mit Wertstoff aufgetragen

$$\tilde{X}' = \frac{N_{AR}}{N_{AR} + N_{BR}} = \frac{\tilde{z}_{AR}}{\tilde{z}_{AR} + \tilde{z}_{BR}} \quad 0 < \tilde{X}' < 1 \qquad (3.9\,a)$$

$$\tilde{Y}' = \frac{N_{AE}}{N_{AE} + N_{BE}} = \frac{\tilde{z}_{AE}}{\tilde{z}_{AE} + \tilde{z}_{BE}} \quad 0 < \tilde{Y}' < 1. \qquad (3.9\,b)$$

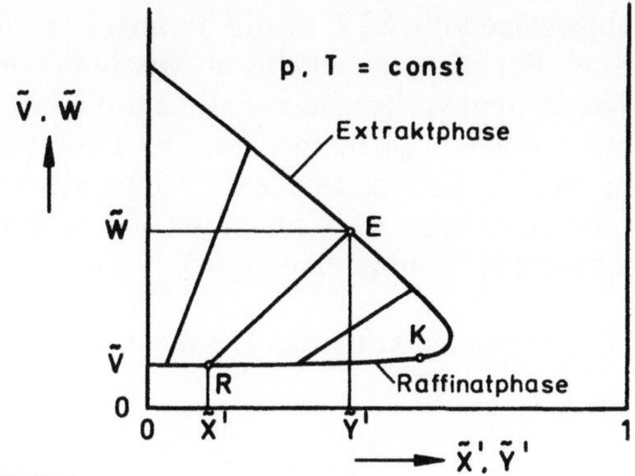

Abb. 3.8 Jänecke-Diagramm

Der Vorteil dieser Auftragungsart liegt darin, daß man für die Achsen beliebige
Maßstäbe wählen kann und das graphische Verfahren übersichtlicher wird.

Alle bisher mitgeteilten Diagramme gelten für konstante Temperatur und
konstanten Druck. Indessen können kleine **Temperaturänderungen** bereits eine
deutliche Änderung des Existenzbereiches der Mischungslücke und der Konno-
densteigungen bewirken. Für die Erläuterung des Temperatureinflusses empfiehlt
sich eine dreidimensionale Darstellung des Phasengleichgewichtes.

Für das System 3/1 sind zwei Fälle zu unterscheiden.

Fall A System mit einer **binären kritischen Lösungstemperatur** (s. Abb. 3.9)

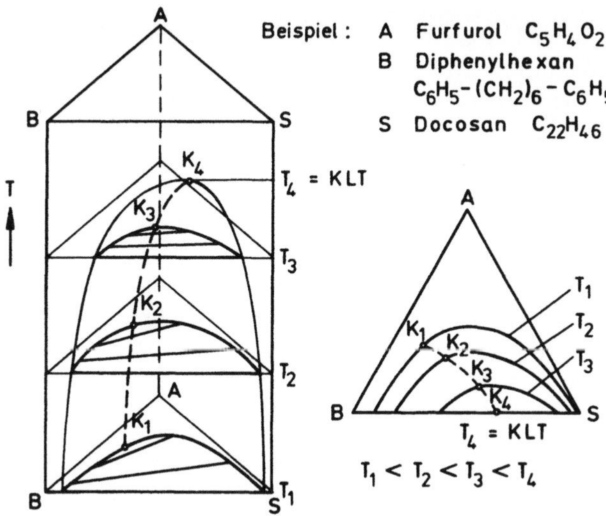

Abb. 3.9 System 3/1 mit einer binären kritischen Lösungstemperatur

Die **kritische Lösungstemperatur KLT** ist die Temperatur, oberhalb welcher alle drei Komponenten A, B und S in beliebigen Mischungsverhältnissen nur eine flüssige Phase bilden. In dem vorliegenden Fall liegt die kritische Lösungstemperatur in der Ebene des binären Gemisches BS. Die Punkte K1, K2, K3 und K4 sind die kritischen Punkte für verschiedene Temperaturen. Die Kurve durch diese Punkte erreicht den Punkt KLT im Punkt K4 in der Ebene des binären Systems BS (binäre kritische Lösungstemperatur).

Fall B System mit einer **ternären kritischen Lösungstemperatur** (s. Abb. 3.10)

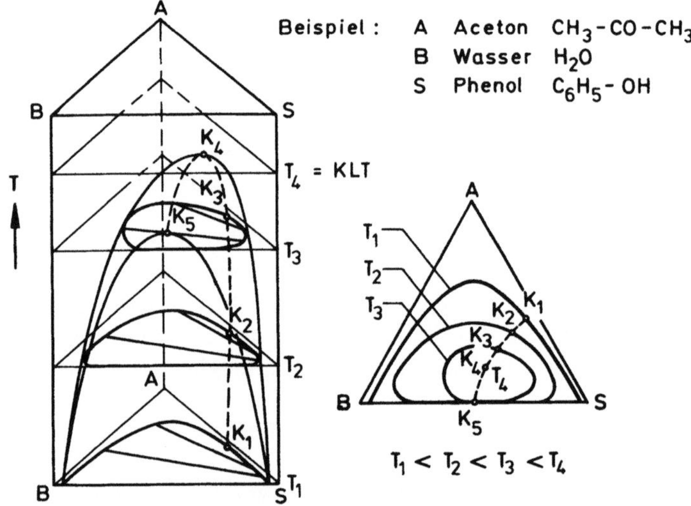

Abb. 3.10 System 3/1 mit einer ternären kritischen Lösungstemperatur

Bei diesem System hat die Kurve durch die kritischen Punkte K1, K2, K3, K4 und K5 ihr Maximum im Punkt K4, der im Innern des Dreiecks liegt (ternäre kritische Lösungstemperatur). Die Temperaturebene $T_4 = \text{const}$ berührt in K4 die Mischungslücke. Der Punkt K5 ist die binäre kritische Lösungstemperatur des binären Systems BS.

Beim System 3/2 lassen sich ebenfalls zwei Fälle unterscheiden.

Fall A System mit einer binären Mischungslücke bei hohen und zwei zusammengewachsenen Mischungslücken bei tiefen Temperaturen (s. Abb. 3.11)

Zwischen den beiden binären kritischen Lösungstemperaturen T_3 und T_5 verhält sich das System wie ein System vom Typ 3/1. Unterhalb von T_3 zeigt es 3/2-Verhalten.

Fall B System mit zwei Mischungslücken bei hohen Temperaturen, die bei tiefen Temperaturen zusammenwachsen (s. Abb. 3.12)

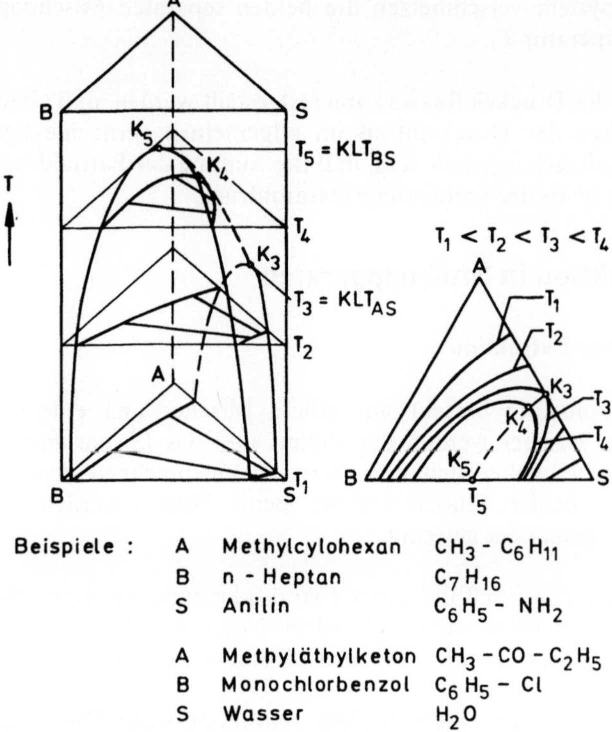

Beispiele :

A	Methylcylohexan	$CH_3 - C_6H_{11}$
B	n - Heptan	C_7H_{16}
S	Anilin	$C_6H_5 - NH_2$
A	Methyläthylketon	$CH_3 - CO - C_2H_5$
B	Monochlorbenzol	$C_6H_5 - Cl$
S	Wasser	H_2O

Abb. 3.11 System mit einer binären Mischungslücke bei hohen und zwei zusammengewachsenen Mischungslücken bei tiefen Temperaturen

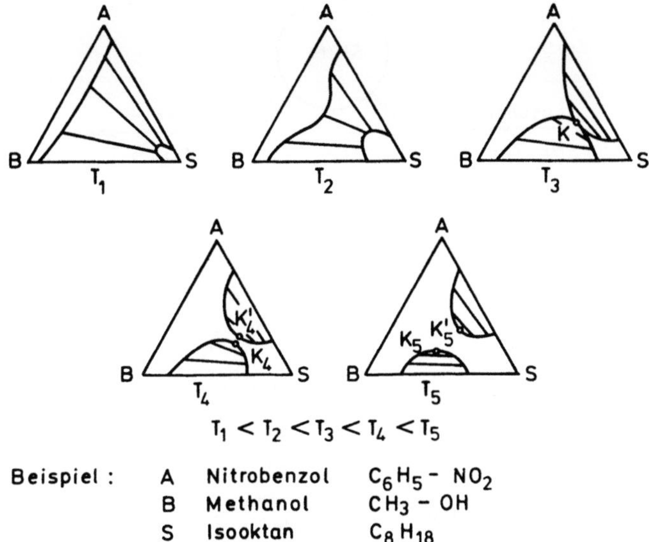

Beispiel :

A	Nitrobenzol	$C_6H_5 - NO_2$
B	Methanol	$CH_3 - OH$
S	Isooktan	C_8H_{18}

Abb. 3.12 System mit zwei Mischungslücken bei hohen Temperaturen, die bei tiefen Temperaturen zusammenwachsen

Bei diesem System verschmelzen die beiden separaten Mischungslücken unterhalb der Temperatur T_3.

Hinsichtlich des **Druckeinflusses** kann festgestellt werden, daß abgesehen von sehr hohen Drucken der Druckeinfluß im allgemeinen vernachlässigt werden darf. Allerdings muß sichergestellt sein, daß die Summe der Partialdrücke des Systems dabei kleiner ist als der vorhandene Gesamtdruck.

3.3 Extraktion in Stufenapparaten

3.3.1 Einstufige Extraktion

Eine Extraktionsstufe besteht aus einem Mischer und einem Abscheider (s. Abb. 3.2). Im Mischer werden der Zulauf und das Lösungsmittel innig miteinander vermischt, wobei sich der Wertstoff entsprechend dem Phasengleichgewicht auf die beiden Phasen aufteilt. Beide Phasen werden anschließend im Abscheider voneinander getrennt.

Abb. 3.13 zeigt das Fließbild einer Extraktionsstufe. Sie kann absatzweise oder kontinuierlich betrieben werden. Wird im Mischer vollständiges Phasengleichgewicht erreicht, so spricht man von einer **theoretischen Stufe.**

Die Arbeitsweise einer theoretischen Extraktionsstufe läßt sich im **Dreiecksdiagramm** verfolgen (s. Abb. 3.14). Bei der absatzweisen Betriebsweise werden

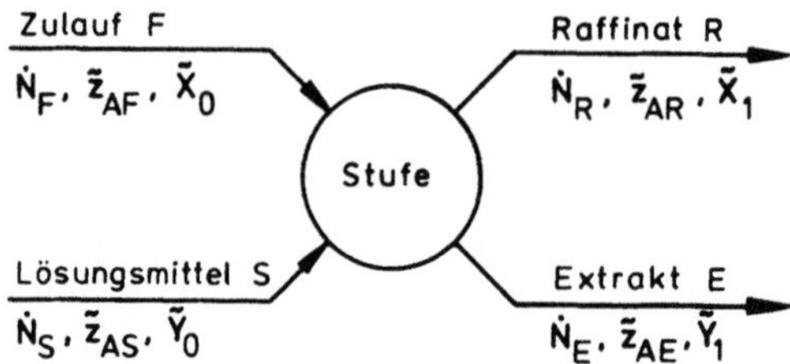

Abb. 3.13 Fließbild einer Extraktionsstufe

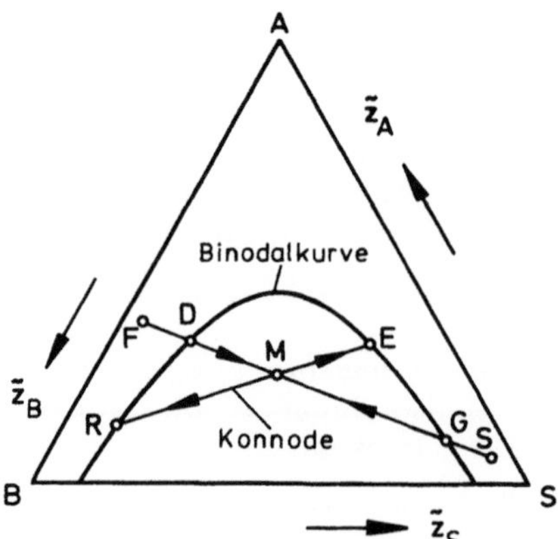

Abb. 3.14
Einstufige Extraktion
im Dreiecksdiagramm

für die Rechnung die Stoffmengen in kmol oder in kg, bei der kontinuierlichen Betriebsweise die Mengenströme in kmol/s oder in kg/s verwendet. Die Ermittlung der Trennwirkung erfolgt in zwei Schritten.

1. Schritt Entstehung der Mischung M aus Zulauf F und Lösungsmittel S im Mischer

Die Lage des Mischpunktes M folgt aus der Mengenbilanz und läßt sich graphisch mit dem sogenannten **Hebelgesetz** ermitteln

$$\frac{\dot{N}_F}{\dot{N}_S} = \frac{\overline{MS}}{\overline{FM}} \cdot \tag{3.10}$$

Rechnerisch ergibt sich aus der Gesamtbilanz

$$\dot{N}_F + \dot{N}_S = \dot{N}_M \tag{3.11}$$

und der Bilanz für eine Komponente, z. B.

$$\dot{N}_F \, \tilde{z}_{AF} + \dot{N}_S \, \tilde{z}_{AS} = \dot{N}_M \, \tilde{z}_{AM} \tag{3.12}$$

$$\tilde{z}_{AM} = \frac{\dot{N}_F \, \tilde{z}_{AF} + \dot{N}_S \, \tilde{z}_{AS}}{\dot{N}_F + \dot{N}_S} \cdot \tag{3.13}$$

2. Schritt Zerfall des Gemisches M in Raffinat R und Extrakt E im Abscheider

Da das die Stufe verlassende Raffinat und Extrakt miteinander im Gleichgewicht stehen, sind ihre Zusammensetzungen durch die Schnittpunkte der durch M gehenden Konnode mit der Binodalkurve gegeben. Auch hier gilt das „Hebelgesetz"

$$\frac{\dot{N}_R}{\dot{N}_E} = \frac{\overline{ME}}{\overline{RM}} \cdot \tag{3.14}$$

Rechnerisch ergibt sich

$$\dot{N}_M = \dot{N}_R + \dot{N}_E \tag{3.15}$$

$$\dot{N}_M \, \tilde{z}_{AM} = \dot{N}_R \, \tilde{z}_{AR} + \dot{N}_E \, \tilde{z}_{AE} \tag{3.16}$$

$$\dot{N}_R = \frac{\tilde{z}_{AE} - \tilde{z}_{AM}}{\tilde{z}_{AE} - \tilde{z}_{AR}} \dot{N}_M \tag{3.17}$$

$$\dot{N}_E = \frac{\tilde{z}_{AM} - \tilde{z}_{AR}}{\tilde{z}_{AE} - \tilde{z}_{AR}} \dot{N}_M \cdot \tag{3.18}$$

Damit eine Trennung der Phasen überhaupt stattfinden kann, muß der Zustandspunkt M der Mischung im Zweiphasengebiet, d. h. zwischen den Punkten D und G liegen. Daraus ergibt sich die **minimale Lösungsmittelmenge** $\dot{N}_{S,\,min}$, bei der der Mischpunkt M mit dem Punkt D zusammenfällt, zu

$$\dot{N}_{S,\,min} = \frac{\tilde{z}_{AF} - \tilde{z}_{AD}}{\tilde{z}_{AD} - \tilde{z}_{AS}}\, \dot{N}_F . \tag{3.19}$$

Vermischt man den Zulauf $\dot{N}_F$ mit dieser mininalen Lösungsmittelmenge $\dot{N}_{S,\,min}$, so entsteht nur Raffinat mit der Zusammensetzung charakterisiert durch D und kein Extrakt. Fällt andererseits M mit G zusammen, so entsteht nur Extrakt und kein Raffinat. Die entsprechende Lösungsmittelmenge wird **maximale Lösungsmittelmenge** $\dot{N}_{S,\,max}$ genannt:

$$\dot{N}_{S,\,max} = \frac{\tilde{z}_{AF} - \tilde{z}_{AG}}{\tilde{z}_{AG} - \tilde{z}_{AS}}\, \dot{N}_F . \tag{3.20}$$

Die Arbeitsweise einer theoretischen Extraktionsstufe läßt sich auch im **Beladungsdiagramm** darstellen, wenn die gegenseitige Löslichkeit von Abgeber und Lösungsmittel gering ist (s. Abb. 3.15). Aus der Mengenbilanz für den zu extrahierenden Wertstoff

$$\dot{N}_B\,\tilde{X}_0 + \dot{N}_S\,\tilde{Y}_0 = \dot{N}_B\,\tilde{X}_1 + \dot{N}_S\,\tilde{Y}_1 \tag{3.21}$$

folgt

$$\tilde{Y}_1 = -\frac{\dot{N}_B}{\dot{N}_S}\,(\tilde{X}_1 - \tilde{X}_0) + \tilde{Y}_0 . \tag{3.22}$$

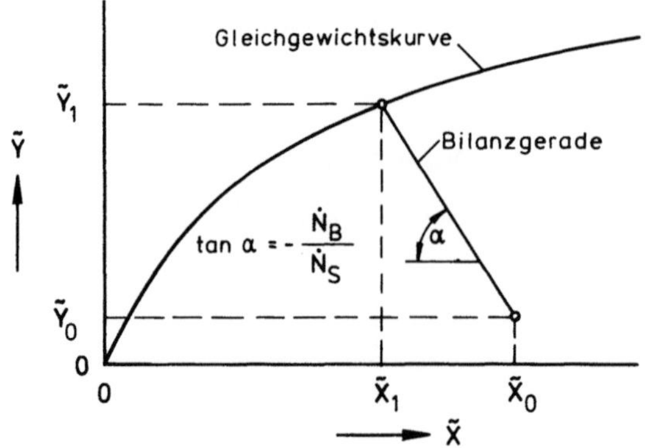

Abb. 3.15 Einstufige Extraktion im Beladungsdiagramm

Dies ist die Gleichung einer Geraden im Beladungsdiagramm durch die Punkte $(\tilde{X}_0, \tilde{Y}_0)$ und $(\tilde{X}_1, \tilde{Y}_1)$ mit der Steigung $\tan \alpha = - \dot{N}_\mathrm{B}/\dot{N}_\mathrm{S}$. Da die beiden die Stufe verlassenden Ströme miteinander im Gleichgewicht stehen, ist der Zustandspunkt $(\tilde{X}_1, \tilde{Y}_1)$ im Beladungsdiagramm gleich dem Schnittpunkt zwischen dieser Bilanzgeraden und der Gleichgewichtskurve.

Beispiel 3.1. Einstufige Extraktion von Aceton aus Wasser mit Chlorbenzol

Das Ausgangsgemisch von 100 kg besteht aus 50% Aceton und 50% Wasser (Massengehalt). Es soll mit Chlorbenzol extrahiert werden.

a) Das Phasengleichgewicht des Systems Aceton (A)-Wasser (B)-Chlorbenzol (S) ist im Dreiecksdiagramm darzustellen.
b) Welche Lösungsmittelmenge ist erforderlich, falls das Raffinat noch 10% (Massengehalt) Aceton enthalten soll?
c) Welche Zusammensetzungen haben das anfallende Raffinat und Extrakt?

Stoffdaten

Tab. 3.1 Phasengleichgewicht für das System Aceton(A)-Wasser(B)-Chlorbenzol(S), Massengehalt in %

Raffinat			Extrakt		
z_AR	z_BR	z_SR	z_AE	z_BE	z_SE
0	99,89	0,11	0	0,18	99,82
10	89,79	0,21	10,79	0,49	88,72
20	79,69	0,31	22,23	0,79	76,98
30	69,42	0,58	37,48	1,72	60,80
40	58,64	1,36	49,44	3,05	47,51
50	46,28	3,72	59,19	7,24	33,57
60	27,41	12,59	61,07	22,85	15,08
60,58	25,66	13,76	60,58	25,66	13,76

Ergebnis

a) **Dreiecksdiagramm** (Abb. 3.16)

b) **Erforderliche Lösungsmittelmenge** (Abb. 3.17)

Lösungsmittelmenge (Hebelgesetz)

$$M_\mathrm{S} = \frac{\overline{\mathrm{FM}}}{\overline{\mathrm{MS}}}\, M_\mathrm{F} = \mathbf{366\ kg}\,.$$

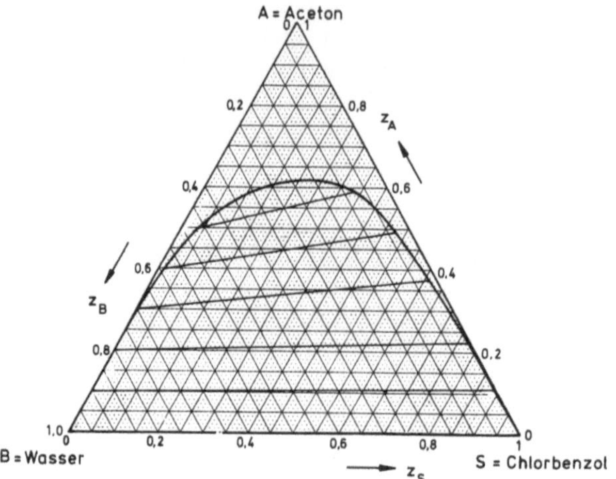

Abb. 3.16 Dreiecksdiagramm für das System Aceton(A)-Wasser(B)-Chlorbenzol(S)

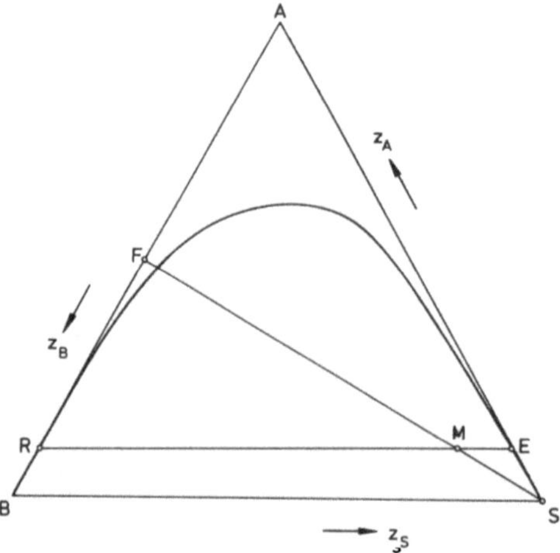

Abb. 3.17 Einstufige Extraktion von Aceton-Wasser mit Chlorbenzol im Dreiecksdiagramm

c) Mengen und Zusammensetzungen von Raffinat und Extrakt

Mengen (Hebelgesetz)

$$M_M = M_F + M_S = M_R + M_E = 466 \text{ kg}$$

$$M_R = \frac{\overline{ME}}{\overline{RE}} M_M = \textbf{53 kg}$$

$$M_E = \frac{\overline{RM}}{\overline{RE}} M_M = \textbf{413 kg}$$

Zusammensetzungen (Dreiecksdiagramm)

$$z_{AR} = 0{,}100 \qquad z_{AE} = 0{,}108$$
$$z_{BR} = 0{,}898 \qquad z_{BE} = 0{,}005$$
$$z_{SR} = 0{,}002 \qquad z_{SE} = 0{,}887$$

3.3.2 Mehrstufige Kreuzstromextraktion

Bei der mehrstufigen Kreuzstromextraktion werden mehrere einstufige Einheiten
entsprechend der Abb. 3.18 zusammengeschaltet. Das Raffinat einer jeden Stufe
wird in der jeweils folgenden Stufe mit frischem Lösungsmittel extrahiert. Die
Wertstoffkonzentrationen in der Raffinat- und Extraktphase nehmen von Stufe
zu Stufe ab.

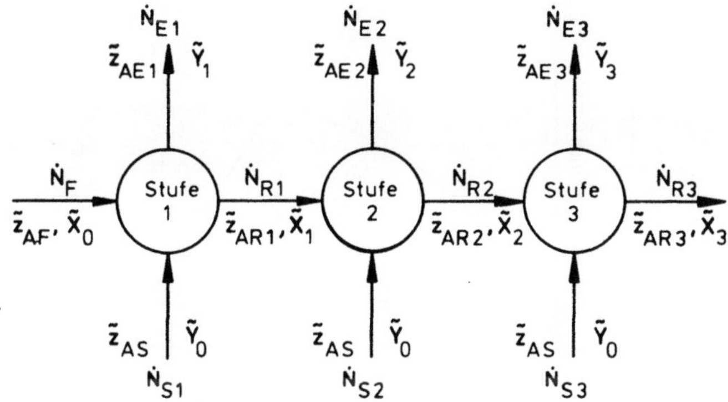

Abb. 3.18 Mehrstufige Kreuzstromextraktion

Die mehrstufige Kreuzstromextraktion kann absatzweise oder kontinuierlich
betrieben werden. Bei der absatzweisen Betriebsweise wird aus einer örtlichen
Folge von Extraktionsstufen eine zeitliche Folge einzelner Extraktionsvorgänge.

Analog zur einstufigen Extraktion kann die mehrstufige Kreuzstromextraktion im
Dreiecksdiagramm dargestellt werden (s. Abb. 3.19). Die Extrakte sämtlicher
Stufen werden zweckmäßigerweise zusammengefaßt und der Lösungsmittelrege-
neration zugeführt. Das Extrakt E hat dann die Zusammensetzung

$$\tilde{x}_{AE} = \frac{1}{\dot{N}_E} \sum_{i=1}^{n} \dot{N}_{E,i}\, \tilde{x}_{AE,i} \tag{3.23}$$

mit

$$\dot{N}_E = \sum_{i=1}^{n} \dot{N}_{E,i}\,. \tag{3.24}$$

Bei gegenseitiger Unlöslichkeit von Abgeber und Lösungsmittel kann der Vorgang wiederum im **Beladungsdiagramm** dargestellt werden (s. Abb. 3.20). Die

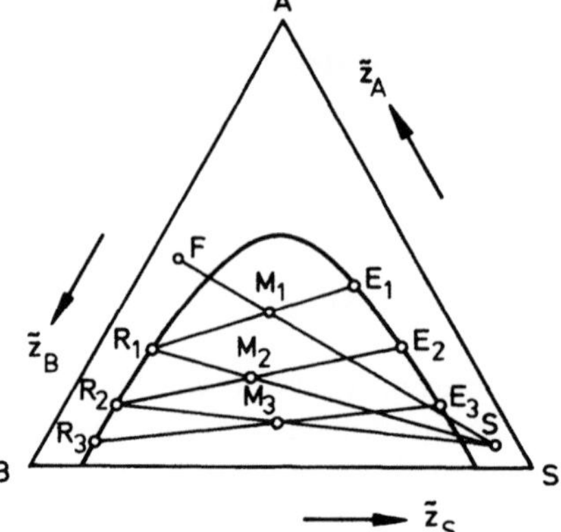

Abb. 3.19 Mehrstufige Kreuzstromextraktion im Dreiecksdiagramm

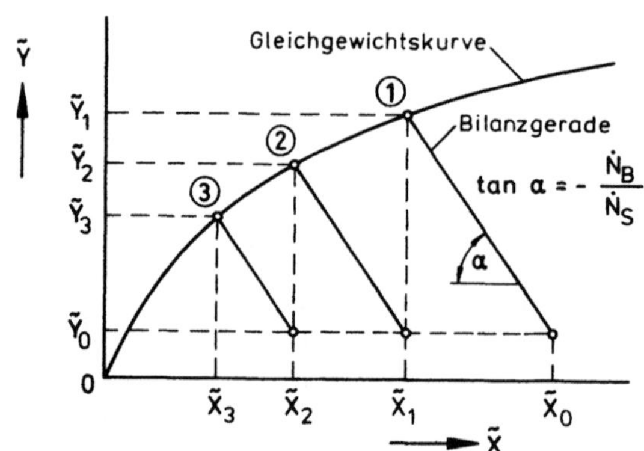

Abb. 3.20 Mehrstufige Kreuzstromextraktion im Beladungsdiagramm

Mengenbilanzen für den Wertstoff für die einzelnen Stufen lauten:

1. Stufe $\qquad \dot{N}_B \tilde{X}_0 + \dot{N}_{S1} \tilde{Y}_0 = \dot{N}_B \tilde{X}_1 + \dot{N}_{S1} \tilde{Y}_1$ $\hfill$ (3.25 a)

2. Stufe $\qquad \dot{N}_B \tilde{X}_1 + \dot{N}_{S2} \tilde{Y}_0 = \dot{N}_B \tilde{X}_2 + \dot{N}_{S2} \tilde{Y}_2$ $\hfill$ (3.25 b)

3. Stufe $\qquad \dot{N}_B \tilde{X}_2 + \dot{N}_{S3} \tilde{Y}_0 = \dot{N}_B \tilde{X}_3 + \dot{N}_{S3} \tilde{Y}_3 .$ $\hfill$ (3.25 c)

Damit ergibt sich für die Bilanzgeraden der einzelnen Stufen

1. Stufe $\qquad \tilde{Y}_1 = - \dfrac{\dot{N}_B}{\dot{N}_{S1}} (\tilde{X}_1 - \tilde{X}_0) + \tilde{Y}_0$ $\hfill$ (3.26 a)

2. Stufe $\qquad \tilde{Y}_2 = - \dfrac{\dot{N}_B}{\dot{N}_{S2}} (\tilde{X}_2 - \tilde{X}_1) + \tilde{Y}_0$ $\hfill$ (3.26 b)

3. Stufe $\qquad \tilde{Y}_3 = - \dfrac{\dot{N}_B}{\dot{N}_{S3}} (\tilde{X}_3 - \tilde{X}_2) + \tilde{Y}_0 .$ $\hfill$ (3.26 c)

Im Beladungsdiagramm aufgetragen ergibt sich somit der in Abb. 3.20 dargestellte Kurvenzug. Die Anzahl der Eckpunkte auf der Gleichgewichtskurve entspricht gleich der theoretischen Stufenzahl.

Beispiel 3.2. Mehrstufige Kreuzstromextraktion von Aceton aus Wasser mit 1,1,2-Trichlorethan

Eine 50%ige (Massengehalt) wässerige Acetonlösung wird in einer mehrstufigen Kreuzstromextraktionsanlage mit reinem 1,1,2-Trichlorethan extrahiert. Der Zulauf an Aceton-Wasser-Lösung beträgt 100 kg/h; in jeder Stufe werden 25 kg/h reines Lösungsmittel eingesetzt. Die in den einzelnen Stufen anfallenden Extrakte werden gemischt und anschließend der Lösungsmittelregeneration zugeführt. Das Phasengleichgewicht des Systems Aceton(A)-Wasser(B)-1,1,2-Trichlorethan(S) bei 25 °C ist in Form eines Dreiecksdiagrammes gegeben (s. Abb. 3.21).

a) Wieviel theoretische Trennstufen sind erforderlich, falls die Raffinatphase am Ende nicht mehr als 10% (Massengehalt) Aceton enthalten soll?
b) Welche Zusammensetzungen haben die in den einzelnen Stufen anfallenden Raffinat- und Extraktströme?
c) Welche Zusammensetzung hat das gesamte Extrakt, das der Lösungsmittelregeneration zugeführt wird?

Stoffdaten (Abb. 3.21)

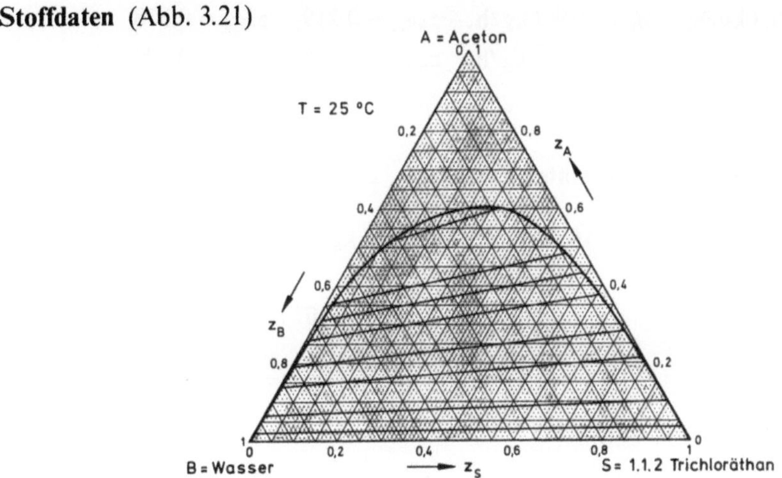

Abb. 3.21 Dreiecksdiagramm für das System Aceton(A)-Wasser(B)-1,1,2-Trichlorethan(S)

Ergebnis

a) **Ermittlung der theoretischen Trennstufenzahl** (Abb. 3.22)

b) **Massenströme und Zusammensetzungen der Raffinate und Extrakte**

Die Massenströme von Raffinat und Extrakt ergeben sich durch Anwendung des Hebelgesetzes. Ihre jeweiligen Anteile an Wertstoff werden dem Dreiecksdiagramm entnommen.

$\dot{M}_F = 100$ kg/h

$\dot{M}_{R,1} = 75{,}0$ kg/h, $\dot{M}_{E,1} = 50{,}0$ kg/h, $z_{AR,1} = 0{,}348$, $z_{AE,1} = 0{,}478$

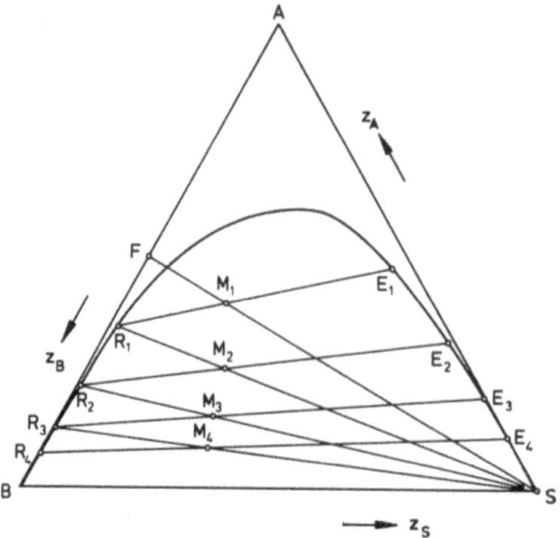

Abb. 3.22 Mehrstufige Kreuzstromextraktion von Aceton-Wasser mit 1,1,2-Trichlorethan im Dreiecksdiagramm $n_{th} = 4$

$$\dot{M}_{R,2} = 60{,}3 \text{ kg/h}, \quad \dot{M}_{E,2} = 39{,}7 \text{ kg/h}, \quad z_{AR,2} = 0{,}219, \quad z_{AE,2} = 0{,}318$$

$$\dot{M}_{R,3} = 53{,}6 \text{ kg/h}, \quad \dot{M}_{E,3} = 31{,}7 \text{ kg/h}, \quad z_{AR,3} = 0{,}138, \quad z_{AE,3} = 0{,}199$$

$$\dot{M}_{R,4} = 50{,}3 \text{ kg/h}, \quad \dot{M}_{E,4} = 28{,}3 \text{ kg/h}, \quad z_{AR,4} = 0{,}073, \quad z_{AE,4} = 0{,}112$$

c) Zusammensetzung des gesamten Extraktes

$$\dot{M}_E = \sum_{i=1}^{4} \dot{M}_{E,i} = 149{,}7 \text{ kg/h}$$

$$z_{AE} = \frac{1}{\dot{M}_E} \sum_{i=1}^{4} \dot{M}_{E,i} \, z_{AE,i} = \mathbf{0{,}307} \,.$$

3.3.3 Mehrstufige Gegenstromextraktion

Die mehrstufige Gegenstromextraktion ist ein kontinuierliches Verfahren (s. Abb. 3.23). Hierbei werden der Zulauf und das Lösungsmittel im Gegenstrom durch eine Kaskade, bestehend aus mehreren in Serie geschalteten Extraktionsstufen, geführt. Der Zulauf und das Lösungsmittel werden an den entgegengesetzten Enden der Kaskade aufgegeben, so daß das Raffinat mit dem frischen

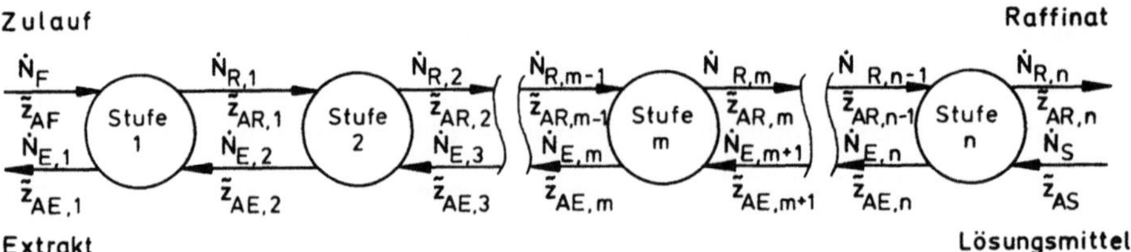

Abb. 3.23 Mehrstufige Gegenstromextraktion

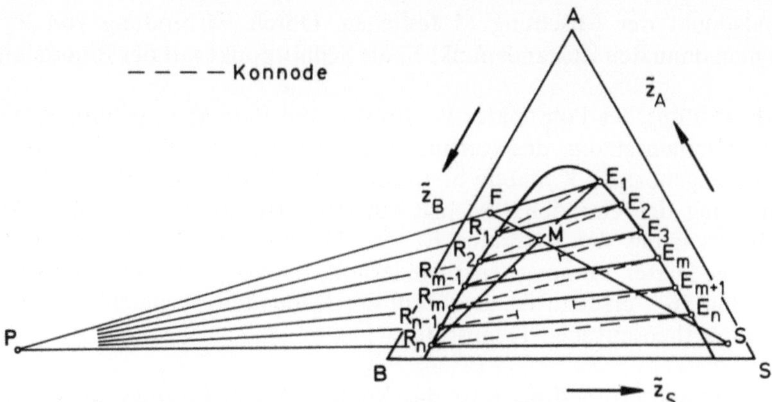

Abb. 3.24 Mehrstufige Gegenstromextraktion im Dreiecksdiagramm

Lösungsmittel und das Extrakt mit dem Zulauf zuerst in Kontakt gebracht werden. Dies führt zu hohen Beladungsgefällen und damit auch zu einer guten Anreicherung des Wertstoffes A in der Extraktphase und somit auch zu einer guten Entfernung des Wertstoffes aus der Raffinatphase.

Grundlage für die graphische Darstellung der Gegenstromextraktion im Dreiecksdiagramm (s. Abb. 3.24) sind wiederum die Mengenbilanzen.

Gesamtbilanz

$$\dot{N}_F - \dot{N}_{E,1} = \dot{N}_{R,n} - \dot{N}_S = \Delta\dot{N}_R. \tag{3.27}$$

Bilanz um das untere Kolonnenende einschließlich der Stufe m

$$\dot{N}_F - \dot{N}_{E,1} = \dot{N}_{R,m} - \dot{N}_{E,m+1} = \Delta\dot{N}_R. \tag{3.28}$$

Bilanz um das obere Kolonnenende einschließlich der Stufe m

$$\dot{N}_{R,m-1} - \dot{N}_{E,m} = \dot{N}_{R,n} - \dot{N}_S = \Delta\dot{N}_R. \tag{3.29}$$

Bilanz um die Stufe m

$$\dot{N}_{R,m-1} - \dot{N}_{E,m} = \dot{N}_{R,m} - \dot{N}_{E,m+1} = \Delta\dot{N}_R. \tag{3.30}$$

Aus diesen Gleichungen ersieht man, daß die Differenz der Mengenströme $\Delta\dot{N}_R$ in einem Querschnitt zwischen zwei beliebigen Stufen stets konstant ist. Demnach schneiden sich die Bilanzgeraden in einem Punkt, dem sogenannten **Polpunkt P**, der in der Regel außerhalb des Dreiecksdiagrammes liegt. Er wird ermittelt durch Verlängerung der Geraden $\overline{FE_1}$ und $\overline{R_n S}$ bis zu ihrem Schnittpunkt. Die Zustandspunkte des Zulaufs F und des Lösungsmittels S sowie die gewünschte Restkonzentration des Wertstoffes in Raffinat $\tilde{z}_{AR,n}$ und damit auch R_n sind vorgegeben. Kennt man weiterhin die Lösungsmittelmenge, so läßt sich der

Zustandspunkt der Mischung M festlegen. Durch Verbindung von R_n und M erhält man dann den Zustandspunkt E_1 als Schnittpunkt mit der Binodalkurve.

Nach Ermittlung des Polpunktes P wird die zum Extrakt E_1 gehörende Gleichgewichtszusammensetzung des Raffinates R_1, welches die erste Stufe verläßt, mit Hilfe der zugehörigen Konode bestimmt. Danach wird R_1 mit P verbunden. Die Verlängerung der Geraden $\overline{PR_1}$ legt auf der Extraktseite der Binodalkurve die Zusammensetzung des Extraktes E_2 fest. Die Gerade $\overline{PR_1E_2}$ stellt die Bilanzgerade dar. Dieser Vorgang wird wiederholt, bis die gewünschte Raffinatzusammensetzung $\tilde{z}_{AR,n}$ erreicht ist. Die Zahl der Konnoden ist gleich der Zahl der erforderlichen theoretischen Trennstufen.

Das **Lösungsmittelverhältnis** v ist das Verhältnis von Lösungsmittelstrom $\dot{N}_S$ zu Zulaufstrom $\dot{N}_F$

$$v = \frac{\dot{N}_S}{\dot{N}_F} \cdot \tag{3.31}$$

Nach Abb. 3.24 entspricht es dem Streckenverhältnis $\overline{FM}/\overline{MS}$. Wird die Lösungsmittelmenge verringert, so verschiebt sich der Zustandspunkt der Mischung M auf der Geraden $\overline{FS}$ in Richtung F. Damit verschiebt sich auch der Zustandspunkt des Extraktes E_1 auf der Löslichkeitsgrenzkurve nach oben und der Polpunkt P nähert sich dem Dreiecksdiagramm. Die Bilanzgeraden verlaufen steiler und damit erhöht sich auch die erforderliche Zahl an theoretischen Trennstufen. Ab einem bestimmten Lösungsmittelverhältnis fällt schließlich eine der Bilanzgeraden mit einer Konode zusammen und die erforderliche Stufenzahl wird unendlich groß. Das zugehörige Lösungsmittelverhältnis wird **Mindestlösungsmittelverhältnis** v_{min} genannt.

Für die Ermittlung der Mindestlösungsmittelmenge verlängert man die Gerade $\overline{R_nS}$ und bringt alle Konnoden mit dieser Geraden zum Schnitt. Der Schnittpunkt,

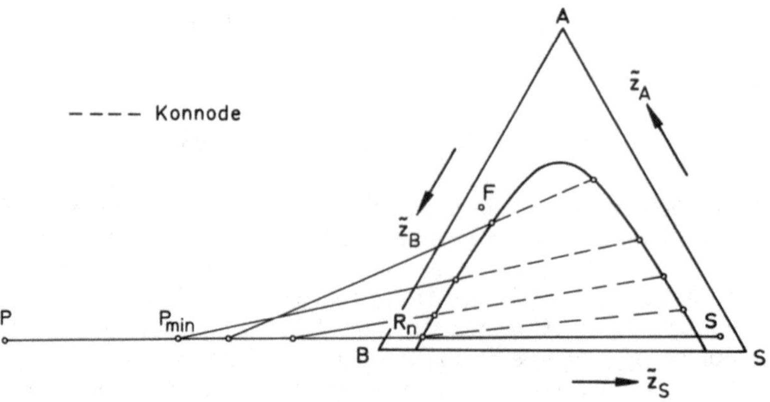

Abb. 3.25 Ermittlung der Mindestlösungsmittelmenge im Dreiecksdiagramm

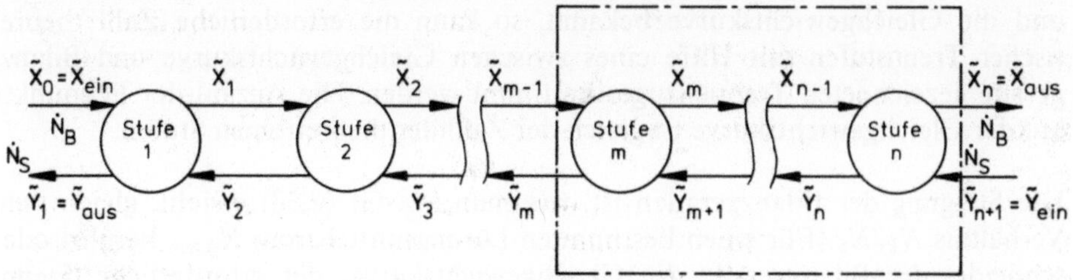

Abb. 3.26 Mehrstufige Gegenstromextraktion bei Schwerlöslichkeit von Abgeber und Lösungsmittel

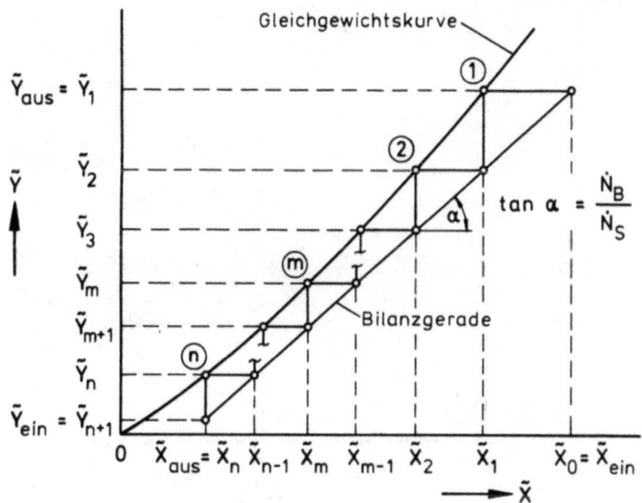

Abb. 3.27 Mehrstufige Gegenstromextraktion im Beladungsdiagramm

der von der Abgeberecke B am weitesten entfernt ist, liefert sodann die Mindestlösungsmittelmenge.

Bei gegenseitiger Unlöslichkeit von Abgeber und Lösungsmittel läßt sich die Gegenstromextraktion auch im **Beladungsdiagramm** darstellen (s. Abbn. 3.26 und 3.27). Aus der Mengenbilanz für den Wertstoff um den oberen Teil der Extraktionskolonne einschließlich der Stufe m

$$\dot{N}_B \, \tilde{X}_{m-1} + \dot{N}_S \, \tilde{Y}_{ein} = \dot{N}_B \, \tilde{X}_{aus} + \dot{N}_S \, \tilde{Y}_m \qquad (3.32)$$

folgt der Zusammenhang zwischen der Beladung $\tilde{X}_{m-1}$ des Raffinates und der Beladung $\tilde{Y}_m$ des Extraktes für eine beliebige Stufe m der Kolonne

$$\tilde{Y}_m = \frac{\dot{N}_B}{\dot{N}_S} \, \tilde{X}_{m-1} + \left(\tilde{Y}_{ein} - \frac{\dot{N}_B}{\dot{N}_S} \, \tilde{X}_{aus} \right) . \qquad (3.33)$$

Dies ist die Gleichung der Bilanzgeraden im Beladungsdiagramm. Sie geht durch den Punkt $(\tilde{X}_{aus}, \tilde{Y}_{ein})$ und hat die Steigung $\tan \alpha = \dot{N}_B / \dot{N}_S$. Sind die Bilanzgerade und die Gleichgewichtskurve bekannt, so kann die erforderliche Zahl theoretischer Trennstufen mit Hilfe eines zwischen Gleichgewichtskurve und Bilanzgerade gezeichneten Treppenzuges bestimmt werden. Die Anzahl der Eckpunkte auf der Gleichgewichtskurve ist gleich der Zahl der theoretischen Stufen.

Die Steigung der Bilanzgeraden ist, wie man aus Gl. (3.33) ersieht, gleich dem Verhältnis $\dot{N}_B/\dot{N}_S$. Für einen bestimmten Lösungsmittelstrom $\dot{N}_{S,min}$ berührt oder schneidet die Bilanzgerade die Gleichgewichtskurve; der erforderliche Trennstufenzahl wird in diesem Fall unendlich groß und die Lösungsmittelmenge minimal (s. Abb. 3.28).

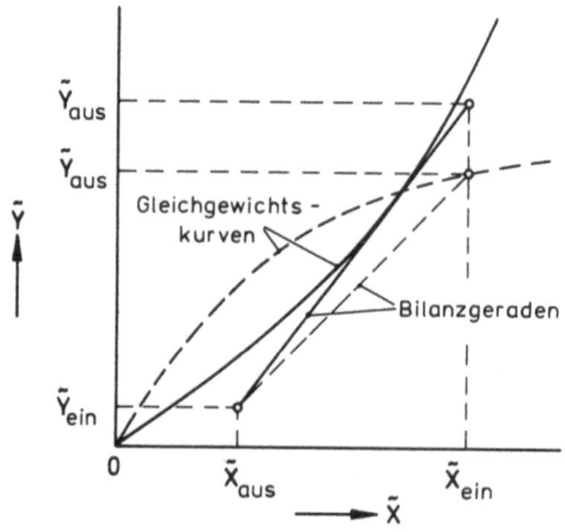

Abb. 3.28 Ermittlung der Mindestlösungsmittelmenge

Beispiel 3.3. Mehrstufige Gegenstromextraktion von Aceton aus Wasser mit Methylisobutylketon (MIBK)

Der Zulauf beträgt 2,5 kg/s Gemisch mit 51 % Wasser und 49 % Aceton (Massengehalt). An Lösungsmittel werden 2,0 kg/s Methylisobutylketon eingesetzt; das Lösungsmittel ist mit Wasser gesättigt. Das Phasengleichgewicht des Systems Aceton(A)-Wasser(B)-Methylisobutylketon(S) ist in Form eines Dreiecksdiagrammes gegeben (s. Abb. 3.29).

a) Mit welcher Zusammensetzung verläßt das Extrakt die Kolonne, wenn der Acetonanteil im Raffinat 2 % (Massengehalt) betragen soll?
b) Wieviel theoretische Trennstufen sind erforderlich?
c) Welche Menge Aceton geht an das Lösungsmittel über?

Stoffdaten (Abb. 3.29)

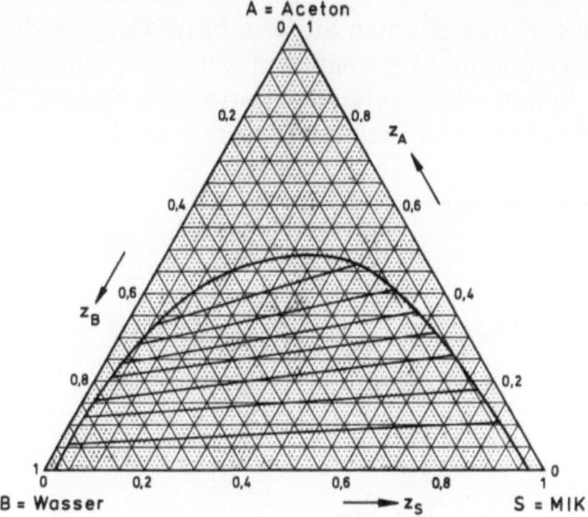

Abb. 3.29 Dreiecksdiagramm für das System Aceton(A)-Wasser(B)-Methylisobutylketon

Ergebnis

a) Zusammensetzung des Extraktes

Aus dem Dreiecksdiagramm entnimmt man

$$z_{AE} = 0{,}364 \,, \quad z_{BE} = 0{,}080 \,, \quad z_{SE} = 0{,}556$$

b) Ermittlung der theoretischen Stufenzahl (Abb. 3.30)

Die Stufenkonstruktion im Dreiecksdiagramm ergibt

$$n_{th} = 3 \,.$$

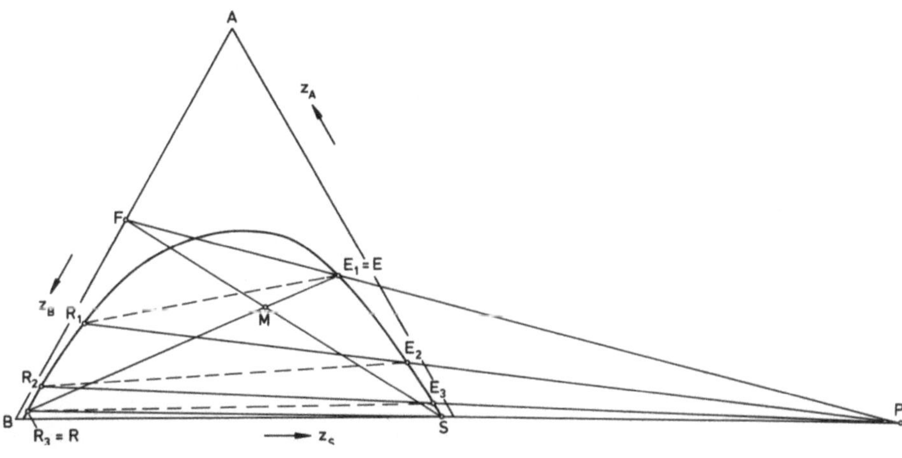

Abb. 3.30 Mehrstufige Gegenstromextraktion von Aceton-Wasser mit Methylisobutylketon im Dreiecksdiagramm

Bei der Ermittlung der theoretischen Stufenzahl im Dreiecksdiagramm wäre noch anzumerken, daß der Pol, im Gegensatz zur Abb. 3.24, auf der rechten Seite liegt. Dies liegt an der hohen Wertstoffkonzentration im Zulauf. Es kann aber auch daran liegen, daß das Lösungsmittelverhältnis sehr groß ist.

c) Übergehende Acetonmenge

Massenströme

$$\dot{M}_M = \dot{M}_F + \dot{M}_S = \dot{M}_R + \dot{M}_E = 4{,}5\ \frac{kg}{s}$$

$$\dot{M}_R = \frac{\overline{ME}}{\overline{RE}}\ \dot{M}_M = 1{,}05\ \frac{kg}{s}$$

$$\dot{M}_E = \frac{\overline{RM}}{\overline{RE}}\ \dot{M}_M = 3{,}45\ \frac{kg}{s}$$

Bilanz um Extraktseite

$$\dot{M}_S\, z_{AS} + \dot{M}_A = \dot{M}_E\, z_{AE}$$

Mit $z_{AS} = 0$ folgt daraus

$$\dot{M}_A = \dot{M}_E\, z_{AE} = \mathbf{1{,}26\ \frac{kg}{s}}\,.$$

3.4 Kontinuierliche Gegenstromextraktion in Kolonnen

Neben der in Abschn. 3.3 beschriebenen Extraktion in Stufenapparaten ist die kontinuierliche Gegenstromextraktion in Kolonnen von Bedeutung.

Abb. 3.31 zeigt schematisch eine Sprühkolonne für die kontinuierliche Gegenstromextraktion. Die schwerere Phase, in diesem Fall die Extraktphase, wird am oberen Ende, die leichtere Phase, in diesem Fall die Raffinatphase, am unteren Ende der Kolonne aufgegeben. Um eine möglichst große Phasengrenzfläche für den Stoffaustausch zu erzeugen, wird eine der beiden Phasen in Tropfen zerteilt (dispergiert). Durch die Lage der Phasentrennfläche ist festgelegt, welche der beiden Phasen die dispergierte und welche die kontinuierliche darstellt. Sie läßt sich mit Hilfe des Niveaugefäßes regulieren. Eine hochgelegene Phasentrennfläche (s. Abb. 3.31 b) erfordert die Dispergierung der leichten und eine tiefgelegene Phasentrennfläche (s. Abb. 3.31 a) die Dispergierung der schweren Phase.

Der Wirkungsgrad der in Abb. 3.31 dargestellten Sprühkolonne ist im allgemeinen schlecht. Durch Einbringen von Füllkörpern, Siebböden, Einbauten oder durch Pulsation des Flüssigkeitsinhaltes der Kolonne kann der Wirkungsgrad verbessert werden. Durch diese Maßnahmen werden ständig neue Phasengrenzflächen geschaffen und Phasenturbulenzen erzeugt, was eine Verbesserung des Stoffaustausches zur Folge hat.

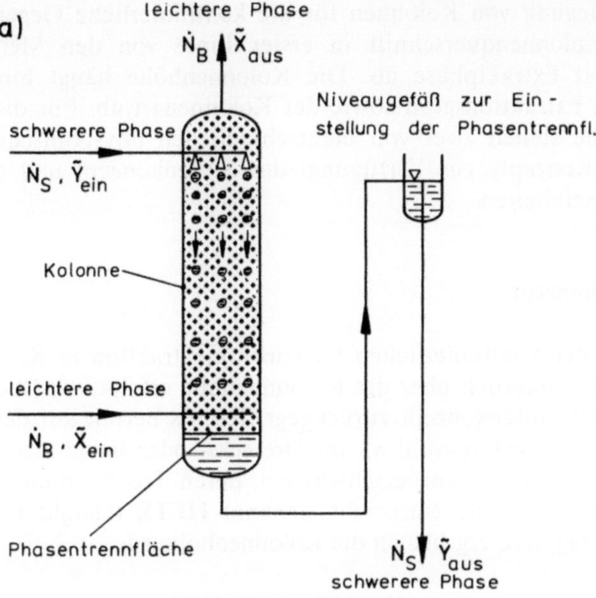

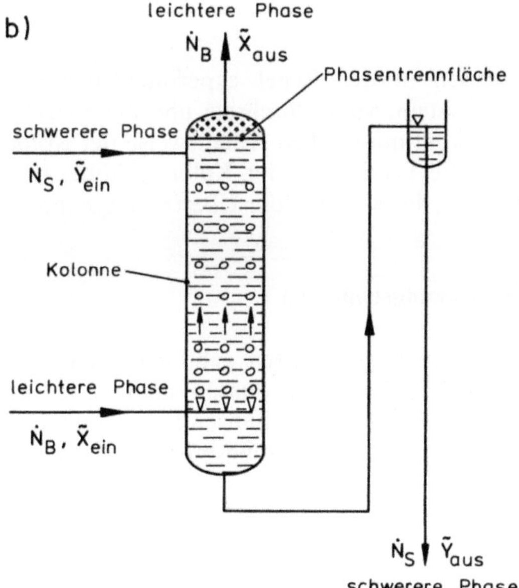

Abb. 3.31 Kontinuierliche Gegenstromextraktion in einer Sprühkolonne

Bei der Auslegung von Kolonnen für die kontinuierliche Gegenstromextraktion hängt der Kolonnenquerschnitt in erster Linie von den Mengenströmen der Raffinat- und Extraktphase ab. Die Kolonnenhöhe hängt hingegen von dem gewünschten Extraktionsgrad sowie der Kolonnenart ab. Für die Ermittlung der Kolonnenhöhe stehen zwei von unterschiedlichen physikalischen Vorstellungen ausgehende Konzepte zur Verfügung: das Stufenkonzept und das Konzept der Übertragungseinheiten.

3.4.1 Stufenkonzept

Obwohl bei der kontinuierlichen Gegenstromextraktion in Kolonnen der Stoffaustausch kontinuierlich über die Kolonnenhöhe erfolgt, wird bei der Auslegung häufig auf das Stufenkonzept zurückgegriffen. Es beruht auf der Ermittlung der theoretischen Trennstufenzahl n_{th} im Dreiecks- oder Beladungsdiagramm. Führt man weiterhin eine Füllkörperschicht ein, deren Trennwirkung derjenigen einer theoretischen Trennstufe entspricht, genannt **HETS** (Height Equivalent to one Theoretical Stage), so ergibt sich die Kolonnenhöhe zu

$$\boxed{H = \mathrm{HETS} \cdot n_{\mathrm{th}}\,.} \tag{3.34}$$

Die HETS-Werte müssen in der Regel experimentell ermittelt werden. Sie hängen stark vom Stoffsystem, vom Durchsatz und der Extraktorbauart ab. Das Stufenkonzept wird der kontinuierlichen Arbeitsweise der Kolonne nicht gerecht. Im allgemeinen ist für die Ermittlung der Kolonnenhöhe, wie bei der Rektifikation und der Absorption, das Konzept der Übertragungseinheiten vorzuziehen.

3.4.2 Konzept der Übertragungseinheiten

Beim Konzept der Übertragungseinheiten geht man von einem differentiellen Element der Kolonne, in dem die beiden Phasen miteinander in Kontakt gebracht werden, aus (s. Abb. 3.32). Die Mengenbilanzen für den übergehenden Wertstoff lauten, für den Fall, daß Abgeber und Lösungsmittel ineinander unlöslich sind

$$\dot{N}_{\mathrm{B}}\,\mathrm{d}\tilde{X} = \dot{n}_{\mathrm{A}}\,\mathrm{d}A\,, \tag{3.35a}$$

$$\dot{N}_{\mathrm{S}}\,\mathrm{d}\tilde{Y} = \dot{n}_{\mathrm{A}}\,\mathrm{d}A\,. \tag{3.35b}$$

Da einseitiger Stofftransport vorliegt, gelten folgende kinetische Ansätze (s. Gln. (2.20a, b))

$$\dot{n}_{\mathrm{A}} = \tilde{\varrho}_{\mathrm{R}}\,\beta_{\mathrm{R}}\,\ln\frac{1+\tilde{X}}{1+\tilde{X}_{\mathrm{Ph}}}\,, \tag{3.36a}$$

$$\dot{n}_{\mathrm{A}} = \tilde{\varrho}_{\mathrm{E}}\,\beta_{\mathrm{E}}\,\ln\frac{1+\tilde{Y}_{\mathrm{Ph}}}{1+\tilde{Y}}\,. \tag{3.36b}$$

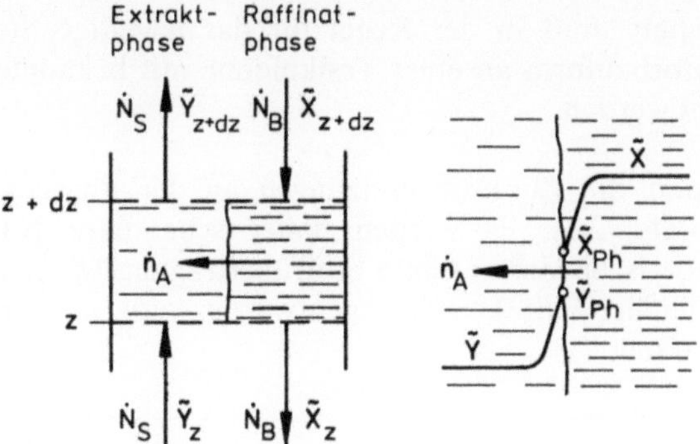

Abb. 3.32 Differentielles Element einer Kolonne

Ferner wird angenommen, daß an der Phasengrenze thermodynamisches Gleichgewicht herrscht

$$\tilde{Y}_{Ph} = \tilde{Y}^*(X_{Ph}) . \tag{3.37}$$

Die Kombination der Mengenbilanzen (Gln. (3.35)) mit den kinetischen Ansätzen (Gl. (3.36)) und der Gleichgewichtsbeziehung (Gl. (3.37)) führt nach Trennung der Variablen und Integration auf die gesuchte Kolonnenhöhe

$$H = \frac{\dot{N}_B}{\tilde{\varrho}_R\,\beta_R\,af} \int_{\tilde{X}_{aus}}^{\tilde{X}_{ein}} \frac{d\tilde{X}}{\ln \dfrac{1+\tilde{X}}{1+\tilde{X}^*(\tilde{Y}_{Ph})}} \tag{3.38a}$$

$$H = \frac{\dot{N}_S}{\tilde{\varrho}_E\,\beta_E\,af} \int_{\tilde{Y}_{ein}}^{\tilde{Y}_{aus}} \frac{d\tilde{Y}}{\ln \dfrac{1+\tilde{Y}^*(\tilde{X}_{Ph})}{1+\tilde{Y}}} \tag{3.38b}$$

oder

$$H = \mathrm{HTU}_R \cdot \mathrm{NTU}_R \tag{3.39a}$$

$$H = \mathrm{HTU}_E \cdot \mathrm{NTU}_E . \tag{3.39b}$$

Hierin ist a die auf die Volumeneinheit bezogene Austauschfläche (Gln. (1.206)) und f der Kolonnenquerschnitt.

Die Anzahl der Übertragungseinheiten (NTU) läßt sich bei bekanntem Verlauf der Gleichgewichtskurve und Bilanzlinie graphisch ermitteln (s. Abschn. 2.4). Die Höhe einer Übertragungseinheit (HTU) ist im wesentlichen von dem Stoffübergangskoeffizienten β_R bzw. β_E, der spezifischen Austauschfläche a und den auf den Kolonnenquerschnitt bezogenen Mengenströmen abhängig. Die Höhe einer

Übertragungseinheit muß in der Regel für das jeweilige Stoffsystem und die jeweilige Extraktorbauform an einer Testkolonne mit bekannter Höhe H experimentell bestimmt werden.

In der Praxis sind die Zusammensetzungen an der Phasengrenze meist nicht bekannt (s. Abschn. 2.4). Es werden daher scheinbare NTU-Werte, die so ermittelt werden, als ob der gesamte Stoffübertragungswiderstand entweder auf der Raffinat- oder der Extraktseite liegen würde, verwendet. Für die Kolonnenhöhe ergibt sich dann

$$H = \frac{\dot{N}_{\mathrm{B}}}{\tilde{\varrho}_{\mathrm{R}}\,\beta_{\mathrm{R,ov}}\,a\,f} \int\limits_{\tilde{X}_{\mathrm{aus}}}^{\tilde{X}_{\mathrm{ein}}} \frac{\mathrm{d}\tilde{X}}{\ln \dfrac{1+\tilde{X}}{1+\tilde{X}^{*}\{\tilde{Y}\}}} \qquad (3.40\,\mathrm{a})$$

$$H = \frac{\dot{N}_{\mathrm{S}}}{\tilde{\varrho}_{\mathrm{E}}\,\beta_{\mathrm{E,ov}}\,a\,f} \int\limits_{\tilde{Y}_{\mathrm{ein}}}^{\tilde{Y}_{\mathrm{aus}}} \frac{\mathrm{d}\tilde{Y}}{\ln \dfrac{1+\tilde{Y}^{*}\{\tilde{X}\}}{1+\tilde{Y}}} \qquad (3.40\,\mathrm{b})$$

oder

$$H = \mathrm{HTU}_{\mathrm{R,ov}} \cdot \mathrm{NTU}_{\mathrm{R,ov}} \qquad (3.41\,\mathrm{a})$$

$$H = \mathrm{HTU}_{\mathrm{E,ov}} \cdot \mathrm{NTU}_{\mathrm{E,ov}}\,. \qquad (3.41\,\mathrm{b})$$

Bei geraden und zueinander parallelen Gleichgewichts- und Bilanzlinien stimmen $\mathrm{NTU}_{\mathrm{R,ov}}$ und $\mathrm{NTU}_{\mathrm{E,ov}}$ überein und sind gleich der theoretischen Trennstufenzahl n_{th}.

3.5 Auswahl des Lösungsmittels

Bei der Auswahl eines geeigneten Lösungsmittels für die Extraktion sind verschiedene, teils gegensätzliche Anforderungen an das Lösungsmittel zu beachten. Die für eine bestimmte Extraktionsaufgabe in Frage kommenden Lösungsmittel können diese Anforderungen in der Regel nur teilweise erfüllen. Ausgewählt wird schließlich das Lösungsmittel, das unter Berücksichtigung der Wirtschaftlichkeit und der Betriebssicherheit diesen Anforderungen am nächsten kommt. Die Anforderungen an das Lösungsmittel und die Gesichtspunkte für deren Auswahl sind im folgenden zusammengestellt.

- Hohe Selektivität, d. h. es sollen sich möglichst nur der Wertstoff und keine anderen Komponenten im Lösungsmittel lösen
- große Kapazität für den aufzunehmenden Wertstoff, um die erforderliche Lösungsmittelmenge klein zu halten

– möglichst geringe Mischbarkeit von Abgeber und Lösungsmittel, um den
  Aufwand bei der Regeneration des Lösungsmittels klein zu halten
– großer Dichteunterschied zwischen den beiden Phasen zur Erleichterung der
  Phasentrennung
– große Grenzflächenspannung zwischen den beiden Phasen, um die Bildung
  stabiler Emulsionen zu vermeiden
– leichte Abtrennbarkeit des Lösungsmittels aus der Extraktphase, um den
  Aufwand bei der Herstellung des lösungsmittelfreien Wertstoffes und bei der
  Regeneration des Lösungsmittels klein zu halten
– niedriger Dampfdruck bei Arbeitstemperatur zur Vermeidung von Verlusten
  durch Lösungsmittelverdunstung
– geringe Viskosität, um die Druckverluste klein zu halten und einen guten
  Wärme- und Stoffübergang zu erzielen
– chemische und thermische Beständigkeit, um Lösungsmittelverluste und eine
  Verunreinigung des Wertstoffes zu vermeiden
– geringe Korrosionsneigung, um die erforderlichen Anlagekosten gering zu
  halten
– keine oder nur geringe Giftigkeit, um die Arbeitsplatz- und Umweltbelastung
  so niedrig wie möglich zu halten
– schlechte Brennbarkeit, um die Betriebssicherheit zu gewährleisten
– niedriger Preis, um die Investitionskosten niedrig zu halten.

3.6 Regeneration des Lösungsmittels

Die Extraktion führt im Gegensatz zu anderen Trennverfahren nicht direkt zu
den nahezu reinen Komponenten. Die Abgeber- oder Raffinatphase enthält nicht
nur den Trägerstoff, sondern auch noch verbleibenden Wertstoff und aufgenom-
menes Lösungsmittel. Die Aufnehmer- oder Extraktphase besteht im wesentlichen aus Lösungsmittel und Wertstoff. Die Regeneration des Lösungsmittels
durch zusätzliche Trennprozesse ist notwendig, um das Lösungsmittel im Extraktionsprozeß wieder verwenden zu können und um den Wertstoff rein darzustellen.
Sie ist oft der teuerste Teil des gesamten Verfahrens und bedarf deshalb
besonderer Beachtung. Folgende Möglichkeiten der Regeneration des Lösungsmittels werden angewandt

Rektifikation. Die am häufigsten angewandte Methode ist die Rektifikation. Sie
setzt voraus, daß die einzelnen Komponenten flüchtig und die Dampfdruckunter-
schiede groß genug sind. Das Lösungsmittel kann hierbei schwerer- oder leichter-
flüchtig als die anderen Komponenten sein. Da das Lösungsmittel den Hauptbe-
standteil der Extraktphase darstellt, ist der Wärmebedarf für die Regeneration
klein, falls das Lösungsmittel schwererflüchtig ist. Der Wertstoff reichert sich in
diesem Fall im Destillat an und ist frei von schwersiedenden Verunreinigungen.
Letztere reichern sich im Rückstand an, der vorzugsweise aus Lösungsmittel
besteht. Damit sie den Extraktionsprozeß nicht beeinträchtigen, müssen sie von
Zeit zu Zeit vom Lösungsmittel abgetrennt werden. Ist hingegen das Lösungsmittel die leichterflüchtige Komponente, so reichert es sich im Destillat an. Eine

kleine Verdampfungswärme ist in diesem Fall günstig, um den Wärmebedarf klein zu halten. Die schwererflüchtigen Bestandteile reichern sich im Rückstand an, der vorzugsweise aus Wertstoff besteht.

Verdampfung. Ist der Wertstoff äußerst schwerflüchtig, so läßt sich das Lösungsmittel durch Verdampfen abtrennen. Das Lösungsmittel sollte in diesem Fall einen niedrigen Siedepunkt und eine kleine Verdampfungswärme besitzen. Die Verdampfung kann auch in Kombination mit der Rektifikation eingesetzt werden, um den Hauptteil des Lösungsmittels vorweg abzutrennen.

Kristallisation. Eine weitere Möglichkeit der Rückgewinnung des Lösungsmittels bzw. der Reindarstellung des Wertstoffes ist die Kristallisation. Hierbei fällt beim Abkühlen des Extraktes beim Überschreiten der Löslichkeit der Wertstoff aus und kann durch mechanische Trennverfahren abgetrennt werden.

Extraktion. Scheiden die genannten Methoden aus, so können Wertstoff und Lösungsmittel auch getrennt werden, indem man eine der beiden Komponenten mit einem günstigeren Lösungsmittel extrahiert. Das dann erhaltene Extrakt muß einem weiteren Trennprozeß unterzogen werden.

3.7 Praktische Ausführung von Extraktionsapparaten

Bei der Extraktion werden Abgeber- und Aufnehmerphase innig miteinander vermischt, wobei der Wertstoff von der Abgeber- in die Aufnehmerphase übergeht. Anschließend werden die beiden Phasen unter dem Einfluß der Schwer- oder Zentrifugalkraft wieder voneinander getrennt. Damit möglichst viel Wertstoff gewonnen werden kann, muß die Extraktionseinrichtung folgende Anforderungen erfüllen.

- Erzeugung einer großen Phasengrenzfläche durch Bildung möglichst kleiner Tropfen und eine feine Verteilung dieser Tropfen in der kontinuierlichen Phase
- Erzeugung hoher Stoffübergangskoeffizienten durch hohe Relativgeschwindigkeiten zwischen den Phasen
- Vermeidung axialer Rückvermischung
- Schnelle und möglichst vollständige Phasentrennung nach erfolgter Wertstoffübertragung.

3.7.1 Bauformen

Der einfachste Extraktionsapparat ist der **einstufige Mischer-Abscheider** (s. Abb. 3.33). Im Mischer geht der Wertstoff in die Aufnehmerphase über. Im Abscheider werden beide Phasen durch Schwerkraft getrennt. Dieser Vorgang kann diskontinuierlich oder kontinuierlich betrieben werden.

Als Mischer werden Rührbehälter, Pumpen, Mischdüsen und statische Mischer

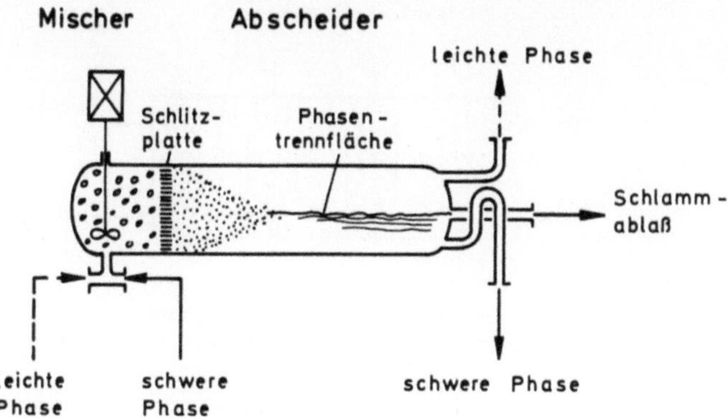

Abb. 3.33 Einstufige Mischer-Abscheider-Einheit

verwendet. Die Abscheider bestehen meist aus einem liegenden Behälter, da die Abscheideleistung der Phasentrennfläche proportional ist. Eine Verbesserung der Abscheideleistung und damit eine Verkleinerung der erforderlichen Phasentrennfläche kann durch den Einbau sogenannter Abscheidehilfen erzielt werden, die von der dispersen Phase benetzt werden müssen. Hierzu eignen sich besonders Füllkörper- oder Drahtgewebepackungen am Eintritt in den Abscheider oder schrägstehende Blechpakete im vorderen Abschnitt des Abscheiders.

Mit dem Mischer-Abscheider erreicht man hohe Stufenwirkungsgrade. Weitere Vorteile sind der große Belastungsbereich, geringe Bauhöhe und Unempfindlichkeit gegenüber suspendierten Stoffen. Nachteilig sind der große Bedarf an Grundfläche, die großen Betriebsinhalte und damit hohe Lösungsmittelkosten sowie der hohe Energie- und Regelaufwand infolge der Einzelaufstellung.

Reicht der mit einer Stufe erzielte Trenneffekt nicht aus, so können mehrere Mischer-Abscheider zu einer Kaskade zusammengeschaltet werden. Bei der **Kastenbauweise** sind die einzelnen Stufen nebeneinander angeordnet und die Misch- und Abscheidezonen durch Wehre voneinander getrennt (s. Abb. 3.34). Nach dieser Bauart können bis zu 10 Stufen verwirklicht werden. Von Nachteil ist der große Platzbedarf.

Eine deutliche Verminderung des Grundflächenbedarfs wird durch die **Turmbauweise** erreicht, bei der die einzelnen Stufen übereinander angeordnet sind (s. Abb. 3.35). Bei dieser Bauart können mehrere Rührer durch einen Motor angetrieben werden.

In **Zentrifugalextraktoren** wird der Gegenstrom zwischen den beiden Phasen durch die Zentrifugalkraft erzwungen. Sie bestehen aus einer rotierenden Trommel, in welcher durch die Zentrifugalkräfte die schwere Phase nach außen und die leichte Phase nach innen gedrängt wird. Durch geschickte Flüssigkeitsführung und zusätzliche Einbauten läßt sich ein wirkungsvoller Gegenstrom erzielen. Zentrifugalextraktoren ermöglichen hohe Durchsätze. Ein weiterer Vorteil ist die

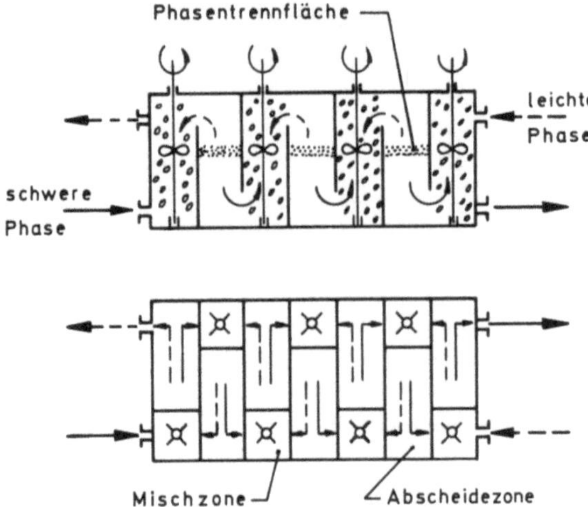

Abb. 3.34 Mehrstufiger Mischer-Abscheider in Kastenbauweise

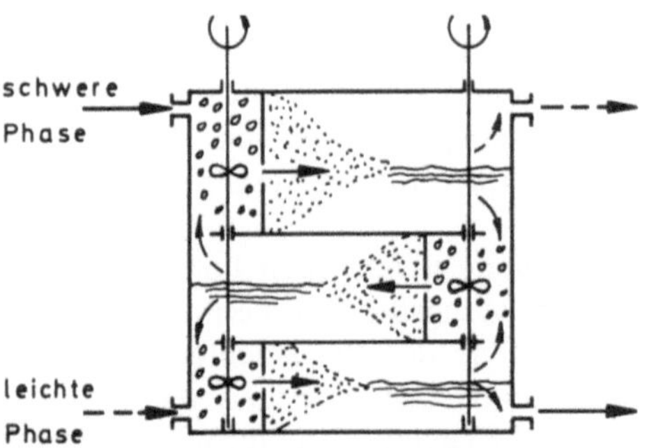

Abb. 3.35 Mehrstufiger Mischer-Abscheider in Turmbauweise

infolge der kleinen Extraktorvolumina geringe erforderliche Lösungsmittelmenge. Infolge der innigen Vermischung wird das Gleichgewicht sehr schnell erreicht, so daß kurze Verweilzeiten möglich werden. Von Nachteil sind die hohen
Anschaffungs- und Betriebskosten. Die bekanntesten Zentrifugalextraktoren
sind der Tellerextraktor und der Podbielniak-Extraktor.

Der **Tellerextraktor** besteht aus einer Misch- und einer Abscheidezone, in der sich
eine große Anzahl kegelförmiger Teller befindet (s. Abb. 3.36). Durch diese
Teller werden sehr dünne Flüssigkeitsschichten und damit kurze Tropfenwege
erzeugt. Durch Löcher in den Tellern werden Steigkanäle für die nach oben
strömende Flüssigkeit geschaffen. Dieser Extraktor wird beispielsweise für die
Extraktion von Essenzen und Aromastoffen sowie in der pharmazeutischen
Industrie zur Extraktion von Antibiotika eingesetzt.

Bei dem **Podbielniak-Extraktor** sind um die waagrechte Welle eine Anzahl
konzentrischer Lochbleche angebracht, durch die die beiden Phasen im Gegen-

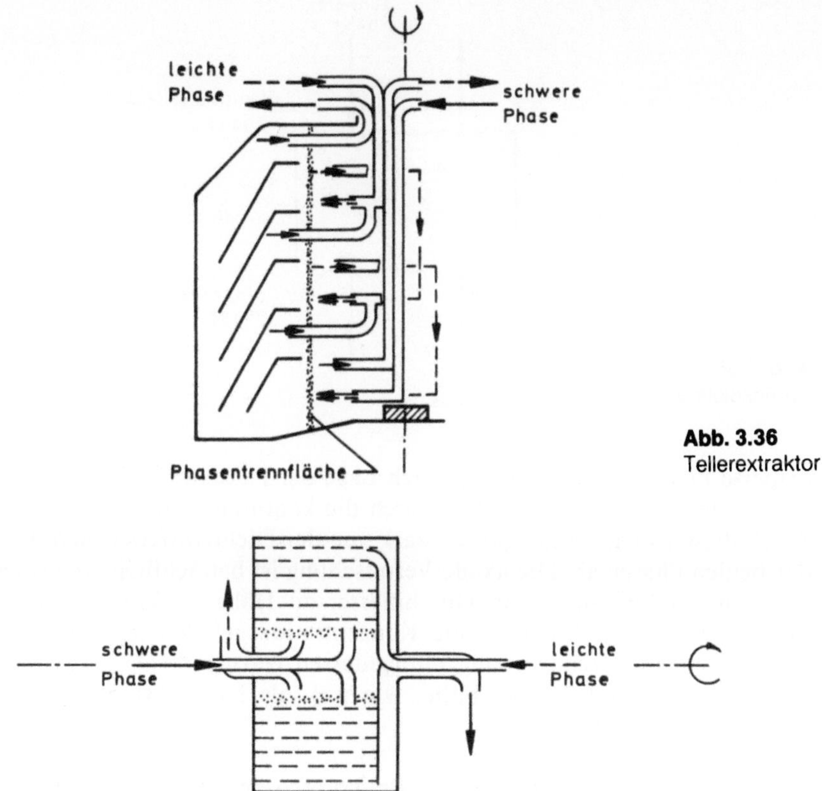

Abb. 3.36 Tellerextraktor

Abb. 3.37 Podbielniak-Extraktor

strom fließen (s. Abb. 3.37). Beide Phasen werden ähnlich wie beim Tellerextraktor über die Welle zu- und abgeführt. Die leichte Phase wird am Umfang und die schwere Phase im Zentrum aufgegeben. Hierdurch wird ein Gegenstrom der beiden Phasen erzwungen. Mit dem Podbielniak-Extraktor können pro Apparat 3 bis 5 theoretische Stufen bei Durchsätzen bis 130 m³/h erreicht werden. Auch dieser Extraktor wird häufig in der pharmazeutischen Industrie und wegen seiner hohen Durchsatzleistung auch bei der Entphenolisierung von Kokerei-Abwässern eingesetzt.

Kolonnen ohne Energiezufuhr. Kennzeichnend für Kolonnenextraktoren ist die vertikale Gegenströmung der beiden Phasen unterschiedlicher Dichte aufgrund der Schwerkraft. Bei Kolonnen ohne Energiezufuhr wird die Flüssigkeitsströmung und die Tropfenverteilung von außen nicht beeinflußt. Die Wirksamkeit dieser Apparate ist gering, weil die Tropfengrößenverteilung ungünstig und die Grenzflächenerneuerung schlecht ist.

Der einfachste Kolonnenextraktor ohne Energiezufuhr ist die **Sprühkolonne,** die aus einem Kolonnenschuß ohne Einbauten besteht (s. Abb. 3.31 und 3.38). Die

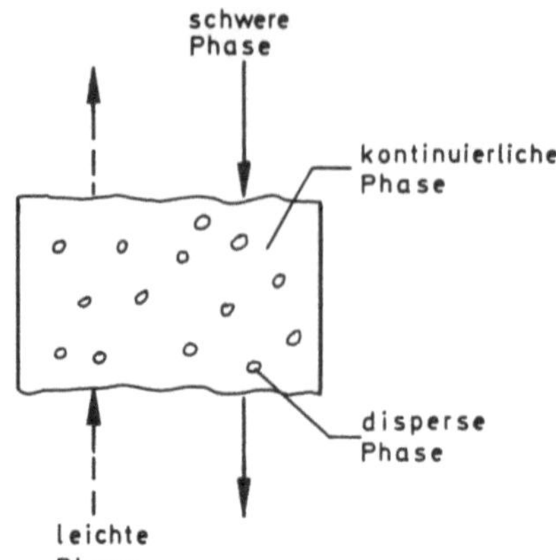

Abb. 3.38
Sprühkolonne

disperse Phase strömt hierbei, je nach Lage der Phasentrennfläche, von oben nach unten oder von unten nach oben durch die kontinuierliche Phase. Der Durchsatz durch diese Kolonnen hängt sehr stark von der Dichtedifferenz und der Zähigkeit der beiden Phasen ab. Die axiale Vermischung ist beträchtlich, und sie nimmt mit wachsendem Verhältnis von Durchmesser zu Höhe stark zu. Durch die axiale Vermischung wird das treibende Konzentrationsgefälle längs der Kolonne verkleinert und die Trennwirkung infolgedessen verringert. Deshalb ist der Einsatz dieser Kolonne auf wenige Fälle, wie z.B. als Neutralwäscher für organische Substanzen, beschränkt.

Bei der **Siebbodenkolonne** werden die Tropfen an jedem Boden neu gebildet (s. Abb. 3.39). Die leichtere Phase sammelt sich unterhalb eines Bodens an und steigt in Tropfenform durch die über den Boden strömende schwere Phase. Der Durchsatz durch diese Kolonne hängt von der Dichtedifferenz der beiden Phasen und der Stauschichthöhe unter den Böden ab. Infolge der ständigen Erneuerung der Phasengrenzfläche und der Verminderung der axialen Vermischung durch die Böden wird eine wesentlich bessere Trennwirkung erzielt als bei der Sprühkolonne. Der Belastungsbereich ist klein.

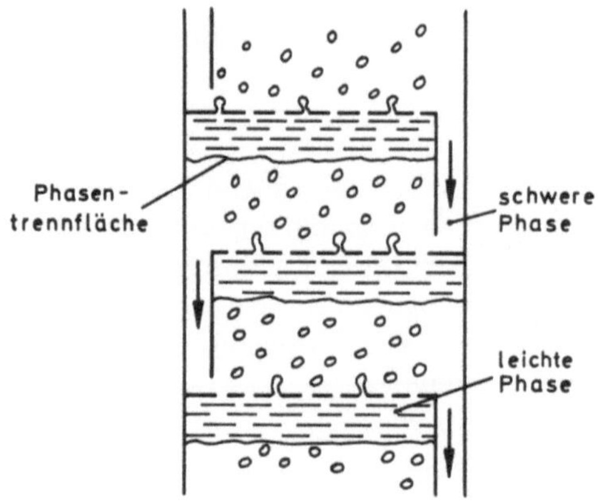

Abb. 3.39
Siebbodenkolonne

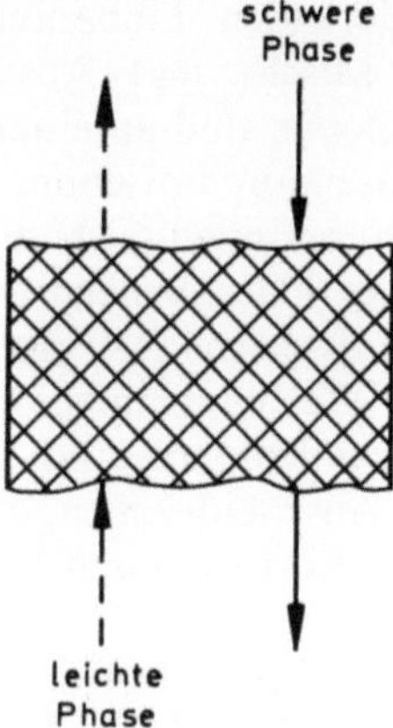

Abb. 3.40
Füllkörperkolonne

Die **Füllkörperkolonne** besteht aus einem durchgehend mit Füllkörpern gefüllten Kolonnenschuß ohne Wiederverteiler (s. Abb. 3.40). Durch die Füllkörper wird der Stoffaustausch verbessert und die axiale Vermischung vermindert. Die Füllkörperkolonne neigt zur Strähnenbildung der dispersen Phase. Die Benetzbarkeit der Füllkörper hat einen starken Einfluß auf die Trennwirkung. Als kontinuierliche Phase wird die die Füllkörper besser benetzende Phase gewählt. Benetzt die disperse Phase, so wird dadurch die Koaleszenz erhöht und die Stoffaustauschfläche pro Volumeneinheit verringert.

In **Kolonnen mit rotierenden Einbauten** werden die beiden Phasen zur Erhöhung des Stoffaustausches in besonderen Mischzonen innig durchmischt. Da die dabei gebildeten, oft sehr kleinen Tropfen von der kontinuierlichen Phase mitgeführt würden, sind meist bestimmte Abscheidezonen zwischen die einzelnen Mischzonen geschaltet. Sie dienen zur Phasentrennung und zur Herabsetzung der axialen Vermischung. Die Zufuhr mechanischer Energie mittels rotierender Einbauten stellt eine sichere Art dar, unabhängig von den Flüssigkeitseigenschaften für einen guten Stoffaustausch zu sorgen, macht aber andererseits die Apparate störungsanfällig und teuer.

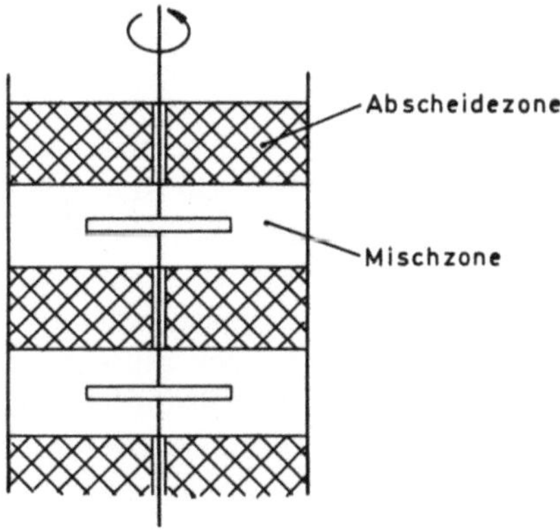

Abb. 3.41
Scheibel-Kolonne

Die älteste Kolonne mit rotierenden Einbauten ist die **Scheibel-Kolonne** (s. Abb. 3.41). Sie besteht aus Misch- und Abscheidezonen, die übereinander angeordnet sind. Bei dieser Kolonne sind an einer senkrechten Welle in gewissen Abständen Blattrührer zur Phasendurchmischung angebracht. In den Abscheidezonen zwischen den Rührern befinden sich Füllkörper- oder Drahtgewebepackungen, die von der dispersen Phase benetzt werden müssen und eine 1- bis 3-fache Höhe der Mischzonen aufweisen. Die gute Abscheidung und die geringe axiale Vermischung führen zu Wertungszahlen von 3 bis 5 theoretischen Stufen pro Meter. Nachteilig bei dieser Kolonne sind die schlechte Demontierbarkeit, die leichte Verschmutzung der Abscheidezonen, die vielfache Lagerung der Welle und dadurch eine Erhöhung von Korrosion und Verschleiß.

Bei der **Kühni-Kolonne** sind die Mischzonen durch Statorscheiben aus gelochten Blechen voneinander getrennt (s. Abb. 3.42). Durch die Verwendung von Turbinenrührern wird eine sehr hohe Austauschfläche pro Volumeneinheit und eine gezielte Zirkulationsströmung in den Mischzonen erreicht. Durch Veränderung des freien Querschnittes der Statorscheiben lassen sich in der Kolonne definierte Verweilzeiten einstellen. Dadurch ist sie besonders für Extraktionen mit gleichzeitigen chemischen Reaktionen geeignet. Durchsatz und Trennwirkung hängen stark von der Rührerdrehzahl und dem freien Querschnitt der Trennscheiben ab. Es können bis zu 10 theoretische Stufen pro Meter erreicht werden.

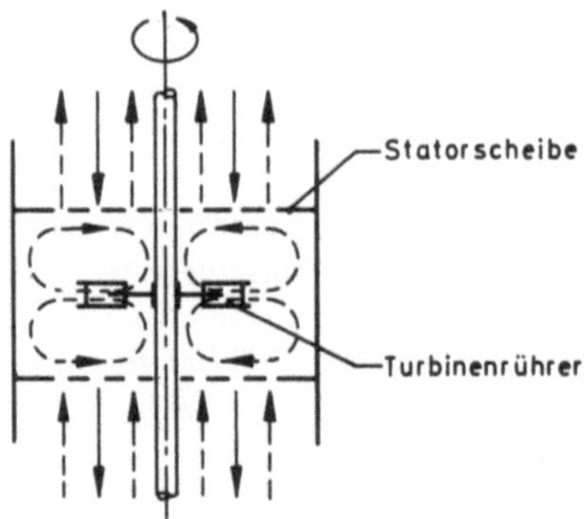

Abb. 3.42
Kühni-Kolonne

Der wohl bekannteste Extraktor mit rotierenden Einbauten ist der **Rotating-Disc-Contactor = RDC** (s. Abb. 3.43). Als Rührer werden bei diesem Apparat horizontale Rotorscheiben verwendet, die an einer zentrisch gelagerten Welle befestigt sind. An der Kolonnenwand sind versetzt dazu Statorringe angebracht, durch die die axiale Vermischung vermindert wird. Um eine einfache Montage zu ermöglichen, sind die Öffnungen der Statorringe größer als der Durchmesser der Rotorscheiben. Für die Zerteilung der dispersen Phase sind Scherkräfte erforderlich, was eine gewisse Mindestzähigkeit der Flüssigkeit voraussetzt. Durchsatz und Trennwirksamkeit werden von der Rotordrehzahl beeinflußt. Zu hohe Drehzahlen erzeugen jedoch zu feine Tropfen, die durch ihre erhöhte Neigung zur axialen Vermischung die Trennwirksamkeit vermindern. Wegen des großen

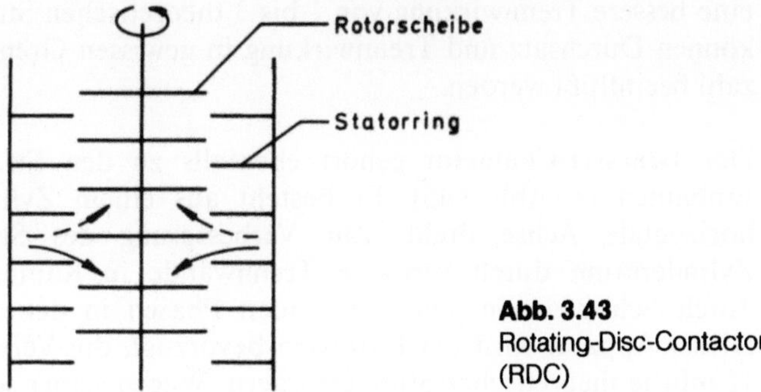

Abb. 3.43
Rotating-Disc-Contactor
(RDC)

Einflusses der axialen Vermischung werden im RDC nur 0,5 bis 1 theoretische Stufen pro Meter erreicht. Er wird deshalb bevorzugt bei hohen Durchsätzen und kleiner Trennwirksamkeit eingesetzt, wie z. B. in der Erdölindustrie, bei der Phenolextraktion aus Abwässern oder zur Lösungsmittelrückgewinnung.

Eine Weiterentwicklung des RDC stellt der **Asymmetrical-Rotating-Disc-Contactor = ARDC** dar (s. Abb. 3.44). Hierbei ist die mit Rotorscheiben versehene Welle asymmetrisch zur Kolonnenachse angeordnet. Die Mischzonen sind durch ungelochte Statorbleche voneinander getrennt. Phasentransport und Abscheidung finden in den Abscheidezonen statt, die durch ein vertikales Zwischenblech von den Mischzonen getrennt sind. Auch in diesem Apparat müssen die beiden Phasen eine gewisse Mindestzähigkeit aufweisen. Durch die räumliche Unterteilung des Kolonnenquerschnittes in Misch- und Abscheidezonen ist der flächenbezogene Durchsatz kleiner als beim RDC. Die Abscheidezonen bewirken jedoch

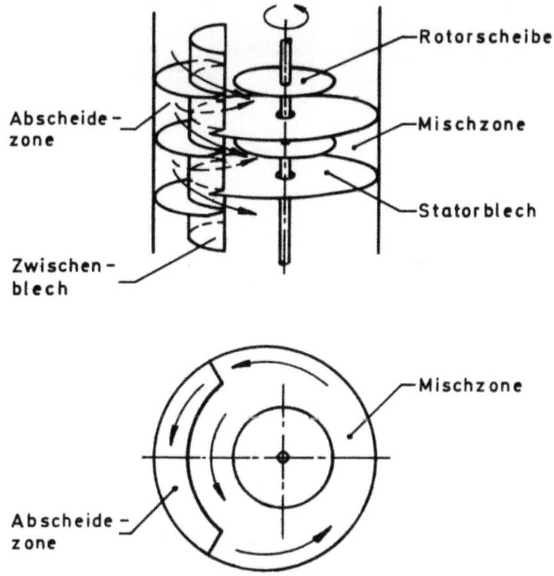

Abb. 3.44 Asymmetrical-Rotating-Disc-Contactor (ARDC)

eine bessere Trennwirkung von 1 bis 3 theoretischen Stufen pro Meter. Auch hier können Durchsatz und Trennwirkung in gewissen Grenzen durch die Rotordrehzahl beeinflußt werden.

Der **Graesser-Contactor** gehört ebenfalls zu den Extraktoren mit rotierenden Einbauten (s. Abb. 3.45). Er besteht aus einem Zylinder, der sich um seine horizontale Achse dreht. Zur Verbesserung des Stoffaustausches wird der Zylinderraum durch vertikale Trennwände in Kammern aufgeteilt, in denen durch Schöpfrinnen jede der beiden Phasen in der anderen dispergiert wird. Dieser Apparat wird bei Prozessen bevorzugt, die Verweilzeiten zwischen 3 und 15 min je theoretischer Stufe erfordern. Wegen seiner schonenden Mischweise ist er besonders für Systeme geeignet, die zur Bildung schwer trennbarer Emulsionen neigen. Er ist ungeeignet für Systeme mit hohen Dichtedifferenzen und Grenzflächenspannungen.

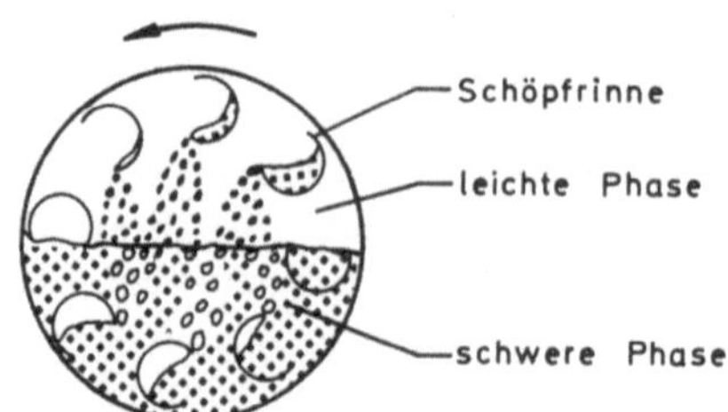

Abb. 3.45
Graesser-Contactor

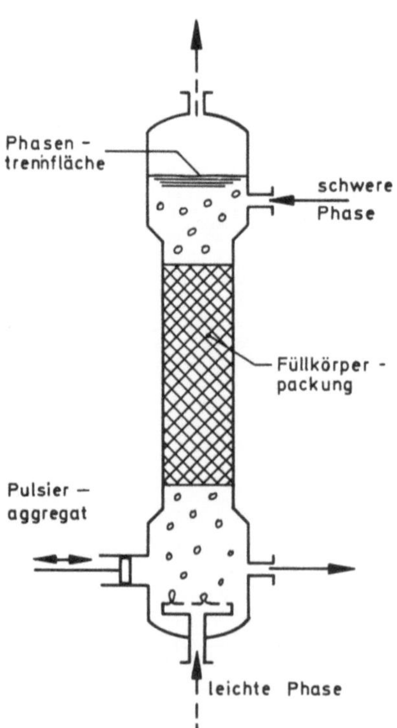

Abb. 3.46
Pulsierte Füllkörper-
kolonne

Kolonnen mit Pulsation. Durch Pulsation kann wegen der verbesserten Oberflächenerneuerung und der erhöhten Grenzflächenturbulenz die Trennwirkung gegenüber der nicht pulsierten Kolonne beträchtlich verbessert werden. Die hierzu erforderliche Energie kann sowohl durch Pulsation der gesamten Flüssigkeitssäule als auch der Einbauten zugeführt werden.

Die **pulsierte Füllkörperkolonne** ist eine reine Mischkolonne; die Tropfenneubildung ist nur gering (s. Abb. 3.46). Durch die Pulsation wird aber die bei einfachen Füllkörperkolonnen auftretende Strähnenbildung verhindert. Dadurch wird eine Verbesserung der Trennwirkung erzielt.

Bei der **pulsierten Siebbodenkolonne** wird der gesamte Kolonnenquerschnitt von den Böden ausgefüllt, so daß beide Phasen durch die Löcher strömen müssen, die leichtere beim Aufwärtshub und die schwerere beim Abwärtshub (s. Abb. 3.47). Damit wird ständig neue Phasengrenzfläche geschaffen und somit der Stoffaustausch verbessert. Mit der pulsierten Siebbodenkolonne lassen sich gute Trennwirkungen erzielen. Nachteilig sind ihre Schmutzempfindlichkeit, besonders bei klebrigen und schmierigen Produkten und der relativ kleine Belastungsbereich.

Die **Schwingplattenkolonne** gehört zu den Kolonnen mit pulsierten Einbauten (s. Abb. 3.48). Sie besitzt bewegte Siebböden (Schwingplatten) mit einem freien Querschnitt von 50 bis 60%. Wegen dieser großen Öffnungsverhältnisse eignet sich diese Kolonne für Systeme mit mittlerer bis kleiner Grenzflächenspannung.

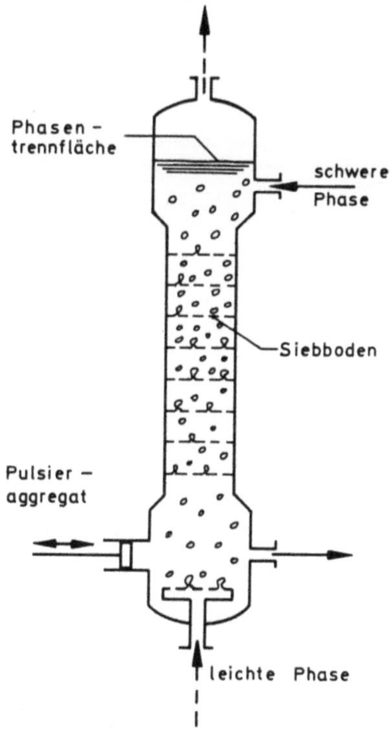

Abb. 3.47
Pulsierte Siebboden-
kolonne

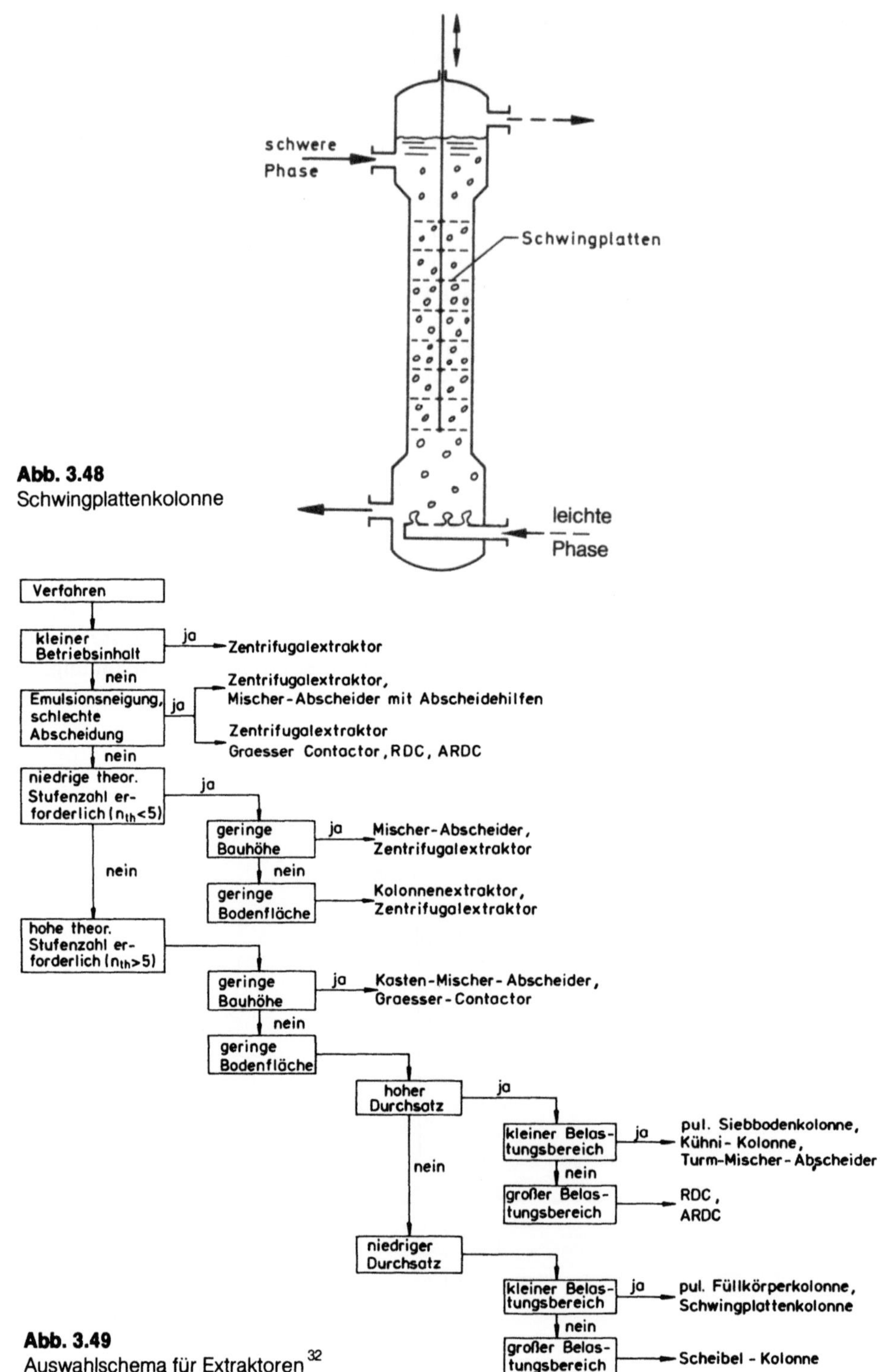

Abb. 3.48
Schwingplattenkolonne

Abb. 3.49
Auswahlschema für Extraktoren [32]

3.7.2 Kriterien für die Auswahl

Wegen der Vielzahl der Einflußgrößen beim Stofftransport zwischen den beiden Phasen und bei der anschließenden Trennung der Phasen kann eine endgültige Auswahl und Auslegung eines Extraktionsapparates auch heute nur aufgrund von Versuchen erfolgen. Aufbauend auf den bisher vorliegenden Versuchsergebnissen und Betriebserfahrungen kann jedoch für ein gegebenes Trennproblem eine gewisse Vorauswahl von Apparaten anhand des in Abb. 3.49 dargestellten Auswahlschemas getroffen werden.

Symbolverzeichnis

Geometrische Größen

A	Austauschfläche	m^2
a	volumenbezogene Austauschfläche	m^2/m^3
d	Durchmesser	m
f	Querschnittsfläche	m^2
H	Höhe	m
L	Länge	m
V	Volumen	m^3
x, y, z	Koordinaten	m

Zeit

t	Zeit	s

Geschwindigkeit

u, v, w	Geschwindigkeit	m/s

Mengenangaben

M	Masse	kg
$\tilde{M}$	Molmasse, molare Masse	$kg/kmol$
N	Stoffmenge	$kmol$

Zusammensetzungsmaße

c	molare Konzentration	$kmol/m^3$
x_i, y_i, z_i	Massenanteil	kg/kg
$\tilde{x}_i, \tilde{y}_i, \tilde{z}_i$	Molanteil	$kmol/kmol$
X_i, Y_i	Massenbeladung	kg/kg
$\tilde{X}_i, \tilde{Y}_i$	Molbeladung	$kmol/kmol$

Mengenströme

$\dot{M}$	Massenstrom	kg/s
$\dot{m}$	Massenstromdichte	kg/(m^2 s)
$\dot{N}$	Stoffstrom	kmol/s
$\dot{n}$	Stoffstromdichte	kmol/(m^2 s)
$\dot{V}$	Volumenstrom	m^3/s
$\dot{v}$	Volumenstromdichte	m^3/(m^2 s)

Thermodynamische Größen

G	freie Enthalpie	J
g	spezifische freie Enthalpie	J/kg
H	Enthalpie	J
$\dot{H}$	Enthalpiestrom	W
h	spezifische Enthalpie	J/kg
$\tilde{h}$	molare spezifische Enthalpie	J/kmol
Δh	Umwandlungsenthalpie	J/kg
$\Delta \tilde{h}$	molare Umwandlungsenthalpie	J/kmol
p	Druck	bar
Q	Wärmemenge	J
$\dot{Q}$	Wärmestrom	W
$\dot{q}$	Wärmestromdichte	W/m^2
S	Entropie	J/K
s	spezifische Entropie	J/(kg K)
T	Temperatur	K
μ	chemisches Potential	J/mol

Transportgrößen

α	Wärmeübergangskoeffizient	W/(m^2 K)
β	Stoffübergangskoeffizient	m/s
k	Wärmedurchgangskoeffizient	W/(m^2 K)
	Stoffdurchgangskoeffizient	kmol/(m^2 s)
δ	Diffusionskoeffizient	m^2/s
$\varkappa$	Temperaturleitfähigkeit	m^2/s
ν	kinematische Viskosität	m^2/s

Spezielle Symbole für die thermischen Trennverfahren

a	Aktivität	—
α	Bunsenscher Absorptionskoeffizient	m$_N^3$/(m^3 bar)
α_{ij}	relative Flüchtigkeit, thermodynamischer Trennfaktor	—

γ	Aktivitätskoeffizient	–
E_M	Stufenwirkungsgrad	–
E_0	Kolonnenwirkungsgrad	–
H	Henrykonstante	bar
HETS	Höhenäquivalent einer theoretischen Stufe	m
HTU	Höhe einer Übertragungseinheit	m
K	Gleichgewichtskonstante	–
m	Steigung der Bilanzlinie	–
NTU	Anzahl der Übertragungseinheiten	–
n	Stufenzahl	–
p	Steigung der Kaskadenbilanzlinie	–
$\dot{v}$	Schnitt	–
S	Abstreiffaktor	–
v	Rücklaufverhältnis, Lösungsmittelverhältnis	–
ω_{ij}	Trennfaktor	–

Stoffeigenschaften

c	spezifische Wärmekapazität	J/(kg K)
ϱ	Dichte	kg/m^3
$\tilde{\varrho}$	molare Dichte	kmol/m^3

Konstanten

g	Erdbeschleunigung = 9,81	m/s^2
k	Boltzmann-Konstante = $1{,}38054 \cdot 10^{-23}$	J/K
N_A	Avogadro-Konstante = $6{,}02252 \cdot 10^{23}$	mol^{-1}
$\tilde{R}$	allgemeine Gaskonstante = 8314,33	J/(kmol K)
$\tilde{v}$	Molvolumen = 22,414	m^3/kmol

Indizes, tiefgestellt

A	Abgeberphase, Abtriebsteil
aus	Ausgang
az	Azeotrop
B	Aufnehmerphase
E	Extrakt
ein	Eingang
F	Zulauf (feed)
g	gasförmig (gaseous)
H	Verdampfer
i	Komponente i
K	Kondensator
l	flüssig (liquid)

M   Mischung
max   maximal
min   minimal
ov   gesamt (overall)
P   Kopfprodukt (product)
Ph   Phasengrenzfläche
R   Raffinat, Rücklauf
S   Lösungsmittel (solvent)
s   fest (solid)
th   theoretisch
V   Verstärkungsteil
W   Sumpfprodukt (waste)

Indizes, hochgestellt

*   Gleichgewicht
~   molare Größe
0   linearer kinetischer Ansatz

Anhang

Dampf-Flüssigkeitsgleichgwichte für ausgewählte Systeme

Zusammensetzungsdiagramme [13]

$x_1 \triangleq$ Massenanteil der leichterflüchtigen Komponente in der Flüssigkeit in %.
$y_1 =$ Massenanteil der leichterflüchtigen Komponente im Dampf in %.

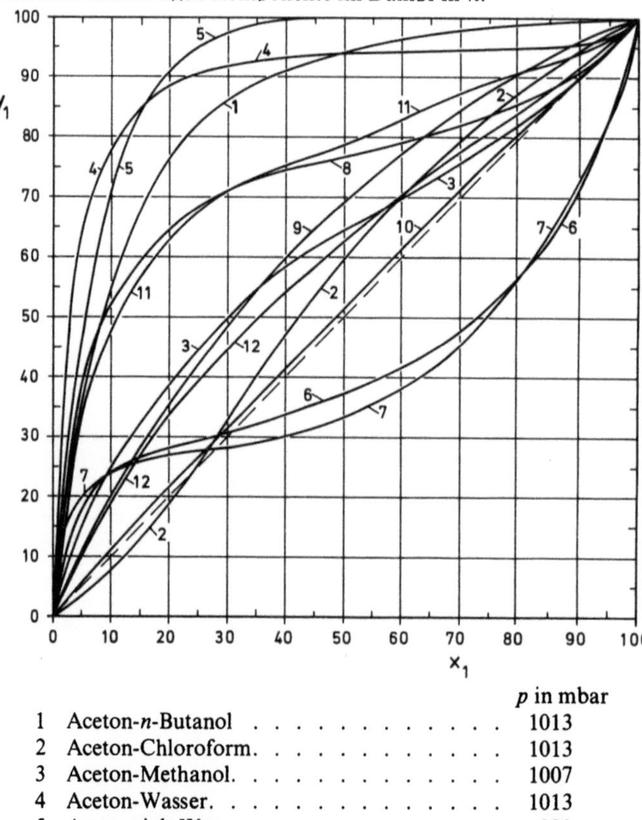

		p in mbar
1	Aceton-n-Butanol	1013
2	Aceton-Chloroform	1013
3	Aceton-Methanol	1007
4	Aceton-Wasser	1013
5	Ammoniak-Wasser	980
6	Ethanol-Benzol	1013
7	Ethanol-Trichlorethylen	1013
8	Ethanol-Wasser	1013
9	Ethylenchlorid-Toluol	1013
10	Benzol-Ethylenchlorid	1013
11	Benzol-Essigsäure	1011
12	Benzol-n-Heptan	1013

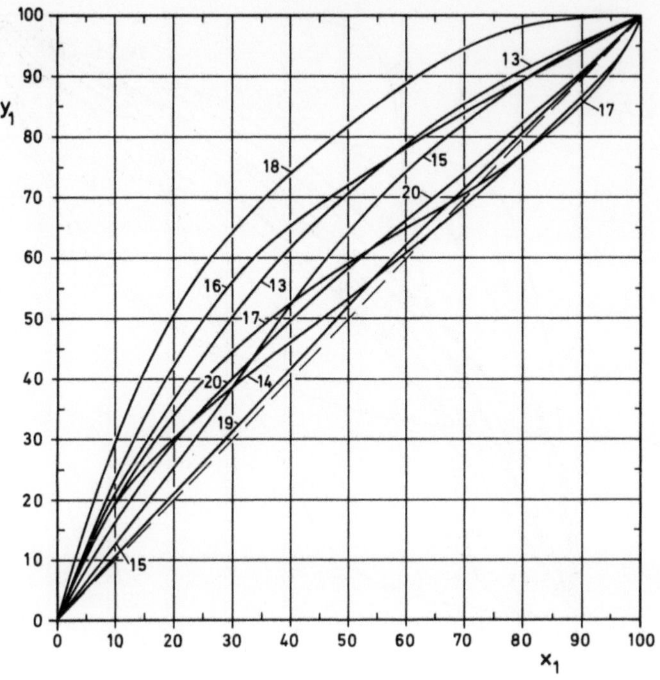

		p in mbar
13	Benzol-Toluol	1013
14	*n*-Butanol-Essigsäurebutylester	1013
15	Chloroform-Benzol	1013
16	Essigsäure-Essigsäureanhydrid	1000
17	Essigsäureethylester-Ethanol	1013
18	Essigsäureethylester-Essigsäure	996–1019
19	*n*-Heptan-Methylcyclohexan	1013
20	*n*-Heptan-Toluol	1013

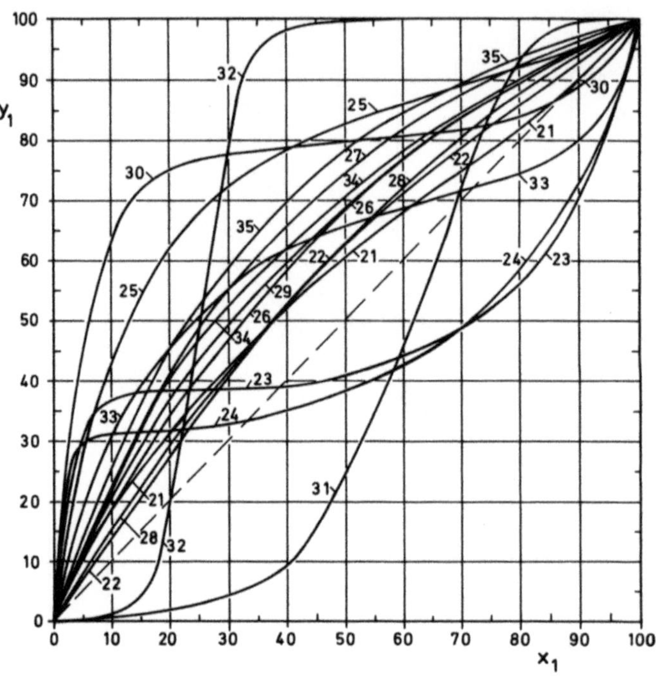

21	n-Hexan-Benzol	1013
22	Methanol-Ethanol	1013
23	Methanol-Benzol	1013
24	Methanol-Trichlorethylen	1013
25	Methanol-Wasser	1013
26	i-Octan-n-Octan	1013
27	n-Pentan-n-Heptan	10,134 bar
28	Phenol-p-Kresol	1013
29	Propan-i-Butylen	13,793 bar
30	i-Propanol-Wasser	1013
31	Salpetersäure-Wasser	1013
32	Salzsäure-Wasser	987 – 1018
33	Schwefelkohlenstoff-Aceton	1013
34	Schwefelkohlenstoff-Tetrachlorkohlenstoff	1013
35	Stickstoff-Sauerstoff	1013

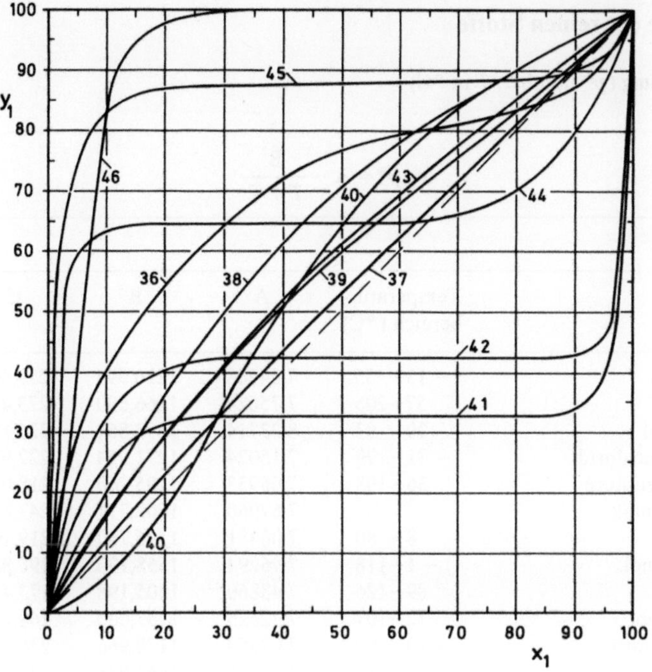

36	Tetrachlorkohlenstoff-Ethanol	993
37	Tetrachlorkohlenstoff-Benzol	1013
38	Tetrachlorkohlenstoff-Toluol	1016
39	Toluol-*n*-Octan	1013
40	Wasser-Ameisensäure	1000
41	Wasser-*i*-Butanol	1013
42	Wasser-*n*-Butanol	1013
43	Wasser-Essigsäure	1013
44	Wasser-Furfurol	1013
45	Wasser-Phenol	1013
46	Wasser-Schwefelsäure	1013

Dampfdrücke der reinen Stoffe

Antoine-Gleichung (p^* in mbar, T in °C)

$$\log p^* = A - \frac{B}{T + C}$$

Lfd. Nr.	Stoff	Temperatur-bereich (°C)	A	B	C	Quelle
1	Aceton	− 13− 55	7,24208	1210,595	229,664	35
		57−205	7,75624	1566,690	273,419	35
2	Ethanol	20− 93	8,23714	1592,864	226,184	35
3	Ethylenchlorid	− 31− 99	7,15024	1271,254	222,927	35
4	Ameisensäure	36−108	7,06953	1295,260	218,000	35
5	Ammoniak		7,67960	1002,711	247,885	36
6	Benzol	8− 80	7,00481	1196,760	219,161	35
7	n-Butanol	− 1−118	7,96294	1558,190	196,881	35
		89−126	7,48860	1305,198	173,427	35
8	i-Butanol	72−107	7,32625	1157,000	168,279	35
9	Chloroform	− 10− 60	7,07959	1170,966	226,232	35
10	Essigsäure	17−118	7,68454	1644,048	233,524	35
11	Essigsäureanhydrid	2−140	7,81795	1781,290	230,395	35
12	Essigsäurebutylester	60−126	7,25206	1430,418	210,745	35
13	Essigsäureethylester	16− 76	7,22673	1244,951	217,881	35
14	Furfural	19−162	8,52694	2338,490	261,638	35
15	n-Heptan	− 3−127	7,01880	1264,370	216,640	35
16	n-Hexan	− 25− 92	7,00270	1171,530	224,366	35
17	p-Kresol	53−202	7,22262	1526,210	160,168	35
18	Methanol	15− 84	8,20591	1582,271	239,726	35
		25− 56	7,89373	1408,360	223,600	35
19	Methylcyclohexan	− 36−102	6,96394	1278,570	222,168	35
20	n-Octan	− 14−126	7,05636	1358,800	209,855	35
21	i-Octan	24−100	6,92798	1252,590	220,119	35
22	n-Pentan	− 50− 58	7,00126	1075,780	233,205	35
23	Phenol	63−182	7,05545	1382,650	159,493	35
24	Propan		6,95467	813,200	248,000	36
25	i-Propanol	− 26− 83	9,00323	2010,330	252,636	35
26	Sauerstoff		7,11477	370,757	273,200	36
27	Schwefelkohlenstoff	4− 80	7,06773	1169,110	241,593	35
28	Stickstoff		6,99100	308,365	273,200	36
29	Tetrachlorkohlenstoff	− 20− 77	6,96577	1177,910	220,576	35
		− 14− 77	7,00420	1212,021	226,409	35
30	Toluol	− 27−111	7,07581	1342,310	219,187	35
31	Trichlorethylen	17− 86	6,64321	1018,603	192,731	35
32	Wasser	1−100	8,19625	1730,630	233,426	35

Aktivitätskoeffizienten

van Laar-Gleichung

$$\ln \gamma_1 = \frac{c_1\,\tilde{x}_2^2}{[\tilde{x}_2 + (c_1/c_2)\,\tilde{x}_1]^2}$$

$$\ln \gamma_2 = \frac{c_2\,\tilde{x}_1^2}{[\tilde{x}_1 + (c_2/c_1)\,\tilde{x}_2]^2}\,.$$

Die Nummern beziehen sich auf die Zusammensetzungsdiagramme

Nr.	Gemisch	c_1	c_2	Quelle
2	Aceton(1)-Chloroform(2)	$-\,0{,}7352$	$-\,0{,}5787$	35
3	Aceton(1)-Methanol(2)	0,8245	0,6341	35
4	Aceton(1)-Wasser(2)	2,1349	1,5385	35
6	Ethanol(1)-Benzol(2)	1,8418	1,3287	35
7	Ethanol(1)-Trichlorethylen(2)	2,0235	1,5652	35
8	Ethanol(1)-Wasser(2)	1,7010	0,9425	35
9	Ethylenchlorid(1)-Toluol(2)	0,0352	0,1463	35
10	Benzol(1)-Ethylenchlorid(2)	0,0224	0,0142	35
12	Benzol(1)-n-Heptan(2)	0,2454	0,3584	35
13	Benzol(1)-Toluol(2)	$-\,0{,}0214$	$-\,0{,}0299$	35
14	n-Butanol(1)-Essigsäurebutylester(2)	0,4343	0,8088	35
15	Chloroform(1)-Benzol(2)	$-\,0{,}3413$	$-\,1{,}8448$	35
17	Essigsäureethylester(1)-Ethanol(2)	0,8101	0,8571	35
19	n-Heptan(1)-Methylcyclohexan(2)	0,0115	0,0120	35
20	n-Heptan(1)-Toluol(2)	0,3366	0,2677	35
21	n-Hexan(1)-Benzol(2)	0,4672	0,3856	35
22	Methanol(1)-Ethanol(2)	0,0415	0,0155	35
23	Methanol(1)-Benzol(2)	2,2756	1,9626	35
25	Methanol(1)-Wasser(2)	0,8906	0,5139	35
26	i-Octan(1)-n-Octan(2)	$-\,0{,}1350$	$-\,0{,}3441$	35
30	i-Propanol(1)-Wasser(2)	2,4807	1,0937	35
33	Schwefelkohlenstoff(1)-Aceton(2)	1,2421	1,8471	35
36	Tetrachlorkohlenstoff(1)-Ethanol(2)	1,6211	2,0534	35
37	Tetrachlorkohlenstoff(1)-Benzol(2)	0,1034	0,0954	35
38	Tetrachlorkohlenstoff(1)-Toluol(2)	0,0086	0,2312	35
39	Toluol(1)-n-Octan(2)	0,1337	0,2859	35
43	Wasser(1)-Essigsäure(2)	0,4536	0,3034	35

Bunsenscher Absorptionskoeffizient für einige in Wasser lösliche Gase in $m_N^3/(m^3\ bar)$ [21]

Tempera-tur (°C)	H_2	O_2	CO_2	Luft	H_2S	CO	NO	CH_4	C_2H_6	C_2H_4	C_2H_2
0	0,02120	0,04825	1,691	0,02847	4,609	0,07284	0,03491	0,05490	0,09744	0,223	1,71
2	0,02077	0,04572	1,563	0,02706	4,321	0,06901	0,03331	0,05175	0,08973	0,208	1,61
4	0,02037	0,04339	1,454	0,02575	4,053	0,06545	0,03180	0,04881	0,08262	0,194	1,51
6	0,01998	0,04125	1,359	0,02453	3,801	0,06215	0,03038	0,04608	0,07608	0,182	1,43
8	0,01963	0,03931	1,265	0,02341	3,568	0,05911	0,02903	0,04355	0,07013	0,171	1,35
10	0,01929	0,03752	1,178	0,02238	3,354	0,05634	0,02779	0,04122	0,06475	0,160	1,29
12	0,01900	0,03589	1,102	0,02145	3,164	0,05398	0,02666	0,03918	0,06026	0,150	1,22
14	0,01872	0,03440	1,036	0,02061	2,988	0,05181	0,02559	0,03729	0,05619	0,141	1,16
16	0,01844	0,03304	0,972	0,01983	2,827	0,04983	0,02461	0,03559	0,05256	0,134	1,12
18	0,01820	0,03178	0,916	0,01947	2,681	0,04804	0,02370	0,03403	0,04937	0,127	1,07
20	0,01795	0,03062	0,866	0,01846	2,548	0,04644	0,02289	0,03265	0,04662	0,120	1,02
25	0,01731	0,02794	0,749	0,01704	2,252	0,04266	0,02114	0,02967	0,04050	0,107	0,92
30	0,01677	0,02574	0,656	0,01586	2,010	0,03951	0,01972	0,02726	0,03576	0,097	0,83
35	0,01644	0,02408	0,584	0,01484	1,807	0,03685	0,01852	0,02513	0,03188	–	–
40	0,01622	0,02329	0,523	0,01396	1,638	0,03461	0,01752	0,02338	0,02887	–	–
45	0,01603	0,02158	0,473	0,01334	1,496	0,03267	0,01668	0,02209	0,02625	–	–
50	0,01587	0,02063	0,430	0,01281	1,374	0,03111	0,01594	0,02106	0,02427	–	–
60	0,01579	0,01920	0,354	0,01200	1,174	0,02915	0,01468	0,01928	0,02148	–	–
70	0,0158	0,01809	–	0,01141	1,009	0,02773	0,01421	0,01801	0,01922	–	–
80	0,0158	0,01738	–	0,01111	0,905	0,02665	0,01411	0,01747	0,01802	–	–
90	0,0158	0,0170	–	0,0110	0,83	0,0262	0,0140	0,01712	0,0174	–	–
100	0,0158	0,0170	–	0,0110	0,80	0,0260	0,0139	0,0168	0,0170	–	–

Nernstsche Verteilungskoeffizienten für wäßrige Systeme[34]

$$K = c_A/c_B$$

Wasser(A)-Benzol(B)

Stoff	Temperatur (°C)	Konzentration	In Phase A	In Phase B	K
HCl Chlorwasserstoffsäure	20	mol/l Lsg.	0,946	$4,94 \cdot 10^{-5}$	20000
			2,599	$7,68 \cdot 10^{-4}$	3400
			8,555	0,025	342
			13,504	0,246	54,9
			15,062	0,477	31,6
			16,562	0,485	34,1
			19,709	0,507	38,9
I_2 Iod	20	g/l	0,03499	12,972	0,00272
			0,05498	20,432	0,00269
			0,10997	41,240	0,00267
			0,17245	66,446	0,00260
			0,22494	90,633	0,00248
			0,25868	105,74	0,00245
CH_2O_2 Ameisensäure	25	mol/l Lsg.	2,5739	0,00568	453
			7,4000	0,0265	279
			12,5290	0,0796	157
			22,0488	0,7760	28,4
$C_2H_4O_2$ Essigsäure	25	mol/l Lsg.	0,531	0,0125	42,5
			1,148	0,0443	25,9
			2,976	0,224	13,6
			4,743	0,486	9,99
			8,710	1,463	5,95
			11,137	3,111	3,58
C_2H_6O Ethanol	25	Massenanteil in %	2,5	0,7	3,6
			10,6	1,2	8,8
			16,4	1,6	10,2
			24,3	2,4	10,1
			31,8	3,9	8,1
			40,5	7,0	5,8
			57,3	9,8	4,9
C_3H_6O Aceton	25	mol/l Lsg.	0,01583	0,01437	1,113
			0,03209	0,02898	1,110
			0,1058	0,09650	1,098
			0,3125	0,2909	1,074
			0,6150	0,5940	1,035
			0,9040	0,9062	0,998
$C_3H_6O_2$ Propionsäure	25	mol/l Lsg.	0,0310	0,00245	12,65
			0,0780	0,00858	9,09
			0,1241	0,0179	6,93
			0,2062	0,0398	5,18
			0,2979	0,0742	4,14
			0,4540	0,1560	2,91
			1,401	1,002	1,40
			2,799	2,710	1,03
			3,562	3,556	1,00

Wasser(A)-Benzol(B) (Fortsetzung)

Stoff	Tempera- tur ($^\circ$C)	Konzen- tration	In Phase A	In Phase B	K
C_5H_5N Pyridin	25	mol/l Lsg.	0,0147	0,0363	0,405
			0,0447	0,109	0,410
			0,0933	0,207	0,450
			0,170	0,308	0,553
			0,405	0,396	1,02
C_6H_6O Phenol	25	mol/l Lsg.	0,00202	0,00466	0,433
			0,00565	0,01324	0,427
			0,00797	0,01859	0,429
			0,01094	0,02528	0,433
			0,01440	0,03428	0,420
			0,01829	0,04370	0,419
			0,03105	0,07485	0,415
			0,05306	0,1329	0,399
			0,1029	0,2913	0,353
$C_7H_6O_2$ Benzoesäure	6	mol/l Lsg.	0,00329	0,0156	0,120
			0,00493	0,0355	0,081
			0,00644	0,0616	0,063
			0,00874	0,1144	0,046
			0,0114	0,195	0,036

Wasser(A)-Chloroform(B)

Stoff	Temperatur (°C)	Konzentration	In Phase A	In Phase B	K
I_2 Iod	25	mol/l Lsg.	0,00025	0,0338	0,0074
			0,00120	0,1546	0,00775
			0,00184	0,2318	0,00793
			0,00242	0,3207	0,00752
CH_2O_2 Ameisensäure	0	mol/l Lsg.	1,7495	0,00709	247
			7,7546	0,0543	143
			11,7973	0,1418	83,2
			16,6676	0,4610	36,2
			19,5283	1,7377	11,2
			19,9538	2,3997	8,3
$C_2H_4O_2$ Essigsäure	25	mol/l Lsg.	0,405	0,0231	17,5
			0,727	0,0583	12,5
			1,188	0,1351	8,8
			2,056	0,3493	5,9
C_3H_6O Aceton	25	mol/l Lsg.	0,0320	0,168	0,190
			0,145	0,676	0,216
			0,493	1,98	0,249
			1,01	3,06	0,332
$C_3H_6O_2$ Propionsäure	25	mol/l Lsg.	0,036	0,0075	4,80
			0,169	0,081	2,09
			0,452	0,427	1,06
			1,004	1,506	0,67
			2,511	4,620	0,54
			5,386	6,930	0,78
C_6H_6O Phenol	25	mol/l Lsg.	0,0737	0,254	0,29
			0,163	0,761	0,21
			0,247	1,85	0,13
			0,436	5,43	0,08

Wasser(A)-Tetrachlorkohlenstoff(B)

Stoff	Tempera-tur (°C)	Konzen-tration	In Phase A	In Phase B	K
I_2 Iod	20	mg/l	16,9 27,3 65,1 93,8 119,9 182,5		0,0132 0,0131 0,0125 0,0123 0,0121 0,0118
CH_2O_2 Ameisensäure	25	mol/l Lsg.	4,1492 10,0005 14,3270 20,0011 23,1692	0,00473 0,0212 0,0473 0,1773 0,4137	878 472 303 113 56
$C_2H_4O_2$ Essigsäure	25	mol/l Lsg.	0,0733 1,8560 3,4699. 4,9412 7,7546 11,1354	0,000945 0,0709 0,2128 0,3664 0,7447 1,7022	77,6 26,2 16,8 13,5 10,4 6,54
C_2H_6O Ethanol	25	mol/l Lsg.	0,406 0,792 1,477	0,0097 0,0201 0,0353	41,8 39,2 41,8
C_3H_6O Aceton	25	mol/l Lsg.	0,186 1,01 1,66 2,87	0,0833 0,514 0,977 2,10	2,22 1,96 1,66 1,37
$C_3H_6O_2$ Propionsäure	25	mol/l Lsg.	0,0129 0,0898 0,716 2,090 7,175	0,0004 0,0088 0,283 1,637 5,950	32 10,2 2,53 1,28 1,20
C_6H_6O Phenol	25	mol/l Lsg.	0,0605 0,140 0,489 0,525	0,0247 0,0712 1,47 2,49	2,04 1,92 0,33 0,21

Wasser(A)-Diethylether(B)

Stoff	Tempera- tur ($^\circ$C)	Konzen- tration	In Phase A	In Phase B	K
CH_2O_2 Ameisensäure	18	mol/l Lsg.	0,0486	0,0181	2,69
			0,1860	0,0721	2,58
			0,3699	0,1476	2,51
			0,6782	0,2812	2,41
			0,8450	0,3555	2,38
			1,342	0,6016	2,23
$C_2H_4O_2$ Essigsäure	25	mol/l Lsg.	0,01323	0,00609	2,17
			0,03309	0,01528	2,17
			0,06654	0,03110	2,14
			0,1341	0,06355	2,11
			0,3265	0,1624	2,01
			0,6497	0,3406	1,91
			1,2600	0,7413	1,70
C_2H_6O Ethanol	25	mol/l Lsg.	0,252	0,356	0,707
			0,628	1,077	0,583
			1,496	2,448	0,611
			2,215	4,118	0,538
C_3H_6O Aceton	20	mol/l Lsg.	0,617	0,383	1,61
$C_3H_6O_2$ Propionsäure	25	mol/l Lsg.	0,9427	2,4408	0,39
			1,6002	3,8173	0,42
			1,9605	4,3089	0,46
$C_4H_{10}O$ Butanol(1)	18	mol/l Lsg.	0,242	1,860	0,13
C_6H_6O Phenol	19	mol/l Lsg.	0,0135	0,598	0,0227
$C_7H_6O_2$ Benzoesäure	10	mol/l Lsg.	0,041	0,0078	5,3
			0,205	0,0373	5,3
			0,823	0,124	6,6

Literaturverzeichnis

Lehrbücher

1 Ullmanns Encyklopädie der technischen Chemie (1972), Bd. 1: Allgemeine Grundlagen der Verfahrens- u. Reaktionstechnik, Bd. 2: Verfahrenstechnik I (Grundoperationen), Bd. 3: Verfahrenstechnik II und Reaktionsapparate, 4. Aufl., Verlag Chemie, Weinheim.

2 Winnacker, K., Küchler, L. (1982), Chemische Technologie, Carl Hanser Verlag, München.

3 Perry, R. H., Chilton, C. H. (1973), Chemical Engineers' Handbook, Fifth Edition, McGraw Hill Book Company, New York.

4 Grassmann, P. (1983), Physikalische Grundlagen der Verfahrenstechnik, 3. Aufl., Verlag Sauerländer, Aarau, Frankfurt/M.

5 McCabe, W. L., Smith, J. C. (1976), Unit Operations of Chemical Engineering, Third Edition, McGraw Hill Book Company, New York.

6 Treybal, R. E. (1968), Mass-Transfer Operations, McGraw Hill Book Company, New York.

7 Grassmann, P., Widmer, F. (1974), Einführung in die Thermische Verfahrenstechnik, Walter de Gruyter, Berlin.

8 Sattler, K. (1977), Thermische Trennverfahren, 1. Auflage, Vogel Verlag, Würzburg.

9 Mersmann, A. (1980), Thermische Verfahrenstechnik, Springer Verlag, Berlin, Heidelberg, New York.

10 Bird, R. B., Stewart, W. E., Lightfoot, E. N. (1960), Transport Phenomena, John Wiley and Sons, New York.

11 Schlünder, E. U. (1984), Einführung in die Stoffübertragung, Georg Thieme Verlag, Stuttgart, New York.

Einleitung

12 Grassmann, P. (1977), Zur Systematik der thermischen Trennverfahren, Chem. Ing. Tech. **49,** Nr. 9, S. 691–695.

Kapitel 1

13 Kirschbaum, E. (1969), Destillier- und Rektifiziertechnik, 4. Auflage, Springer Verlag, Berlin, Heidelberg, New York.

14 Billet, R. (1973), Industrielle Destillation, Verlag Chemie, Weinheim.

15 van Winkle, M. (1967), Distillation, McGraw Hill Book Company, New York.

16 Pratt, H. R. C. (1967), Countercurrent Separation Process, Elsevier Publishing Company, Amsterdam.

17 Sounders, M., Brown, G. G. (1934), Design of Fractionating Columns, Ind. Eng. Chem. **26,** Nr. 1, S. 98–103.

18 Leva, M. (1954), Flow Through Irrigated Dumped Packings, Chem. Eng. Progr. Symp. Ser. **50,** Nr. 10, S. 51–59.

19 Eckert, J. S. (1970), Selecting the Proper Distillation Column Packing, Chem. Eng. Progr. **66,** Nr. 3, S. 39–44.

20 Chilton, T. H., Colburn, A. P. (1935), Distillation and Absorption in Packed Columns, Ind. Eng. Chem. **27,** Nr. 3, S. 255–260.

Kapitel 2

21 Thormann, K. (1959), Absorption, Springer Verlag, Berlin, Göttingen, Heidelberg.

22 Sherwood, T. K., Pigford, R. L. (1952), Absorption and Extraction, McGraw Hill Book Company, New York.

23 Normann, W. S. (1961), Absorption, Distillation and Cooling Towers, Longmans, Green and Co Ltd., London.

24 Mersmann, A. (1979), Absorption und Absorber, Chem.-Ing.-Tech. **51**, Nr. 3, S. 157–166.

25 Reichelt, W. (1976), Auswahlkriterien für Gas/Flüssig-Stoffaustauschapparate, Chemie Technik, **5**, Nr. 6, S. 213–219.

26 Nagel, O., Kürten, H., Sinn, R. (1972), Stoffaustauschfläche und Energiedissipationsdichte als Auswahlkriterium für Gas/Flüssigkeits-Reaktoren, Chem.-Ing. Tech. **44**, Nr. 6, S. 367–373 u. Nr. 14, S. 899–903.

27 Hoffmann, R., Kürten, H., Nagel, O. (1973), Stoffaustauschfläche und Hydrodynamik in Strahl- bzw. Venturi-Wäschern, Chem.-Ing.-Tech. **45**, Nr. 13, S. 881–887.

28 Nagel, O., Kürten, H., Hegner, B. (1973), Die Stoffaustauschfläche in Gas/Flüssigkeits-Kontaktapparaten, Auswahlkriterien und Unterlagen zur Vergrößerung, Chem.-Ing.-Tech. **45**, Nr. 14, S. 913–920.

Kapitel 3

29 Treybal, R. E. (1963), Liquid Extraction, Second Edition, McGraw Hill Book Company, New York.

30 Sherwood, T. K., Pigford, R. L. (1952), Absorption and Extraction, McGraw Hill Book Company, New York.

31 Kortüm, G. (1952), Die Theorie der Destillation und Extraktion von Flüssigkeiten, Springer Verlag, Berlin, Göttingen, Heidelberg.

32 Brandt, H. W., Reissinger, K. H., Schröter, J. (1978), Moderne Flüssig/Flüssig Extraktoren – Übersicht und Auswahlkriterien, Chem.-Ing.-Tech. **50**, Nr. 5, S. 345–354.

Stoffdatensammlungen

33 Landolt-Börnstein (1969), Zahlenwerte und Funktionen aus Physik, Chemie, Astronomie, Geophysik und Technik, 6. Aufl., Springer Verlag, Berlin, Heidelberg, New York.

34 D'Ans-Lax (1967), Taschenbuch für Chemiker und Physiker, 3. Aufl., Springer Verlag, Berlin, Heidelberg, New York.

35 Gmehling, J., Onken, U. (1977), Vapor-Liquid Equilibrium Data Colection, Chemistry Data Series, DECHEMA, Frankfurt/M.

36 Hirata, M., Ohe, S., Nagahama, K. (1975), Computer Aided Data Book of Vapor-Liquid Equilibria, Elsevier Scientific Publishing Company, Amsterdam, Oxford, New York.

Sachverzeichnis

A

Absorberbauarten 147 ff.
Absorption, chemische 122 ff.
– nichtisotherme 131
– physikalische 122 ff.
Absorptionskoeffizient,
  Bunsenscher 124
Abstreiffaktor 89, 139
Abtriebsgerade 55, 68 ff.
Abtriebsteil 48 ff., 80
Aktivitätskoeffizient 21, 124,
  205 ff.
Anzahl der Übertragungsein-
  heiten (NTU) 92 ff., 137 ff.,
  181
Azeotrop 6
azeotroper Punkt 23, 30
Azeotroprektifikation 112

B

Beladungsdiagramm 128, 160
Belastungsfaktor 111 ff.
– Bereich 119
– Grenze 102
Binodalkurve 158, 174
Bodenabstand 100

D

Daltonsches Gesetz 14, 16
Dampfdrücke 204 ff.
Dephlegmator 72, 78
– Schaltung 84
Desorption 122
Destillat 5 ff., 31 ff.
– Kühler 6
– Vorlage 5 ff., 31
Destillation, absatzweise 5, 8,
  31 ff.
– offene 32
– stetige 39 ff., 63
Destillationsrückstand 33 ff.
Destillierblase 5 ff., 31 ff.
Dreiecksdiagramm 28, 38 ff.,
  156, 164 ff.

E

Energieverbrauch 63, 152
Enthalpie-Zusammensetzungs-
  diagramm 77 ff.
Extraktion, einstufige 164
– fest–flüssig 154 ff.
– flüssig–flüssig 154 ff.
– mehrstufige 169 ff., 172 ff.
Extraktionsapparate 184 ff.
– Kolonnen, pulsierte 193
Extraktivrektifikation 111
Extraktoren, RDC, ARDC
  190 ff.
Extraktphase 156

F

Fenske-Gleichung 75
Flüchtigkeit, relative 13 ff., 25
Flüssigkeitsbelastung 105, 120
Flüssigkeitsinhalt 39
Flutgeschwindigkeit 102
– Grenze 102
– Punkt 102
Füllkörper 7, 117

G

Gemische, azeotrope 105 ff.,
  155
– binäre 52
– ideale 13 ff., 29, 38
– reale 21
– ternäre 29, 34, 44
Gewebepackungen 118
Gleichgewichte, dampf-flüssig
  200 ff.
Gleichgewichtsdiagramm 159
Glockenboden 115

H

Hauptgerade 81
Hebelgesetz 157, 165
Henrysches Gesetz 124
Heteroazeotroprektifikation
  110
HETS-Wert 90, 180
Höhe einer Übertragungs-
  einheit (HTU) 92 ff., 181

J

Jänecke-Diagramm 161

K

Kaskade ideale 47 ff.
– normale 55 ff.
Knotenlinie 92
Kolonnen
– Bodenkolonnen 63, 114
– Füllkörperkolonnen 89, 116
– Kühni-Kolonne 190
– Scheibel-Kolonne 190
– Sprühkolonnen 157, 178,
  188
Kolonnenauslegung 99 ff.
– Auswahl 117
Kolonnenhöhe 90, 95, 101,
  105, 135 ff.
– Durchmesser 99
Kolonnenwirkungsgrad 88
Konnode 158

L

Lösungsmittel, Auswahl 182
– Menge 166
– Regeneration 171, 183
Lösungstemperatur, kritische
  161 ff.

M

Mindestinertgasstrom 144
Mischungslücke 26, 110, 159,
  163

N
Naßdampfisothermen 30
Nernstscher Verteilungssatz
 156

P
Partialdrücke 15 f.
Phasengleichgewicht 14 f., 24,
 28
Phasengrenzfläche 94 ff.
Phasentrennbehälter 110
Polpunkt 80
Prozeßlinien 38

Q
Querschnittsgerade 79 ff.

R
Raffinatphase 156
Randgängigkeit 117
Raoultsches Gesetz 13, 16
Rektifikation 45
 − absatzweise 6, 8, 11
Rektifizierzahl 106
Rücklauf 57, 62, 74, 83
 − Kondensator 64 f.

 − Verhältnis 49, 56 ff., 66, 75,
 79, 82
Rührkessel, begaster 150

S
Schichtenzuordnungs-
 kurve 158
Schleppmittel 111
Schnitt 40 ff.
Schnittpunktgerade 70 ff.
Siebboden 116
 − Kolonne 64
Siedelinie 16 ff., 29, 82
Stoffübergangskoeffizienten
 94
Strahldüsenwäscher 149
Stufenzahl 54 ff.
 − Bilanzlinie 43
 − Wirkungsgrad 86, 117, 131

T
Taulinie 17 ff., 29, 82
Teilkondensation 72, 78, 82
Temperaturdiagramm 18 ff.
Trennfaktor 7 f., 25, 32, 34, 42,
 44, 60
Trennstufe, praktische 132, 134

 − theoretische 66, 72, 77,
 81, 85, 130, 143, 164

U
Underwood-Gleichung 74

V
van Laar-Gleichung 22, 23
Ventilboden 115
Venturiwäscher 151
Verstärkungsgerade 55 ff.
 − Teil 48 ff.
Verteilungskoeffi-
 zienten 207 ff.
Verweilzeit 39

W
Waschmittel 122
 − Auswahl 147
 − Mindeststrom 131, 134
 − Regeneration 143
Wertungszahl 118

Z
Zulaufboden 70
Zusammensetzungs-
 diagramm 19 ff., 128
Zweidruck 102

Verdampfung, Kristallisation, Trocknung

von Volker Gnielinski, Alfons Mersmann und Franz Thurner

1993. X, 260 S. mit 174 Abb. und 30 Übungsbeispielen. Kart.
ISBN 3-528-06499-4

Aus dem Inhalt: Verdampfung: Grundlagen - Auslegung von Verdampfern - Maßnahmen zur Energieeinsparung - Praktische Ausführung von Verdampfern - Kristallisation: Grundlagen - Kristallisationsverfahren und -apparate - Auslegung von Kristallisatoren - Fraktionierende Kristallisation - Gefrierkristallisation - Trocknung: Begriffsbestimmung - Beschreibung von Konvektions- und Kontakttrocknern - Eigenschaften der Trocknungsgüter - Das Molliersche h-Y-Diagramm - Konvektionstrocknung.

Dieses Lehrbuch wendet sich vor allem an Studierende des Chemieingenieurwesens und der Verfahrenstechnik, aber auch in der Praxis tätige Ingenieure können hier eine nützliche Hilfe finden. Es werden die Grundlagen der drei wichtigen Thermischen Trennverfahren Verdampfung, Kristallisation und Trocknung vermittelt, deren hier gewählte Reihenfolge vielfach auch dem Ablauf einzelner Schritte in einer Produktion entspricht. Die Verfahren werden zunächst kurz beschrieben und die notwendigen physikalischen Grundlagen dargestellt. Im wesentlichen befaßt sich dieses Buch jedoch mit der Auslegung entsprechender Apparaturen für diese Verfahren, auf deren praktische Ausführung mit Berechnungen und zahlreichen, anschaulichen Abbildungen eingegangen wird. In Übungsbeispielen wird das Verständnis mit ausführlichen Lösungswegen vertieft.

Abraham-Lincoln-Str. 46, Postfach 1547, 65005 Wiesbaden
Fax: (06 11) 78 78-4 00, http://www.vieweg.de

MIX
Papier aus verantwortungsvollen Quellen
Paper from responsible sources
FSC® C105338

If you have any concerns about our products,
you can contact us on
ProductSafety@springernature.com

In case Publisher is established outside the EU,
the EU authorized representative is:
**Springer Nature Customer Service Center GmbH
Europaplatz 3, 69115 Heidelberg, Germany**

Printed by Libri Plureos GmbH
in Hamburg, Germany